TRENDS & ...ISMS
of the contemporary architecture
当代建筑思潮与流派

邓庆坦 邓庆尧 著

http://www.hustp.com
中国·武汉

内容提要

本书全面阐述了 20 世纪 80 年代以来欧美、日本以及世界其他地区当代建筑的发展演变和最新动态，系统地梳理了当代建筑思潮与流派的设计思想和设计手法。本书力避高深玄虚的理论，运用平实简明的语言，配以大量精美的插图，对当代建筑思潮与流派的代表性建筑师、建筑作品进行了归纳解析。以期为工作在建筑设计一线的建筑师、工程师以及在校的建筑专业学生提供一个深入、理性地认识西方当代建筑的理论平台，同时也为建筑设计者提供一部高水准的创作构思借鉴，从而有效提高其设计创新能力。

PREFACE 前言

20世纪60年代以来，占据西方建筑思潮统治地位的正统现代主义理论受到了广泛质疑和批判，随着"国际式"风格的衰落，以后现代主义思潮的兴起为开端，西方当代建筑进入了一个众声喧哗的多元化新时代。建筑思潮与流派的产生与更迭以一个前所未有的加速度展开，形形色色的先锋思潮、流派和探索不断涌现。改革开放打开国门，中国建筑界结束了与国际建筑潮流长期隔离的自我封闭，进入了一个与世界建筑潮流息息相通的国际化时期。从20世纪80年代的后现代主义思潮到21世纪之初的建筑表皮，以西方当代建筑为主体的当代建筑思潮与流派的传播，正在对中国当代建筑产生越来越深远的影响，许多思潮理论为中国建筑界所津津乐道，形形色色的流派风格成为中国建筑师模仿的对象，许多先锋建筑师像影视明星一样，成为青年学子崇拜的偶像。20、21世纪之交，随着全球一体化和改革开放进程的不断深化，中国高速增长、规模巨大的市场经济，支撑起一个人类历史上最为庞大的建筑工地和设计市场，吸引着全球职业建筑师觊觎的目光。西方建筑师大举登陆中国设计市场，正在成为当今中国一个爆炸性的文化话题，从安德鲁的北京国家大剧院、赫尔佐格与德·默隆的国家体育馆（鸟巢）到库哈斯的中央电视台新厦，西方建筑师在国家级的建筑项目方案投标中频频获胜，不禁使人们发出惊呼：中国正在成为西方先锋建筑师的实验场！

"狼"来了！中国建筑师进入了一个与"狼"共舞的全球化时代！

20世纪80年代以来，中国的当代建筑创作和建筑理论研究进入了空前宽松、活跃的新时期，西方当代建筑思潮与流派不断涌入，不仅大大开阔了中国建筑师的视野，也为建筑创作与理论创新注入了新的动力。西方当代建筑既不是洪水猛兽，也不是绝对的真理，中国建筑师必须学会借鉴其中的进步成分和积极因素，剔除违背建筑发展方向的糟粕与消极因素。早在80年代后现代主义理论的引进中，对于它的消极和负面影响，曾昭奋先生就曾经指出：在后现代主义的道路上，既有花朵，也有泥坑。他告诫说："后现代主义重视传统、重视旧形式，颇使那些无视现代主义所走过的艰辛历程和历史功绩的人们，能够在复古主义、形式主义的原位上轻而易举地接过后现代主义的理论和主张。"面对形形色色、泥沙俱下的西方当代建筑思潮与流派，邹德侬先生则指出，建筑"创新"必须符合社会进步和建筑的前进方向，否则只能是昙花一现、转瞬即逝的时尚，只有当先锋建筑顺应社会发展趋势，才能构成进步的建筑。如果说曾昭奋先生揭示了后现代主义与中国的某些建筑文化惯性势力相错接所带来的破坏性后果；那么，邹德侬先生把是否符合社会和建筑"进步"作为衡量建筑文化和历史价值的客观尺度，从而为我们引进和借鉴西方当代建筑树立了一个理性标尺。

返观当前中国建筑界，对西方当代建筑思潮与流派的引进，往往流于形式层面的模仿和生吞活剥的抄袭，谈不上批判的借鉴和积极的创造。造成这种形式本位主义和"易操作"行为盛行的根节在于，当前对西方建筑思潮与流派引进工作的某些缺位与缺憾，具体表现为：缺乏对其时代背景、发展演变、历史地位以及局限性等方面全方位系统的考察，零散片段的译介再加上来自源头的西方建筑师的理论包装，不可避免地导致了以讹传讹的过度阐释、故弄玄虚的理论炒作，这些缺位与缺憾不仅增加了读者准确理解西方当代建筑的难度，更带来了建筑理论的误读和建筑设计实践的误导。

本书是著者对西方当代建筑长期追踪与思考的成果，从2005—2007年，著者有幸参与了西方当代建筑图书的引进与出版工作，主持翻译了三个系列共七部建筑专业书籍，其中包括国际建筑设计竞赛获奖作品系列、英国Laurence King出版公司出版的《国际著名建筑大师·建筑思想·代表作品》等；2006年，又在邹德侬先生指导下翻译出版了《哈特耶20世纪建筑百科辞典》，这一系列阶段性的研究成果，有力地支持了西方当代建筑思潮与流派的课题研究。本书力避高深玄虚的理论，在大量经典建筑设计案例的基础上，运用平实简明的语言，配以大量精美的插图，系统全面地介绍20世纪80年代以来西方（欧洲、美国和日本）以及世界其他地区当代建筑的发展演变和最新动态。通过对当代建筑思潮与流派的代表性建筑师、建筑作品、设计思想和手法进行归纳解析，以期为工作在建筑设计一线的建筑师、工程师以及在校建筑专业学子建构一个深入理性地认识西方当代建筑的理论平台，同时也为广大建筑设计业者提供一部高水准的的创作构思借鉴，从而有效提高其设计创新能力。

由于时间仓促，加之著者水平有限，疏漏之处在所难免，敬请专家和读者批评指正。

CONTENTS 目录

第一章　当代建筑思潮与流派纵览 1
　　一、质疑与叛逆：对正统现代主义建筑理论的批判 2
　　二、演进中的多元：当代建筑思潮与流派纵览 4
　　三、走向多元重构与整合：当代建筑思潮与流派的理性思考 24

第二章　后现代主义——历史与古典的"戏说" 27
　　一、后现代主义文化思潮 28
　　二、后现代主义经典建筑理论著作 29
　　三、波普艺术与建筑设计中的波普手法 36
　　四、戏谑的古典主义与激进的折中主义 46
　　五、复古主义：从古典复兴到新古典主义 48
　　六、结语 50

第三章　走向新现代主义——经典现代主义的回归与超越 51
　　一、经典现代主义形式语言的继承：纯粹的几何体构成 52
　　二、点、线、面、体的抽象构成：迈耶式风格 58
　　三、场所精神的塑造：光与影的表现 61
　　四、建筑形态的非物质化：漂浮性、流动性和暂息化 63
　　五、极少主义倾向 66
　　六、结语 74

第四章　新理性主义与类型学——在理性高度上重建文化连续性 75
　　一、历史视野下的理性主义：从古典理性主义到新理性主义 76

二、建筑类型学溯源 78
  三、当代建筑类型学理论 80
  四、建筑类型学设计手法 81
  五、新理性主义与新城市主义 92
  六、结语 102

第五章 解构主义——解构、解形与非线性建筑 103

  一、解构主义建筑溯源：解构哲学、构成主义与当代科学观念 104
  二、解构主义建筑形态构成手法解析 110
  三、计算机技术与"异形"建筑探索 125
  四、非线性建筑：当代解构主义建筑新走向 126
  五、结语 132

第六章 新地域主义与批判的地域主义——现代性语境下的地域主义 ...133

  一、概念辨析：地域性、地域主义、新地域主义与批判的地域主义 134
  二、地域主义建筑实践：从早期的地域主义到地域性现代主义 138
  三、当代新地域主义建筑设计手法解析 142
  四、结语 158

第七章 当代高技派建筑——走向技术与情感的共生 159

  一、欧洲现代建筑运动：技术美学的孕育与诞生 160
  二、"阿基格拉姆"与"新陈代谢"派：高技派的前奏 161
  三、当代高技派建筑大师及其经典作品 163
  四、当代高技派设计手法解析 168

  五、当代高技派新趋势：高技术与情感、生态的共生 176
  六、结语 182

第八章　绿色的呼唤——走向生态建筑 **183**
  一、生态建筑观念的历史演进 184
  二、当代建筑生态理论概述 187
  三、生态建筑形态与生态建筑策略 190
  四、结语 206

第九章　建构——诗意的建造 **207**
  一、建构概念辨析 208
  二、从奥古斯特·佩雷到卡洛·斯卡帕：建构传统溯源 212
  三、建构文化的回归：当代建构实践解析 218
  四、结语 228

第十章　建筑表皮——信息时代的建筑时尚 **229**
  一、从附属到自治：建筑表皮的演进历程 230
  二、当代建筑表皮手法解析 232
  三、走向媒体化的当代建筑表皮 241
  四、结语 245

参考文献 246

第一章
当代建筑思潮与流派纵览

按照史学的定义，"当代"即同时代之谓，是指现代时期中距离当下最近、仍在发展的一个时期。本书中将现代建筑历史时段中距离我们生活时代最近、有最直接影响的一个时期定义为"当代"，具体而言，是指以20世纪60年代后现代主义建筑思潮兴起为起点延续至今的一个时期。

雨果说，建筑是石头的史书。建筑不但是人类改造自然的力量的象征，而且也是社会文化品格的象征，它一方面浓缩了人类的生产力和科学技术水平，另一方面也映射出一个时代的政治、经济、科技、文化和思想。20世纪是一个革命的世纪，20世纪上半叶的西方现代建筑历史，是从挣脱形形色色的历史风格复兴——以古希腊、古罗马和文艺复兴风格为代表的古典复兴、中世纪哥特风格复兴以及折中主义的束缚开始的，最终形成了一场被称为现代建筑运动的狂飙突进式的建筑革命。

现代建筑运动兴起于20世纪20年代，第一次世界大战结束后，战争的重创使欧洲国家面临战后的重建和严重的房荒，社会革命此起彼伏，运用工业化手段为广大平民建造实用、经济的住房，成为政治家和建筑师面临的重大挑战，正如勒·柯布西耶指出的："全人类最原始的本能就是为他自己建造一个掩蔽体。现在社会的各阶层已经没有一个适合于他们需要的住所。工人没有，知识分子也没有。今天社会不安定的根源就是建筑问题所引起的：因此要么进行建筑，要么进行革命。"❶ 这段话既表达了现代建筑运动先驱者通过技术手段改造社会的抱负，也反映了一战结束后的欧洲危机四伏的社会现实。一战结束后，现代建筑运动倡导的功能理性主义、结构理性主义和经济理性主义，较好地满足了多、快、好、省地进行战后重建的要求，使得20世纪20、30年代成为现代建筑运动的黄金时代。正统的现代主义建筑思想与建筑风格作为工业时代的产物，经历了从意大利未来主义、荷兰风格派、俄罗斯构成主义到德国包豪斯学派的探索，形成了一套符合工业化时代审美精神的抽象形式。同时，现代建筑运动的先驱者们属于左翼社会主义者，他们追求一种无等级差别、体现民主精神的建筑风格，正因为如此，现代建筑运动30年代受到专制独裁政权的排斥和迫害。第二次世界大战结束后，正统的现代主义建筑思想与建筑风格与美国巨大的经济优势相结合达到全盛，并演化为一种世界范围内空前盛行的"国际式"风格（International Style）。

一、质疑与叛逆：对正统现代主义建筑理论的批判

第二次世界大战结束后，正统的现代主义建筑思想与形式一方面较好地满足了战后重建的要求，受到国际社会的普遍欢迎并迅速占据了主导地位；另一方面也暴露出难以克服的历史局限性：对功能、技术和经济理性的片面强调，导致了对自然环境、历史文脉与人文精神的忽视。在战后大规模的建设过程中，正统现代主义的建筑设计原则被教条化、公式化，一些大师的经典作品被大规模模仿、抄袭，造成了现代主义风格的国际化和"国际式"风格的全球化盛行（图1-1）。进入20世纪60年代，在经历了长

图1-1 千城一面，高度全球趋同化的现代城市景观

---

❶ 勒·柯布西耶，吴景祥译，走向新建筑，北京：中国建筑工业出版社，1981

时段经济增长之后，西方社会的物质生活已经摆脱匮乏、进入了相对过剩的消费社会，产品匮乏时期正统现代主义的功能主义、经济理性主义以及抽象简约的"方盒子"，显然已经无法满足和平丰裕时代多元化的社会需求，现代主义之后建筑思潮的多元化时代已经山雨欲来。

1955年，现代建筑运动先驱者密斯的狂热追随者和"国际式"风格命名者——美国建筑师菲利浦·约翰逊（Philip Johnson，1906—2005年）还兴高采烈地宣称："现代主义建筑一年比一年更优美，我们建筑的黄金时代刚刚开始，它的缔造者们都还健在，这种风格也还只经历了三十年。"然而三年之后，事情发生了改变。1958年，同一个约翰逊改变了原来的观点，宣布要同他素来崇拜的现代派大师们分道扬镳，他宣称："国际式溃败了。"1961年，美国城市理论家雅各布斯（Jane Jacobs）出版了《美国大城市的生与死》（*The Life and Death of Great American Cities*），公开挑战以功能分区思想为基础的现代主义城市规划理论，并对霍华德的"田园城市"、勒·柯布西耶的"光明城市"在内的现代乌托邦式城市规划思想进行了尖锐地批判。书中指出，在现代主义城市规划和建筑理论指导下的战后大规模建设，完全无视城市原有的历史文脉和地域性，抹杀了街道空间和街道生活的多样性。1977年，美国建筑评论家布莱克（Peter Blake）出版了《形式跟从惨败——现代建筑何以行不通》一书，对现代主义进行了全盘否定。他说："现代主义教条流行将近百年，现在过时了。我们正处于一个时代就要结束，另一个时代即将开始的时刻。"1979年1月，美国著名的《时代》周刊出版了建筑专号，宣称："20世纪70年代是现代主义建筑死亡的年代。它的墓地就在美国。在这块好客的土地上，现代艺术和现代主义建筑先驱们的梦想被静静地埋葬了。"❷ 1977年，英国建筑评论家查尔斯·詹克斯（Charles Jencks）出版了《后现代建筑语言》，从而将对正统现代主义的诅咒式批判推向了高潮，在这本书中他煞有介事地宣称"现代建筑已经死亡"，他写道："现代主义建筑于1972年7月15日下午3时32分在美国密苏里州圣路易斯城死去。……幸运的是，我们可以精确地认定现代主义建筑的死期，它是被猛烈一击后死去的。许多人不曾注意到这一事件，也无人为之出丧，但这并不意味着它突然死亡的说法失实。"❸

詹克斯所提及的帕鲁伊特·伊戈住宅社区（图1-2）于1955年建成，具有完善的公共福利设施、群众活动场所和绿化布置，完全体现了勒·柯布西耶所主张的城市必备三大要素：阳光、空气和绿化。并曾荣获美国建筑师协会（AIA）的嘉奖，其建筑师为著名美籍日裔建筑师雅马萨奇（Minoru Yamasaki），他也是2001年"9·11"事件中被摧毁的纽约世界贸易中心双塔的设计人。20世纪70年代，因为该住宅社区经常发生暴力事件，加上居民之间相互陌生，生活在紧张和威胁之中，许多居民陆续外迁，社区越来越难以维持，最后当局只得将其炸毁。这一事件本来属于社会治安的问题，却被詹克斯"委过"于现代主义，颇有些小题大做、有失公允。当然一个历史时代不会是因为几本偏激的小册子或一幢建筑被炸毁戛然落幕，但是一个不可否认的事实是：自从20世纪60年代

图1-2 被炸毁的帕鲁伊特·伊戈住宅区高层板式公寓

图1-2

---

❷ 吴焕加，外国现代建筑二十讲，生活 读书 新知 北京：三联书店，2007: 365
❸ 薛恩伦，后现代主义建筑20讲，上海：上海社会科学院出版社，2005: 5

当代建筑思潮与流派

图1-3　电报电话公司大楼，美国纽约，1984年，建筑师：约翰逊

以来，二战之后占据西方建筑思潮统治地位的正统现代主义已经受到广泛质疑，随着"国际式"风格的衰落，西方当代建筑进入一个多元共生、承前启后的新时期，在新的社会思潮和科技进步的激荡下，建筑思潮流派的产生与更迭正以一个前所未有的加速度展开。

二、演进中的多元：当代建筑思潮与流派纵览

20世纪60年代以后，西方国家完成了战后重建和经济复苏，当代建筑的发展演变也进入了一个全新的历史时期，形形色色的思潮、流派与新的探索不断涌现、层出不穷，就建筑理论和设计手法的完整性、系统性而言，从20世纪60年代起形成了下列九种较为显著的趋向：后现代主义、新现代主义、新理性主义、解构主义、新地域主义、高技派、生态建筑、建构、表皮。

1. 后现代主义

当代建筑思潮流派中的后现代主义（Post-modernism）发端于20世纪60年代末，80年代达到鼎盛时期，90年代开始全面衰退。后现代主义认为现代主义割断了历史的延续性，提出重新恢复对传统的尊重和利用，正如美国建筑师约翰逊在接受1978年AIA金奖时所说："现代主义建筑憎恶历史与符号装饰，我们却热爱它们；现代主义建筑不问地点而采用同样模式，我们则要发掘场所精神，表现灵感和多样性。"如果说一部现代建筑历史就是一部摆脱形形色色的历史与传统复兴和折中主义束缚的历史，那么，对正统现代主义的反叛和后现代主义建筑思潮的兴起，则是从历史与传统的回归和折中主义的复兴开始的。

20世纪40、50年代的菲利浦·约翰逊，曾经是正统现代主义建筑思想的狂热信徒。1978年，当他回顾20世纪后半叶世界建筑思潮的转变时宣称："整个世界的思想意识都发生了微妙的变化，我们落到了最后面。建筑师向来是赶最末一班车。"他宣称："我的方向是明确的，那就是折中主义传统。这并非学院派的传统，不存在古典法式或哥特式的尖顶装饰。我试图从历史中挑选出我喜欢的东西。我们不能不懂历史。"❹ 约翰逊推出的纽约电报电话公司大厦（AT&T Tower，1984年）（图1-3），是第一座后现代主义摩天大楼，大厦基部采用了意大利文艺复兴时期的巴齐礼拜堂（Pazzi Chapel，1420年）式构图，顶部巨大的三角形断山花为曼哈顿的天际线戴上了一顶古典主义桂冠，同时也拉开了后现代主义建筑潮流的序幕。在这一建筑潮流影响下，一些国际著名建筑师纷纷返回历史寻求新的支撑点。丹下健三是战后日本现代主义建筑的奠基人，而他的东京都新厅舍（1991年）（图1-4）采用了巴黎圣母院式的双塔式构图；加拿大现代主义建筑大师亚瑟·埃里克森（Arthur Erickson，1924年—　）也对其正统现代主义的建筑设计信念产生了动摇，宣称他已由正统的现代主义转向开明的折中主义。他于1984年设计的加拿大驻美国华盛顿大使馆（图1-5），借用了

---

❹　张钦哲等，菲利浦·约翰逊，北京：中国建筑工业出版社，1990

图1-4

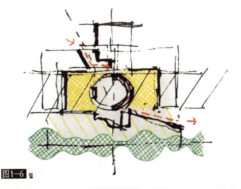

图1-6

图1-7

图1-5

图1-8

图1-4 东京都新厅舍，日本东京，1991年，建筑师：丹下健三

图1-5 加拿大驻美国华盛顿大使馆，美国华盛顿，1984年，建筑师：亚瑟·埃里克森

图1-6 斯图加特美术馆新馆平面构思草图，德国斯图加特，1984年，建筑师：詹姆斯·斯特林

图1-7 斯图加特美术馆新馆主入口，德国斯图加特，1984年，建筑师：詹姆斯·斯特林

图1-8 斯图加特美术馆新馆中央圆形广场，德国斯图加特，1984年，建筑师：詹姆斯·斯特林

古希腊、古罗马的建筑与庭园形式，被认为是一件集仿式折中主义作品。在现代建筑历史上，折中主义曾一度被正统现代主义所贬斥，1960年代之后，建筑界和公众对它的评介已由贬意转向褒意，折中主义建筑师及其作品开始受到公众和社会的尊重，1981年日本《新建筑》增刊征询最受尊敬的日本建筑师名单中，折中主义大师村野藤吾取代丹下健三位居第一，而1985年美国建筑师协会则宣布美国建筑已经进入了多元化和折中主义时代。

如果说老一代建筑大师的转变反映了时代潮流的变迁，那么，战后新生代建筑师的转变，则更多地反映了建筑文化时尚的变异。已故著名英国建筑师詹姆斯·斯特林（James Stirling，1926—1992年），1950年代曾是英国"粗野主义"的代表人物，在回忆他的早期建筑生涯时他说："和大多数人一样，从不参考20世纪以前的东西，那些日子里我相信现代主义能解决一切。"然而从20世纪70、80年代起，他的作品开始借鉴历史传统、强调城市文脉，他设计的斯图加特美术馆新馆（1984年）（图1-6～图1-9），引用了许多历史建筑片段，如以罗马大斗兽场为原型的中央圆形空间、来自古埃及神庙的向上翻卷的檐口以及按古典比例划分的石材墙面；也运用了构成主义风格的钢与玻璃的入口雨篷、出租车站亭，还有阿尔瓦·阿尔托的手风琴曲线入口大厅、蓬皮杜文化艺术中心的外露排气管以及色彩鲜艳的管状扶手，这些构件大大抵消了历史性元素的纪

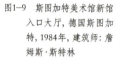

当代建筑思潮与流派

图1-9 斯图加特美术馆新馆入口大厅，德国斯图加特，1984年，建筑师：詹姆斯·斯特林

图1-10 波尔奇大街1号公寓楼，英国伦敦，1988—1998年，建筑师：詹姆斯·斯特林

图1-11 波尔奇大街1号公寓楼局部，英国伦敦，1988—1998年，建筑师：詹姆斯·斯特林

图1-12 筑波中心平面图，日本东京，1983年，建筑师：矶崎新

念性，充分体现了后现代主义的"双重译码"思想，也似乎在提醒人们：今日之博物馆不仅是一个艺术品的殿堂，同时还是一个具有商业性的大众娱乐场所。1988年，斯特林设计的伦敦波尔奇大街1号公寓楼（No.1.Poultry, Mansion House）（图1-10和图1-11），运用了古埃及的向上翻卷式檐口、古典主义的条纹划分墙面、拱券入口等手法，与玻璃幕墙等现代手法杂糅并置，是一座典型的后现代主义风格商业建筑。斯特林逝世后，该建筑由其生前合作伙伴M.威尔福德（M.Wilford）负责于1998年落成。与斯特林相比，日本建筑师矶崎新更像一位机会主义者，60年代出

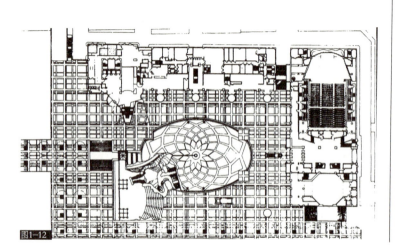

道时他的作品深受勒·柯布西耶粗野主义的影响。80年代，他投身到后现代主义阵营，他宣称："建筑的创作方法就是对已建成的'建筑'档案库进行引用和增补的转换工作。""我的创作态度是分裂的折中主义，我把东西方建筑的历史风格、细部和现代建筑的抽象形式搞在一起……我倾向于激进的折中主义。"他对历史元素的引用包含着对这些元素的歪曲和变形，他的这种折中主义在筑波中心（1983年）（图1-12

和图1-13）设计中达到了登峰造极的程度，他将米开朗基罗设计的罗马市政厅广场反转引用，广场原本在高地上，矶崎新却将其处理成下沉式，去掉了广场中心的雕像，将铺地深浅颜色倒置，并用一条波浪形的人工瀑布来破坏下沉式中心广场的轮廓。矶崎新的同代人黑川纪章（1934—2007年），曾是开创当代高技派先河的日本"新陈代谢"派的核心成员，60年代末，他推出了带有折中主义色彩的"共生哲学"，其内容包括：建筑与环境的共生、异质文化的共生、历史与现在的共生以及技术和人的共生等。他认为不同文化只有进化程度的不同，而无优劣的区别，所以应该以一种折中主义的思想来指导设计，通过"有意识地把异类构件混合在一起使之产生多重含义"。

后现代主义是从回归历史和折中主义开始的，但是后现代主义绝非简单的回归历史和折中主义，正如后现代主义文化思潮本身没有形成清晰严谨的思想体系，后现代主义建筑思潮也不是一种特定的风格或流派，而是聚集在后现代主义旗帜下、从赤裸裸的复古主义、新古典主义、折中主义、通俗主义到玩世不恭、戏谑的古典主义的集合体。后现代主义思潮主要设计手法可以概括如下：用多元的拼贴来对抗正统现代主义的理性主义；用扭曲与变形的复杂性来对抗正统现代主义的简约主义；用矛盾并置和激进的折中来对抗正统现代主义的纯粹统一；用地域的、历史的和隐喻的手法来对抗正统现代主义的国际性、反历史和抽象性原则；用通俗的商业主义来对抗正统现代主义的精英主义。后现代主义阵营的代表人物还包括美国建筑师查尔斯·摩尔（Charles Moore）、迈克尔·格雷夫斯（Michael Graves），英国建筑师泰瑞·法雷尔（Terry Farrell）以及西班牙建筑师里卡多·波菲尔（Ricardo Bofill）等，主要建筑理论家有罗伯特·文丘里（Robert Venturi）和查尔斯·詹克斯。

2. 新现代主义

20世纪世界建筑史发生的最重要的历史事件是20年代欧洲现代建筑运动的兴起。如果说路斯的极端功能主义反映了正统现代主义的"清教徒式"的"形式禁欲主义"；那么，现代艺术和现代主义建筑所开创的立体派、风格派和构成主义则打开了一扇扇通向现代形式宝藏的大门，展示了抽象的形式构成——一种不依赖于模仿或折中传统式样的巨大的形式生成潜力（图1-14和图1-15）。而当代建筑思潮流派中的新现

图1-13 筑波中心，日本东京，1983年，建筑师：矶崎新

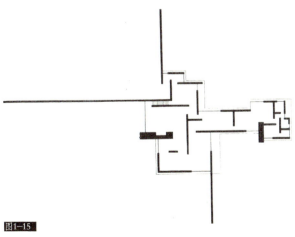

图1-14 施罗德住宅，荷兰乌德勒支市，1924年，建筑师：G·里特维尔德

图1-15 乡村砖住宅方案平面，1923年，建筑师：密斯·凡·德·罗

图1-16　达拉斯音乐厅外景，美国达拉斯，1989年，建筑师：贝聿铭

图1-17　达拉斯音乐厅内景，美国达拉斯，1989年，建筑师：贝聿铭

代主义（Neo-modernism），就是指继承和发展正统现代主义抽象形式构成的设计倾向。

20世纪60年代，在正统现代主义受到怀疑和批判、后现代主义的历史主义甚嚣尘上的背景下，一批建筑师始终坚持经典现代主义的抽象形式构成，拒绝历史风格的引用。作为一个与后现代主义分庭抗礼的当代建筑流派，新现代主义的代表人物有美籍华裔建筑师贝聿铭、法国建筑师鲍赞巴克（Christian de Portzamparc）、日本建筑师桢文彦、安藤忠雄等，他们的作品突破了正统现代主义和"国际式"风格的单调乏味，呈现出更加丰富的建筑形态和空间内涵。贝聿铭设计的达拉斯音乐厅（1989年）（图1-16和图1-17）是新现代主义的代表作，具有与美国国家美术馆东馆（1978年）相似的精确几何特性，同时又在曲面的运用、不对称构图以及光影变化等方面达到了一个新的境界，主要入口立面形成了一个巨大的"画框"，观众透过"画框"可以看到极富戏剧性的休息厅，增加了视觉上的层次感，而不对称的构图也给音乐厅增添了抽象构成的雕塑感。

总体而言，对经典现代主义设计风格的继承和发展是国际建筑界始终存在的重要倾向，但是作为一个当代建筑流派，新现代主义受到评论界关注却是从"纽约五人"（New York Five）的出现开始的。1969年，纽约现代艺术博物馆举办了一次展览，介绍了五位美国建筑师及其作品，他们是彼得·埃森曼、迈克·格雷夫斯、查尔斯·加斯米、约翰·海杜克、理查德·迈耶。由于这五位建筑师都在纽约，因此被评论界称为"纽约五人"。他们的作品深受20世纪20年代荷兰风格派、勒·柯布西耶早期倡导的立体主义以及意大利建筑师特拉尼的影响，他们拒绝对历史片段的模仿，追求纯净的建筑空间和体量，强调线条、平面、体块的穿插和光影变化，呈现出白色的、无文脉的、高度抽象的风格，因此又被称为"白色派"、"新包豪斯派"（Neo-Bauhaus），这种风格在理查德·迈耶的作品中达到了登峰造极的程度。

理查德·迈耶设计、2000年落成的罗马千禧教堂（图1-18和图1-19），突破了传统基督教堂的空间序列，取消了十字形平面和巴西利卡式大厅。采用三片混凝土薄壳作为设计元素，最小的一片高17m，最高的一片高27m，高耸入云的线条有力地展现了哥特式教堂的垂直风格，同时也隐喻了基督教的"三位一体"（圣父、圣子、圣灵）理论，前来礼拜的公众仿佛置身于三个巨大的球体之中，北侧的活动中心则为严谨的方形几何体，就像迈耶自己所阐释的，圆形意在表现天穹，方形则展现大地，同时也是理性的象征，这是一个用现代主义抽象构成手法对宗教建筑空间和形态进行演绎的力作。在其大量作品中，迈耶运用高度抽象的点、线、面和体的构成，对经典现代主义形式语汇重新进行了阐释和

演绎,从而创造出一种简约明快的现代设计风格——迈耶风格,这种风格在世界范围吸引了无数的模仿者。

3. 新理性主义

新理性主义(Neo-rationalism)20世纪60年代发源于意大利,是与后现代主义同时兴起的另一场历史主义建筑思潮。新理性主义既是对正统现代主义思想的反抗,也是对商业化古典主义、后现代主义的形式拼贴游戏的一种批判。新理性主义代表人物包括意大利的 A. 罗西(Aldo Rossi)、G. 格拉西(Giorgio Grassi)、C. 艾莫尼诺(Carlo Aymonino)、卢森堡的罗伯·克里尔(Rob Krier)与利昂·克里尔(Leon Krier)兄弟,以及德国的昂格尔斯(Oswald Mathias Ungers)等。

罗西对新理性主义的发展起到了至关重要的作用,他通过类型学建立了一套严密的理论体系与设计方法论。他把建筑现象的本质归源于人类普遍的建筑经验的心理积存,他认为,建筑的生成联系着一种深层结构,而这种深层结构存在于由城市历史积淀的集体记忆之中,是一种"集体无意识",它包含了共同的价值观念,具有文化中的原型(Prototype)特征。他认为,城市建筑可以简约到几种基本类型,而建筑形式语言也可以简约到典型的、简单的几何元素,这些基本类型和典型元素存在于历史形成的传统城市建筑中,并可以从这些建筑中提炼和萃取。新理性主义的建筑设计往往采用简单的几何形,但却孕含着深刻的历史内涵,理性与情感、抽象与历史的结合构成了新理性主义的主要特征。罗西于1971年设计的意大利摩德纳的圣·卡塔多公墓(San Cataldo Cemetery,1971—1976年)(图1-20~图1-23),是其类型学理论的一次典型实践。这是为原有公墓所做的扩建工程,整个墓地被围成一个长方形场地,长长的道路与拱廊规则地排列着。纳骨所、墓室和公共墓冢的

图1-18 千禧教堂外景,意大利罗马,2000年,建筑师:迈耶

图1-19 千禧教堂内景,意大利罗马,2000年,建筑师:迈耶

图1-20 圣·卡塔多公墓总平面图,意大利摩德纳,1971—1976年,建筑师:罗西

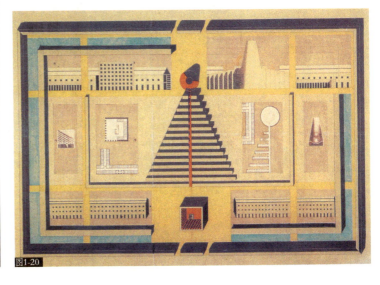

图1-21 圣·卡塔多公墓纳骨所，意大利摩德纳，1971—1976年，建筑师：罗西

图1-22 圣·卡塔多公墓纳骨所内景，意大利摩德纳，1971—1976年，建筑师：罗西

图1-23 圣·卡塔多公墓殡仪堂，意大利摩德纳，1971—1976年，建筑师：罗西

空间序列沿中央轴线排开，鱼骨状的平面构图恰似一个脱离了生命与肉体的躯干，一具死亡者的骨架。纳骨所是一个巨大的红色立方体，但又出人意料地与意大利北部的传统住宅极为相似，墙上开满窗洞，却没有屋顶与楼层，这个未完成的房子就像是一个被遗弃的废墟，一个"死亡的住屋"。以等边三角形层层排列的墓室又像是人体躯干的条条肋骨，公共墓冢之上为截锥体，这个形体唤起了传统纪念碑或火葬场烟囱的联想。

新理性主义的类型学既是一种理解城市的工具，也是一种城市设计的方法论。罗西批判了城市功能分区理论对城市历史的消解与破坏作用，他认为，建筑设计工作首先是为特定的环境从历史中挑选适宜的建筑类型，由此而产生的建筑类型具有相似性，进而提出了相似性原则（Analogical Thought）。罗西强调，建筑设计不应过分彰显自我，而是应当通过建筑原型的相似性来满足居民的"集体记忆"，由此扩大到城市的范围，就出现了"类似性城市"（Analogical City）的主张。与罗西高度抽象化的城市设计理论相比，克里尔兄弟的理论更具有可操作性。他们钟情于欧洲传统城市的尺度、街道和广场空间，主张抛弃现代主义城市规划的功能分区模式，回归工业革命前欧洲传统城市的街道与广场空间（图1-24和图1-25）。在类型学的基础上，克里尔在其所著的《城市空间》一书中，对欧洲传统城市空间的外部空间形态进行了大量的归纳与总结，他列举了城市街道与广场交汇的四种原型以及44种由此而来的变体形式，还列举了不同类型的广场，如圆形广场、四边形广场以及这些类型的多种变体形式，试图以它们作为当代城市设计的出发点和原型，罗西和克里尔兄弟的探索促进了当代新城市主义思潮的兴起。

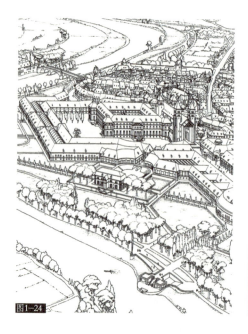

图1-24 卢森堡市中心规划，1978年，建筑师：利昂·克里尔

4. 解构主义

关于当代建筑思潮流派中解构主义（Deconstructionism）的兴起，一般认为发起于两次展览。一次为1988年7月在英国伦敦泰特美术馆举办的关于解构主义的学术研讨会，会期一天。上午与会者观看解构主义哲学家德里达送来的录像带，并讨论建筑问题，下午讨论绘画与雕塑。另一次则是同年6月到8月，美国建筑界泰斗级人物菲利浦·约翰逊在纽约现代艺术博物馆主持的"解构主义建筑"（Deconstruction Architecture）七人作品展。该展览展出了七名建筑师的10件作品，他们分别为，盖里（Frank Gehry）、库哈斯（Rem Koolhaas）、哈迪德（Zaha Hadid）、里伯斯金德（Daniel Libeskind）、蓝天组（Coop Himmelblau）、屈米（Bernard Tschumi）和埃森曼（Peter Eissenman）。美国《建筑》杂志主编在该杂志6月号中写道："本世纪建筑的第三趟意识形态列车就要开动。第一趟是现代主义建筑，它戴着社会运动的假面具；接着是后现代主义建筑，那种作品如果没有设计者90min的讲解，你就不可能理解它，而且即使有讲解，也不一定有帮助。现在开出的是解构主义建筑，它从文献中诞生出来，在有的建筑学堂里已经时兴了十年……。"❺这位编者把解构主义建筑与现代主义建筑、后现代主义建筑相提并论，合称为20世纪建筑的三大先锋潮流，至此，解构主义作为一种重要的建筑思潮登上了当代国际建筑舞台。

解构主义是20世纪下半叶至今最具前卫性、先锋性的建筑流派，也是一种正在发展演变的探索性、实验性建筑思潮。哲学范畴的解构主义是后结构主义哲学家J·德里达的代表性理论，在哲学、语言学和文艺批评领域译做消解哲学、解体批评、分解论、解构和解构主义等。但是，解构主义哲学与解构主义建筑之间并没有明确的因果关系，许多被认为是解构主义的建筑作品与解构主义哲学之间并无直接关系。有的理论家否定了解构哲学与解构建筑之间

的对应关系，认为所谓解构建筑实际上是现代艺术中"非"、"反"倾向在建筑艺术中"迟到"的反映，是"迟到的反形式"。可以说，建筑中的解构主义倾向并非仅仅是解构哲学在建筑设计中的反映，而是包含了表现主义激情的释放、随机性与偶然性的追求、错乱与冲突的表达、对非线性建筑形态的探索等更多的内涵。

来自奥地利的建筑师组合——蓝天组，被称为国际建筑界的重金属摇滚歌手，他们宣称："我们的建筑就像笼子里的野兽一样躁动……就像我们所处的时代一样粗鲁不堪。"他们擅长运用倾斜、裂解的构成手法，产生冲突、不协调和戏剧化的形体，被称为解构主义代表人物。蓝天组为奥地利格拉茨（Graz）一所大学设计的装置艺术品——"建筑一定要燃烧"（图1-26），表达了一种表现主义的热情。高达50m的

图1-25 亚特兰蒂斯规划，西班牙特内里费，1980年代，建筑师：利昂·克里尔

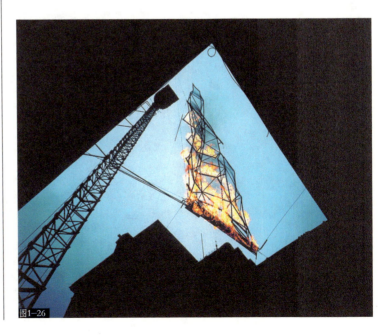

图1-26 "建筑一定要燃烧"，奥地利格拉茨，1980年，建筑师：蓝天组

---

❺ 吴焕加．论现代西方建筑．北京：中国建筑工业出版社，1997：106

图1-27 "屋顶增建",奥地利维也纳,1989年,建筑师:蓝天组

图1-28 费诺科学中心外观,德国沃尔夫斯堡,2005年,建筑师:扎哈·哈迪德

图1-29 费诺科学中心外观局部,德国沃尔夫斯堡,2005年,建筑师:扎哈·哈迪德

仅为360m²的律师办公室,建造在一幢19世纪老建筑的屋顶上,但是建筑师并没有为它披上古典的外衣,而是努力表达一个自由的梦幻,建筑形态宛如一个拉紧的弓,玻璃装配的弓形仿佛刺穿并毁坏了原有建筑的屋顶,又仿佛要滑落下来。由于玻璃形态各异,又用一种刻意复杂化的方式组织在一起,加上向各个方向伸展的狭窄过道、天桥、管道和金属丝,建筑内部和表面都充满了错综混乱的线条和体块,使人对它产生了诸如桥、翅膀和飞机等不明确的联想。

进入21世纪,解构主义从20世纪80年代的追求建筑形态的冲突错乱,转向探索有机连续的非线性建筑与空间形态,代表作如扎哈·哈迪德设计的费诺科学中心(2005年)(图1-28~图1-30)。该建筑位于德国沃尔夫斯堡的大众汽车公司总部,处于多条人行道和车道的交汇点,为了不影响这些交通要道的正常使用,建筑师将建筑主体部分悬离地面7m,建筑由10个大小各异、极富戏剧性的漏斗结构支撑,这些漏斗结构形成了商亭、零售点等具有各种功能的小型空间,使主体建筑下部形成一个富有活力的公共空间。漏斗形支柱一直向上延伸到建筑的内部,形态不断发生变化,形成各种坡道和倾斜的墙体,整个建筑形态像一艘蓄势待发的宇宙飞船。费诺科学中心的建筑与空间形态复杂多变,建筑师、工程师不仅运用了计算机辅助设

翼翅般装置由一个金属弧形结构支撑,夜间从气体喷嘴向天空发射巨大的火焰。他们宣称:"建筑一定要燃烧。"他们进一步解释说:"这并不是说建筑应该燃烧,而是说建筑应该点燃情感。"他们认为:"建筑应当是流血的、精疲力竭的、旋转的甚至破坏性的。建筑是燃烧、是刺痛、是压力的眼泪下的撕裂。"❻维也纳的"屋顶增建"工程(Rooftop Remodelling,1989年)(图1-27)是蓝天组的代表作,这是一间面积

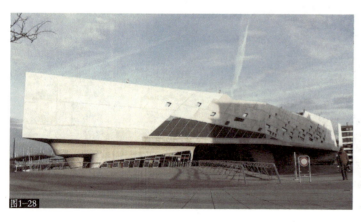

❻ 凯斯特·兰坦伯里等著,邓庆坦等译,国际著名建筑大师·建筑思想·代表作品,济南:山东科技出版社,2006:42

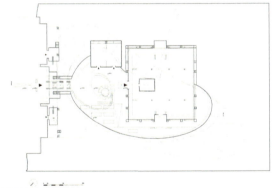

图1—30　费诺科学中心底层空间，德国沃尔夫斯堡，2005年，建筑师：扎哈·哈迪德

图1—31　大埃及博物馆获奖方案平面图，埃及开罗，2004年，建筑师：蓝天组

图1—32　大埃及博物馆获奖方案外观，埃及开罗，2004年，建筑师：蓝天组

计技术，还首次大规模使用了自密实高性能混凝土现浇技术。蓝天组设计的大埃及博物馆方案（图1-31和图1-32），其非线性建筑形态来自对场地地形、地貌的提炼与转译，巨大的尺度、自由的曲线与环境景观浑然一体、大象无形，没有任何具体的形式语言，却有着沙漠建筑的雄浑和金字塔的历史沧桑感。从开罗和亚历山大通向金字塔的沙漠公路上引出的道路，通向博物馆前的城市广场，并可以直接抵达入口门厅，这个向内凹陷的"灰空间"，向游客呈现出欢迎的姿态。通过入口门厅这个公共空间，游客可以登上博物馆的屋顶平台，也可以进入下沉于地面的中庭空间参观。在大厅中，最引人注目的景观是从天花下垂的两个玻璃圆锥体。在这里，中庭空间像一个开放的城市空间一样，起到组织和协调周围展览空间的作用。阳光和新鲜空气通过天花的过滤和冷却，源源不断地补充到博物馆空间中。博物馆的部分体量沉入地下，隐喻着消逝的历史；建筑内部宏伟的中庭，则令人联想起金字塔的巨大尺度和纪念性。

5. 新地域主义

建筑文化与地域环境有着密不可分的联系，如果说地域性是建筑文化的基本属性之一，那么建筑设计中的地域主义

（Regionalism）倾向，则是一种在建筑中表现地域文化特征的寻根倾向。现代建筑历史中的地域主义倾向可以追溯到西班牙建筑师高迪，他在表现西班牙加泰罗尼亚的地域传统方面取得了很高的成就。但是，直接对当代地域主义产生影响的建筑师是阿尔瓦·阿尔托，他致力于地域性现代主义的探索，创造出了属于芬兰的现代主义建筑。当代地域主义倾向是对全球化进程导致的文化趋同性的反抗，它的产生不仅是对正统现代主义文化霸权的反抗，同时还具有为特定地域、特定人群建立文化认同的作用。正如弗兰姆普敦所指出的："地方主义的主要动机是对抗集中统一的情绪——对某种文化、经济和政治独立的目标明确的向往。……它用已在人们头脑中扎根的价值观和想象力结合外来文化的范例，自觉地去瓦解世界性的现代主义。"❼

面对现代建筑技术的标准化、功能类型的同一化所带来的建筑文化国际趋同化潮流，许多建筑师拒绝对传统地域形式的直接模仿，致力于在现代技术、现代功能和现代审美观念的基础上对地域性建筑文化进行新的诠释和演绎，这就是当代国际建筑潮流的一个重要倾向——新地域主义（Neo-regionalism），代表人物有墨西哥建筑师路易斯·巴拉干（Luis Barragan，1902—1988年）、里卡多·列戈瑞达（Ricardo Legorreta）、美国建筑师安东尼·普雷多克（Antoine Predock）和以多西（Balkrishna Doshi）、柯里亚（Charles Correa）和里瓦尔（Raj Rewal）为代表的印度建筑师群体等，他们的作品注重结合地域自然环境和人文环境，前者包括地形地貌、水文地质、气候和植被等自然条件，后者包括城市固有的肌理、建筑文脉与场所精神特征。

批判的地域主义（Critical Regionalism）是当代新地域主义思潮中最有活力的一种理论与实践倾向。它反对以西方文化、经济利润、机器标准化生产和消费文化为根基的"国际式"风格，反对主流强势文化对非主流、边缘文化的霸权。同时，批判的地域主义也反对"仅仅采用符号、象征和抒情的、浪漫的和通俗的地域主义形式"❽，从而与历史上形形色色的地域传统复兴划清了界限。批判的地域主义的思想本质正是在于这种双重批判的立场：既扬弃正统的现代主义及其"国际式"风格，反对技术至上主义倾向所造成的地域与个性的沦丧，同时又在尊重地域环境的前提下，对地域性要素进行现代性重构，创造出具有场所感的人居环境。

从场地地形、地貌出发对建筑形态进行建构，也是批判的地域主义建筑创作的重要手法。2004年举行的开罗大埃及博物馆国际设计竞赛中，赫内汉·彭事务所（Heneghan.Peng Architects）的方案（图

图1—33 大埃及博物馆中标方案模型，埃及开罗，2004年，建筑师：赫内汉·彭

图1—34 大埃及博物馆中标方案主入口，埃及开罗，2004年，建筑师：赫内汉·彭

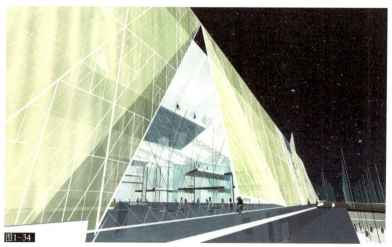

---

❼ 肯尼思·弗兰姆普敦著，原山等译，现代建筑——一部批判的历史，北京：中国建筑工业出版社，1988: 388
❽ 王冬，西部建筑师的凤凰涅槃，时代建筑，2006: 04

1-33～图1-35）一举夺魁并被确定为实施方案。博物馆场地位于开罗市区与大金字塔群之间，场地的三个突出要素成为博物馆构思的出发点：即把场地分成高、低两部分的断层线、朝向金字塔群的视野、开罗到亚历山大的高速公路。博物馆位于开罗城与金字塔群之间的第一个沙漠台地上，这里是现代文明与古代文明联系的桥梁，现实与历史之间时空转换的枢纽。来自开罗和亚历山大的游客，将从这里开始他们的埃及古代文化之旅。博物馆的建筑形态既向金字塔群表现出谦逊的姿态，同时又体现出浓厚的现代感。首先，建筑师从场地原有的断层意象出发，用半透明的石材幕墙形成倾斜的墙面作为场地新的竖向界面。从开罗方向望去，建筑的外表皮生动地表现出场地自然地貌的结构韵律，有着生动褶皱的外表皮成为该建筑醒目的标志，而建筑内部则形成了朝向金字塔群的良好视野。意大利建筑师Ruben Verdi领衔设计的大埃及博物馆的另一个获奖方案（图1-36～图1-38），在场地上挖掘了一条地下街道，连接掩藏在地下的博物馆各个功能空间，并巧妙地利用地形高差安排了建筑的出入口。博物馆还综合运用了混凝土、玻璃和穿孔金属板等现代建筑材料，整个建筑形态不仅呼应了场地的地形、地貌，同时也成为一个沙漠地景艺术品。

图1-35 大埃及博物馆中标方案从台地俯瞰景观，埃及开罗，2004年，建筑师：赫内汉·彭

图1-36 大埃及博物馆获奖方案模型，埃及开罗，2004年，建筑师：Ruben Verdi

图1-37 大埃及博物馆获奖方案平面图，埃及开罗，2004年，建筑师：Ruben Verdi

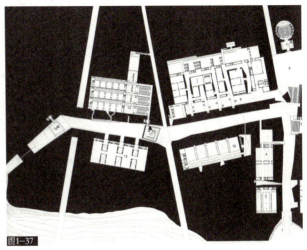

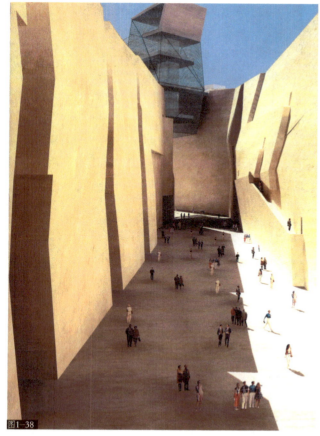

图1-38 大埃及博物馆获奖方案地下街道内景，埃及开罗，2004年，建筑师：Ruben Verdi

图1-39 Vertical Smooth住宅，美国洛杉矶，1997年，建筑师：丹尼瑞

图1-40 Corrugated Duct概念住宅，美国洛杉矶，1998年，建筑师：丹尼瑞

6. 高技派

现代科技不仅改变了建筑设计与建造的全过程，同时也对既有的建筑形象与建筑美学提出了全新的挑战。

西方当代建筑思潮流派中的"高技派"（High Tech），是指在建筑形象上通过暴露和表现先进科学技术和高度工业化的特征，以求最大限度发挥先进建筑技术审美价值的建筑流派。高技派建筑师在处理功能、技术和形式三个建筑基本要素的关系上，把建筑结构、设备等技术因素与建筑形式画上等号，先进技术作为高科技时代的装饰和形式要素被刻意表现。早期高技派的建筑实践主要集中以英国为中心蜚声国际建筑界的几位建筑大师，如英国的诺曼·福斯特（Norman Foster）、理查德·罗杰斯（Richard Rogers）、尼古拉斯·格雷姆肖（Nicholas Grimshaw）以及意大利的伦佐·皮亚诺（Renzo Piano）。继罗杰斯与皮亚诺合作设计的巴黎蓬皮杜艺术中心（1977年）落成之后，又相继诞生了香港的汇丰银行（福斯特，1986年）、伦敦劳埃德大厦（罗杰斯，1986年）等高技派的经典作品。这些作品大都具有如下特征：通用平面、暴露的结构、插入的服务系统以及对机械设备的暴露，这些经典作品的落成不仅使技术美学成为公众关注的焦点，同时也使得以英国为大本营的高技派逐渐发展成熟，成为一个具有国际影响的当代建筑流派。

美国建筑师尼尔·丹尼瑞（Neil Denari）是近年来展露头角的一位高技派新锐，他于1982年毕业于哈佛大学获得硕士学位后，曾在欧洲最大的一家飞机制造公司Aerospatiale从事绘图工作。丹尼瑞的作品有着阿基格拉姆的影响和航空机械的影子，他设计的洛杉矶Vertical Smooth住宅（图1-39），绿色曲面表皮包裹着建筑空间，隐藏在外部层（不锈钢板）和部层（石膏墙板）之间的钢框架支撑着弯曲的表面。Corrugated Duct概念住宅（图1-40）则把设备层集成在建筑天花中，建筑表皮有着浮雕般的质感。

作为一个从20世纪70年代起一直活跃在国际建筑舞台的建筑流派，当代高技派建筑师修正了早期的技术至上主义倾向，转向追求技术与文脉的融合，探索技术与自然、与人文情感的共生，显示出锐气不减、活力不衰的发展势头。北京首都机场T3航站楼（图1-41和图1-42）是为了迎接2008年北京夏季奥运会而进行的机场扩建工程，由英国的福斯特事务所、荷兰的Naco公司和Arup公司联合提供的方案在国际设计竞赛中获胜。在建筑外观上，T3航站楼采用了具有空气动力学曲线特征的三维屋面，覆盖了航站楼的三个组成部分，并形成了巨大的悬挑。其中，在陆侧车道边上空悬挑达50m之多，超尺度的挑檐既具有遮挡风雨和防晒的作用，同时也产生出一种令人难忘的旅行体验。在航站楼内部，整个屋面系统被约36m跨距的钢柱支撑，整个建筑从地面到拱顶形成一个连续的空间，屋面挑檐下采用连续的玻璃幕墙，透过玻璃乘客可以全景地观赏机场飞机的动态和自然景色，从而减轻了旅行的紧张与疲劳。

7. 生态建筑

人类对大自然的过度索取，造成了当今社会面临的严重生态、资源和环境危机。面对挑战，生态与可持续发展意识已经成为一种全球性共识，运用生态科技创造真正意义的生态建筑（Ecology Architecture），成为当代建筑的一个重要发展方向。建筑的生态化不仅仅是建筑业自身的问题，更是影响到人类自身可持续发展的关键性课题，建筑师必须重新思考他们与建筑使用者的共同责任——对地球资源和人类社会可持续发展的责任，努力创造一种全新的建筑体系——在给人们带来便利、舒适和愉悦的同时，能够与自然和谐共生，从而实现人类的绿色建筑之梦。

现代主义建筑设计思想以工业化大生产为基础，以满足人的单方面需求和降低生产成本为基本目的，忽视了建造与使用过程中的资源消耗和环境效益；而生态建筑设计必须要考虑建筑从生产到报废的全

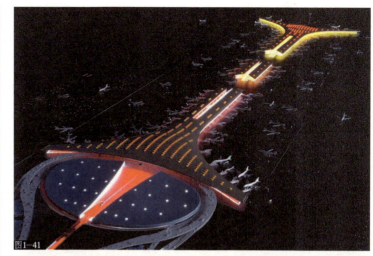

图1-41

图1-42

生命周期所消耗的资源及其对环境的影响。因此，与正统现代主义相比，生态建筑设计在满足功能和经济合理性的基础上，增加了环境与资源两个重要参数，使建筑设计从单纯追求功能理性、经济理性转变为"功能—经济"和"环境—资源"并重的双重目标。生态建筑设计同样强调建筑的经济效益，但是其内涵除了节省投资、降低造价外，还要考虑减少资源消耗、减轻对自然环境的破坏。像正统现代主义一样，生态建筑设计强调建筑形式的逻辑性与合理性，生态建筑的形式是由其生态理性所决定的。由此可见，生态建筑设计不仅延续了现代主义建筑的基本原则，而且基于生态与可持续发展原则进行了修正和超越。

德国柏林国会大厦改建工程（Recon-

图1-41　北京首都机场T3航站楼，北京，2008年，建筑师：福斯特等

图1-42　北京首都机场T3航站楼，北京，2008年，建筑师：福斯特等

struction of Reichstag)(图 1-43～图 1-45),是高技派建筑师诺曼·福斯特的一项举世瞩目的重要工程,也是一项采用高技术的生态建筑力作。德国国会大厦始建于 1894 年,在 1933 年的大火中受到严重损坏,第二次世界大战中又几乎被战火摧毁。作为德国统一的标志,国会大厦可谓饱受血与火的洗礼,具有特殊的历史象征意义。1992 年,福斯特主持国会大厦的改建工作,他运用了高科技的生态技术,设计了一个透明玻璃穹顶以取代被毁的古典主义穹顶。并设计为向公众开放的观光场所,从而使国会大厦完成了从一幢记录了血腥、阴谋与暴政的历史建筑向现代议会建筑转变的涅槃重生。玻璃穹顶内安装了可以随日照方位旋转的巨大遮光罩,由计算机根据太阳运行轨迹自动调控,以避免给议会大厅带来眩光和过多热量。从顶部悬垂而下的漏斗状玻璃锥镶嵌着 360 块大型活动镜面,将自然光折射到下面的议会大厅,从而降低了照明能耗。改建工程还采用了自然通风系统,议会大厅的进风口设在西门廊的檐部,风道位于地板下面,并从座位下的风口送风,穹顶中的倒锥体空腔实际成为一个巨大的拔气管。法国建筑师让·努维尔(Jean Nouvel)设计的巴塞罗那阿格巴

图1-43 改建后的德国国会大厦外观,德国柏林,1999年,建筑师:福斯特

图1-44 德国国会大厦玻璃穹顶外观,德国柏林,1999年,建筑师:福斯特

图1-45 德国国会大厦玻璃穹顶内景,德国柏林,1999年,建筑师:福斯特

图1-43

图1-44

图1-45

大厦（Agbar Tower，2005年）【图1-46～图1-48】，是双层生态表皮——可呼吸幕墙系统在高层建筑上运用的典例，该建筑采用了筒中筒结构，外筒为一层承重的现浇混凝土墙，混凝土墙面的窗洞是由标准的正方形洞口组合而成，仿佛布满了"俄罗斯方块"的图案。60 000片半透明可调节玻璃百叶笼罩在混凝土外墙上，构成了建筑的外表皮，内外双层皮中间的通风层约1m宽，铺设金属格栅作为检修通道。在外层半透明玻璃百叶的笼罩下，安装在混凝土墙面上的镀锌波纹钢板以蓝红两色退晕变化，混凝土窗洞的方块图案也若隐若现，形成奇幻的建筑表皮效果。

8. 建构思潮

建构（Tectonic）思潮的兴起是当代建筑思潮的一个重要动态，它是对"国际式"风格和后现代主义双重批判的产物。首先，建构的提出，是对正统现代主义的抽象化形式语言和刻意表现现代技术倾向的批判和反抗。现代主义虽然强调对材料与结构的忠实表现，但是由于其抽象美学和普遍主义的价值取向，导致在实践中出现了削弱材料特色的均质化倾向；而高技派风格由于过分强调现代技术的作用，进入了炫耀技术而忽视人的情感的误区。其次，建构强调人的知觉体验，它反对后现代主义建筑文化的时尚化、快餐化倾向，否定了当代时尚建筑潮流中忽视人的体验感知的视觉至上倾向。

建构是建筑结构和建造逻辑的表现形式，建构无法和技术问题分离，但它绝不只是建造技术问题，而是特定文化背景下对营造逻辑的适宜表现，是具有文化性的建造。后现代主义试图以手法主义来弥补正统现代主义忽视人文与情感的缺憾，试图通过"布景"（Scenography）式立面设计来实现传统文脉的连续性，而其形式则源自对历史风格的模仿与滥用，文丘里所谓"装饰的遮蔽体"（Decorated Shed）的理论，表达了后现代主义将人文与技术分离的价值取向。当代建构思潮试图在现代主义的技术至上与后现代主义的人文主义之间获得新的平衡，努力探索技术的人文主义内涵，在注重技术表现的同时强调人的情感与精神体验。

20世纪60年代，美国学者塞克勒（Eduard Sekler）重新把建构概念引入当代

图1-46　阿格巴大厦远景，西班牙巴塞罗那，2005年，建筑师：让·努维尔

图1-47　施工中的混凝土外墙，阿格巴大厦，西班牙巴塞罗那，2005年，建筑师：让·努维尔

图1-48　半透明玻璃百叶，阿格巴大厦，西班牙巴塞罗那，2005年，建筑师：让·努维尔

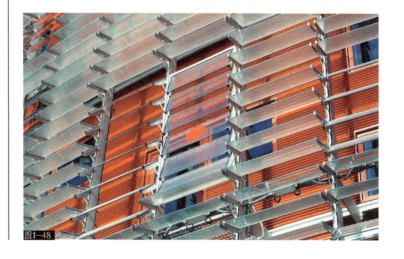

建筑理论的视野中。他于 1957 年完成了著名的短文《结构、建造与建构》(Structure Construction & Tectonics)。针对以后现代主义为代表的形式本位主义的盛行，英国建筑理论家肯尼斯·弗兰姆普敦(Kenneth Frampton)继承和发展了塞克勒的建构学说，于 1995 年出版了理论巨著《建构文化研究》(Studies in Tectonic Culture)。该书对建构文化的起源进行了追溯并对建构文化进行了理论性思考。他从建构的角度出发，对现代建筑历史中的一系列代表人物进行了个案研究，其中包括赖特、奥古斯特·佩雷、密斯、路易斯·康、伍重和卡洛·斯卡帕等。弗兰姆普敦在《建构文化研究》一书中试图发掘和呼唤一种现代主义建筑的历史传统——一种使建筑学在今天条件下成为一种"批判性实践"(Critical Practice)的优秀建构传统，正是在这一意义上，弗兰姆普敦道出了他进行建构文化研究的动因："我是出自一系列原因选择强调建构形式的问题的，其中包括眼下那种将建筑简化为布景的趋势以及文丘里装饰遮蔽体理论在全球尘嚣直上现象的反思。"❾

建构并非是对结构的忠实表现和对材料的清晰表达，建构不仅包含了材料、结构和构造以及建造等问题，同时也强调地域性、场所性等人的情感因素的融入。在《建构文化研究》一书中，丹麦建筑师伍重和意大利建筑师卡洛·斯卡帕是颇受弗兰姆普敦推崇的建构精神的实践者，与悉尼歌剧院的设计者伍重相比，在当代建筑历史上，卡洛·斯卡帕(Carlo Scapa，1906—1978 年)只是一位名不见经传的人物，终其一生只涉足了一些小规模设计项目，但是其作品最能体现细部设计的精妙，正如他所说："上帝在细部中。"斯卡帕对现代主义的兴趣源于新艺术运动，新艺术运动对材料的感知、对质地的考究和对节点的关注，这些与手工艺直接相关的精神为斯卡帕所继承。斯卡帕毕生致力于一些历史性建筑的修复或改建项目，他对历史建筑上由于时间的沉积而产生的"年轮"效果产生了强烈的兴趣，常常通过锲入不同的体量和材料来强化不同历史阶段的作用。卡斯泰维奇城堡博物馆(Museum of Castelvecchio，1956—1964 年)(图 1-49 ~ 图 1-51)改建是斯卡帕最为成功的作品之一，在这个屡遭破坏与改造的 14 世纪统治者斯卡拉家族的城堡中，所有添建部分与旧建筑的连接都强调时代的可识别性，他从不进行"整旧如旧"式的刻意遮掩，甚至有意强调新旧之间的对比：如细腻光滑的混凝土与充

图 1-49　放置斯卡拉大公塑像的"断裂"处，卡斯泰维奇城堡博物馆，意大利维罗那，1956—1964 年，建筑师：斯卡帕

图 1-50　卡斯泰维奇城堡博物馆内景，意大利维罗那，1956—1964 年，建筑师：斯卡帕

❾　肯尼思·弗兰姆普敦著，王骏阳译，建构文化研究，北京：中国建筑工业出版社，2007：33

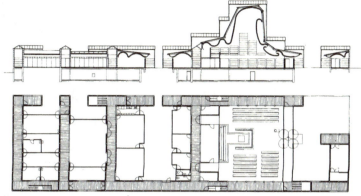

满修补痕迹的砖墙并置，轻巧洗练的钢架从破损的屋顶与墙面径直穿出，现代的钢制滑轨门叠置于古典的券门之上。最富有戏剧性的是，城堡展览流线的高潮——斯卡拉大公骑马雕像处，二战时期遭到轰炸而坍塌，斯卡帕不仅没有进行"缝合"，还做了进一步的"断裂"：在二层高度上添加了混凝土梁支撑的斯卡拉大公骑马雕像。在这个博物馆的改建中，通过巧妙的设计，新与旧的元素在并置中达到了历史与现代的共生。

位于丹麦哥本哈根郊外的巴格斯韦德教堂（Bagsvaerd Church，1977年）（图1-52～图1-54）被弗兰姆普敦认为是伍重（Jorn Utzon）建构思维的集中代表，拱壳（shell vaulting）象征了天国的苍穹，天空的积云演变为沿中殿轴线方向的波浪形拱穹，信徒们在拱壳下方聚集为一个群体，充分体现了教堂作为一种社会凝聚机构的思想，同时也成为希腊语"教堂"（Ecclesia）一词作为"聚集场所"⑩（House of Assembly）的词源学回应。教堂室内在光线处理上与柯布西耶的朗香教堂有异曲

图1-51 卡斯泰维奇城堡博物馆内景，意大利维罗那，1956—1964年，建筑师：斯卡帕

图1-52 巴格斯韦德教堂剖面图与平面图，丹麦哥本哈根，1977年，建筑师：伍重

图1-53 巴格斯韦德教堂礼拜堂内景，丹麦哥本哈根，1977年，建筑师：伍重

图1-54 巴格斯韦德教堂管风琴，丹麦哥本哈根，1977年，建筑师：伍重

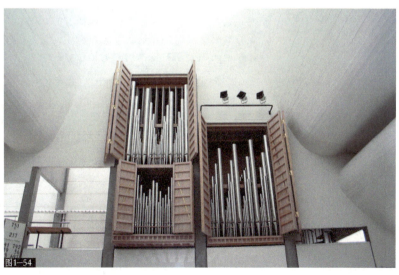

⑩ 肯尼思·弗兰姆普敦著，王骏阳译，建构文化研究，中国建筑工业出版社，2007：291

图1-55 埃伯斯沃德技术学院图书馆外观，德国，1999年，建筑师：赫尔佐格与德·默隆

图1-56 埃伯斯沃德技术学院图书馆局部，德国，1999年，建筑师：赫尔佐格与德·默隆

图1-57 埃伯斯沃德技术学院图书馆细部，德国，1999年，建筑师：赫尔佐格与德·默隆

同工之妙，光线在这里迷漫地照射在粗糙的素混凝土拱壳表面，还会随每日时间、气候和季节的变化呈现多姿多彩的面貌。在建筑细部处理上，预制混凝土构件的白色乳胶表面与泛着淡淡光泽的木质构件之间交相辉映，开敞的圣坛背后用弗伦斯堡砖块（Flensborg Bricks）砌成花窗样式的屏风，管风琴裸露在外的银白色金属管和木质琴箱在礼仪和建构方面的作用也毫不逊色，成为一种无声的装饰点缀。

9. 建筑表皮

在西方建筑历史上关于建筑表皮（Surface）的理念，多以表皮—结构、表皮—功能等西方传统思维所惯用的二元对立方式表达出来，在这种二元结构中，建筑表皮长期处于被压抑的附属地位。进入后工业信息时代，建筑表皮走上了建筑文化舞台的前沿，获得了前所未有的发展空间，展现出姿态万千的风采。

瑞士建筑师赫尔佐格与德·默隆（Herzog & de Meuron）通过图案复制的手法，弱化乃至放弃了建筑师始终关注的形态构成问题，不仅表现了后工业信息社会追求视觉消费的时代气息，同时也构成了对现代社会拜物教的一种反讽。在1999年竣工的德国埃伯斯沃德（Eberswalde）技术学院图书馆（图1-55～图1-57）的设计中，赫尔佐格与德·默隆把一个简单的方盒子式建筑立面划分成17条横向区域，每一条区域上都有一个图像作为母题重复66次，这些极端重复的图像是由艺术家托马斯·拉弗（Thomas Ruff）从旧的报刊、杂志上精心挑选出来的，包含了有关自然、技术、艺术、科学及历史等方面信息，并带有某种象征色彩和政治意义。清水混凝土墙面的图像运用了奇妙的混凝土表面影印技术，图像通过硫化阻滞剂——一种减缓混凝土硫化率的化学反应"印制"出来。玻璃上的图像则以丝网印刷技术制成，印有图案的玻璃变成了半透明，避免了夏季太阳光的直射，满足了阅览室的光线要求。该建筑表皮虽然运用了沃霍尔式机械复制手法，但是，其巨大的尺度和材料质感已完全超越了绘画、印刷品等纸制媒介所给予人们的视觉感受，丝网印刷玻璃使图像产生飘浮感，而清水混凝土墙面的图像则具有文献记录般的镌刻感，两者在隐喻与抽象、表面与深度、真实与虚幻、清晰与含混之间徘徊游移，呈现出一种混沌的状态，构成了含有多种解读方式、令人耳目一新的建筑表皮。

如果说赫尔佐格与德·默隆对表皮的探索，表达了一种实验性、先锋性的探索，那么，日本建筑师伊东丰雄、美国建筑师组合ARQ则运用表皮给自己的作品灌输了一种商业化、时尚化的美感。2004年落成的日本东京Tod店（图1-58和图1-59），是一座意大利著名皮具品牌的旗舰店，建筑外表皮的构思源于行道树榉树剪影的连续折叠，树形由300mm厚现浇混凝土构筑，形成的200个空隙由双层玻璃填充，剩余的则由铝板填充。伊东丰雄为御木本（Mikimoto）——日本珍珠养殖之父设

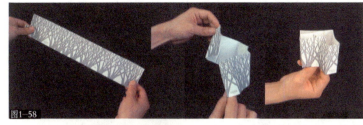

计的东京银座2号新旗舰店（图1-60和图1-61），则是时尚奢侈品牌与明星建筑师在东京的又一次成功联袂。楼体为长方形，地上9层，地下一层，下面几层为御木本珠宝的卖场和办公场所，上面几层为出租商务办公室。旗舰店采用了表皮承重结构体系，外墙既是表皮又是支撑结构，建筑内部没有柱子，两层钢板连同中间的支撑构成镶板墙体，运到建筑场地焊接起来，然后灌入200mm厚的混凝土。建筑外表皮的窗洞呈不规则形态，源于用七个三角形分割外墙面板后形成的类似晶体的几何结构。白天，御木本大厦的钢板幕墙犹如一张豹皮；晚上，色彩斑斓的灯光将其照亮，与周围的玻璃幕墙建筑交相辉映，呈现出柔软轻盈的形态。作为当代消费社会、信息社会、城市化和国际化社会的流动性表征，伊东丰雄的时尚品牌建筑均以瞬时性、运动感和漂浮性作为表皮主题，强烈反映了现代都市和信息社会的瞬息万变。2002年竣工、位于纽约时代广场的威斯汀酒店（The Westin Hotel）（图1-62），由阿奎泰克托尼克（Arquitectonica，简称ARQ）事

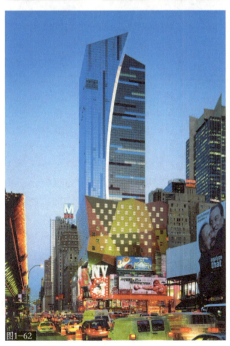

图1-58 Tod旗舰店表皮构思，日本东京，2004年，建筑师：伊东丰雄

图1-59 Tod旗舰店，日本东京，2004年，建筑师：伊东丰雄

图1-60 御木本珠宝公司大厦，2005年，日本，建筑师：伊东丰雄

图1-61 御木本珠宝公司大厦，2005年，日本，建筑师：伊东丰雄

图1-62 威斯汀酒店夜景，纽约时代广场，2002年，建筑师：ARQ

务所设计。为了在高楼林立的曼哈顿地区吸引人们的注意,建筑体量被一道光弧一分为二,冲破了曼哈顿的天际线,形成了大都市梦幻般的灯光效果,原本巨大的建筑体量被这道光弧有效地"软化"了。在大都市的繁华商业街道中,高层建筑的低层裙房立面总是被视觉冲击力极强的商业广告所遮盖,建筑师的立面设计往往是枉费心机,有鉴于此,ARQ索性设计了一个仿佛众多广告牌形成的拼贴画一样的表皮效果,它自然地呼应了这个地区中人们对建筑的期盼,毕竟人们在这里期待的与其说是一片精致的立面,倒不如说需要的是一个光怪陆离、具有时代气息的占领物。

三、走向多元重构与整合：当代建筑思潮与流派的理性思考

现代主义建筑理论与风格符合工业化大生产的需要,体现了现代社会快节奏、高效率的时代精神,但是其高度理性主义的设计原则、从历史零点进行创新的单线进化史观和普世主义的世界观,导致了世界范围内跨越时空和人文界限的"国际式"建筑风格的盛行。进入20世纪60年代,在西方后现代主义的总体文化背景下,现代建筑运动诸大师的神圣光环逐渐退却,西方当代建筑从大一统的现代主义进入了众声喧杂的现代主义之后。后现代主义建筑思潮关注个性与差异,试图将西方历史上长期被主流文化所淹没的声音表达出来。虽然后现代主义的内涵既过于宽泛又缺乏稳定性,但是,价值观念的多元化已经成为这个时代社会文化的最大特征：历史价值观、文化价值观和技术价值观由"排斥"转向"兼容",由一元转向多元,由非此即彼的单一性走向多元并存；审美价值观也由单一走向多元,由重统一走向个性化,由重物轻人、重客观轻主观走向人性化与情感化。如果说20世纪上半叶的世界建筑是从前现代的多元化走向现代建筑运动占据主导地位的一元化,那么随着20世纪60年代正统现代主义和"国际式"风格走向衰落,当代建筑以丰富多彩的思潮流派和美学倾向进入了一个多元化新时期。当代建筑正处于旧体系解体、向新体系过渡的整合重构阶段。当代建筑思潮流派的多元探索,其总体目标是针对现代文明的缺失与弊端,修正、超越正统现代主义建筑理论的缺陷与不足。按照在当代建筑整合重构中所发挥的作用,当代建筑思潮流派可以归纳为四类：正统现代主义的继承与发展,打破既有规则的"消解性"先锋潮流,建立理性规则的建设性探索,以可持续发展为目标的整合趋势。

1. 从新现代主义到高技派：正统现代主义的继承与发展

新现代主义和高技派分别继承发展了正统现代主义建筑思想中的抽象美学和技术美学,其中,新现代主义继承了正统现代主义经典性的抽象几何构成手法,并进行了进一步的演绎；而高技派则发展了现代建筑运动的技术至上主义,蓬皮杜文化艺术中心等早期作品将技术崇拜式的技术表现主义发展到了极端化的程度。

2. "消解性"先锋潮流：从"詹氏"后现代到解构主义

泛文化领域的后现代主义思潮是西方后现代社会的产物,它孕育于现代主义的母胎中,并在二战以后与母胎撕裂,成为一个毁誉交加的文化幽灵,徘徊在整个西方文化领域。它彻底否定了传统文化艺术的美学追求和文化信念,典型的后现代主义作品呈现出解构理性、躲避崇高、零度叙事、表象拼贴以及与大众文化合流的鲜明特征。中国建筑界所讨论的"后现代主义"基本上是英国评论家查尔斯·詹克斯的版本,甚至可以称为"詹氏"后现代,它否定了现代建筑的功能主义、简约主义和技术至上原则,强调以传统形式和大众文化来丰富建筑的意义,以满足后工业社会人们丰富的精神需要。"詹氏"后现代是一种先入为主、以偏概全的后现代主义,就泛文化领域而言,后现代主义建筑除了包涵"詹氏"后现代主义外,还应当涵盖当代解构主义建筑。

以激进的折中主义和解构主义为代表的后现代美学,用无中心、不完整、偶发性、残缺、怪异和丑陋的不和谐美学取代了传统美学的中心性、整体性与和谐统一

性。但是，后现代主义摧毁过去的一切却不设立未来，否定终极永恒的东西却不设立新的希望，在消解和破坏的欢愉中将世界变为没有价值深度的平面。从发展的观点来看，这些消解性实践的真正价值在于为新观念、新规则和新形式的确立开辟道路，"其目的是通过对人的感觉方式的革命，而对社会结构本身加以改革，以反文化的激进方式，使人对旧事物一律厌倦而达到文化革命的目的"。[11]

3. 建设性探索：建立新的理性规则

寻求理性的欲望是一种思潮流派走向成熟的标志，在当代建筑思潮流派中出现了探索建立具有普遍性的理性规则的尝试，这些模式有的吸收正统现代主义思想的合理内核，如新地域主义与批判的地域主义、建构思潮；有的则是对正统现代主义理论的批判甚至颠覆，如新理性主义与类型学、建筑表皮等，与前述先锋建筑潮流的纯粹消解性相比，这些思潮流派无疑是具有高度理性精神的建设性探索。

（1）重建历史连续性：新理性主义与类型学。现代主义建筑特别是"国际式"风格，由于在大规模的建设中忽视了历史传统，破坏了城市的文脉肌理，造成了传统历史文化的断裂。20世纪60年代以来的各种以修正正统现代主义建筑理论为宗旨的各种思潮流派，其基本目标之一就是通过回归历史传统来重建文化的连续性。詹克斯鼓吹的后现代主义虽然倡导文脉主义，但是它采用复古、折中和拼贴等方法，显然无法建立新与旧、传统与现代之间的历史连续性。一批欧洲建筑师致力于以理性、客观的方式研究和挖掘历史传统，形成了以结构主义为哲学基础、类型学为设计方法的新理性主义。其设计过程可以概括为：选取——抽象——转换，首先要求对历史上的建筑类型进行概括、抽象以获得一种普遍的法则或图式，其中不仅包括抽象的建筑形态，还凝聚了人们的生活方式和思想。然后将图式转换为具体的建筑形象，从而以新的形式回应新的场所和现实需要。新理性主义超越了历史建筑的形式表层，以理性的态度深入探索其内部结构，并结合时代来诠释它的精神内涵，其理论探索和建筑实践启示了在理性高度上重建历史连续性的可能。

（2）实现建筑与场所的对话：新地域主义与批判的地域主义。如何保持和发扬建筑的地域性，始终是当代建筑界思考和探讨的重要课题。历史上的浪漫的地域主义和官方主导的地域复兴，无法真正实现地域建筑的延续、更新和现代性转化。新地域主义批判了正统现代主义对自然和人文环境的漠视，同时也反对拘泥于形式层面模仿的具象的地域主义。如果说新地域主义是对全球化的"国际式"风格和保守的地域复兴双重批判的产物，那么场所理论则为新地域主义的重要分支——批判的地域主义的产生奠定了理论基础。

场所是一个复杂的整体性概念，它既包含建筑环境中的实体形状、材质和色彩等客观要素，又蕴涵了人们对场地视觉、触觉和听觉各个层面的感知与记忆。场所理论的核心在于对建筑所在场所——包括自然和人工场所的解读和还原，它强调抛弃一切先验的心智构造和科学经验，通过解读场所现象发现其内在结构和由结构所代表的场所精神，然后经过"还原"将场所结构和精神用形象化、象征化以及其他凝结场所特征的方式转化为实体，使建筑成为一个具有认同感、归属感的庇护所。场所理论和批判的地域主义，为实现建筑与环境之间和谐对话提供了建设性的理论指导。

（3）技术的诗意运用：建构思潮。建构作为近年来国际建筑理论界异军突起的当代建筑思潮，它的兴起有着重要的批判现实意义：它是对正统现代主义的技术至上和后现代主义的形式本位进行双重批判的产物。建构概念包含了以下两个方面内涵：其一，建构与技术和技艺关系密切，它不能脱离技术和技艺而存在；其二，建

---

[11] 刘丛红，整合中的西方与中国当代建筑的重构，天津大学博士学位论文，1998：33

构并非对结构的忠实表现和对材料的清晰表达，也不是简单、机械地表现构造，而是融入了场所、地域等人文与情感因素。

（4）功能与结构理性主义的颠覆：建筑表皮。如果说建构思潮代表了一种对当代文化的视觉至上、快餐化、流行化趋向的"后锋性"抵制与反抗，那么建筑表皮则是试图体现和表达当代文化商业化、时尚化、平面化等消费主义特征的先锋性尝试。工业革命之后，随着现代建筑结构体系的广泛应用，建筑表皮逐渐从建筑承重结构中分离出来。但是直到20世纪上半叶的现代建筑运动，与体量、空间等建筑形态要素相比，表皮始终居于次要的、附属的地位。20、21世纪之交兴起的建筑表皮实践，大大突破了功能与结构理性主义的束缚，消解了传统建筑表皮与建筑功能、建筑结构和建筑空间之间的二元对立关系，表皮作为独立的建筑形态要素获得了自由和解放。

4. 以可持续发展为目标：当代建筑思潮与流派的整合趋势

发展，是人类永恒的主题。人类社会在发展中不断前进，人类的发展观也在不断与时俱进。传统的发展观是单一的经济发展观，它把发展等同于经济增长、财富增长，忽视了人与自然、人与社会、人与历史的和谐共生与全面发展。可持续发展要求在经济发展中保持可持续生态、可持续社会和可持续文化的协调发展，它要求人类在发展中关注生态和谐、追求社会公平、保护历史文化特色，最终达到人类社会的全面发展。可持续发展思想是人类发展观的一次重大飞跃，标志着经济增长至上的传统发展观被社会、经济、文化和生态全面协调发展的可持续发展观所取代。

面对可持续发展的共同目标，当代建筑的诸多思潮流派之间出现了交叉融合的趋势，建筑思潮流派作为一种人为的分类结果，正在日益成为一个不确定的概念。例如，新地域主义与批判的地域主义立足于现代主义所倡导的现代性与时代精神，反对和批判风格化、布景式的地域复兴。传统地域性建筑作为特定地域环境中形成的建筑体系，不仅与特定的气候、地理条件相适应，同时也包含了值得今天借鉴的生态智慧。从乡土建筑中汲取生态智慧，探索适宜性技术，创造具有地域特征的生态建筑，成为当代地域建筑文化创新的重要途径。面对可持续发展的挑战，当代高技派调整了刻意表现高新材料、结构与设备的孤芳自赏的"炫技"倾向，一方面开始关注建筑与地域、场所和文脉的共生，另一方面积极探索高新生态技术，这些情感与生态因素的融入使得当代高技派建筑有了新的发展方向。解构主义也从追求破碎、错动、扭曲等非理性形态，转向包含了功能、场地、生态等理性内涵的有机的非线性形态。总之，当代建筑思潮流派呈现出从多元探索走向多元整合的总体态势，从批判的地域主义、高技术生态建筑、地域性生态建筑、生态表皮到非线性建筑形态，这些从不同方向进行探索的思潮流派殊途同归，在科技进步的推动下，正在以可持续发展为目标进行重新整合。

进入21世纪，人类的建筑历史进入一个急剧变革的历史时期，新的建筑革命正在新的生产力、新技术和新的时代精神中孕育：信息革命正在改变建筑的功能意义，日益成熟的新型材料赋予建筑更加轻盈、明快的形式，智能技术将使建筑的效率大大提高……正像以工业化审美精神为主流的时代精神决定了现代主义建筑一样，信息时代与信息技术、生态技术和生态意识必然带来建筑形式和建筑思想的革命性跃迁。

"天行健，君子以自强不息！"当代建筑师应当发扬20世纪现代建筑运动先驱者们追赶时代潮流、追随科技进步的精神，以开拓进取的心态和高度的社会责任感去迎接新世纪建筑革命的挑战！

第二章
后现代主义
——历史与古典的"戏说"

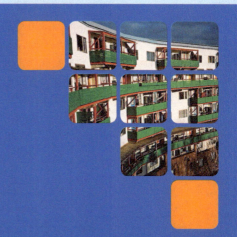

20世纪后半叶,随着西方社会从工业社会向后工业社会的转变,西方当代文化也经历了重大裂变,与此相对应,作为后工业社会的产物,整个西方世界文化领域呈现出后现代主义倾向。"后现代"（Post-modern）与"后现代主义"（Post-modernism）日益成为文化界和学术界关注的话题。从西方整个社会来看,"后现代主义思潮是后现代社会（后工业社会）的产物,它孕育于现代主义的母胎中,并在二战以后与母胎撕裂,而成为一个毁誉交加的文化幽灵,徘徊在整个西方文化领域"。❶它一反传统文化的一元性、整体性、中心性、纵深性、必然性、明晰性、稳定性、超越性,标举多元性、破碎性、边缘性、平面性、随机性、模糊性、差异性和世俗性的旗帜,彻底否定了传统文化与艺术的美学追求和文化信念,典型的后现代主义作品呈现出解构理性、躲避崇高、表象拼贴以及与大众文化合流的鲜明特征。后现代主义思潮本身并没有形成整齐清晰的模式和思想体系,在后现代主义的大旗下汇集着形形色色的流派、理论和假说,以至于学术界流行着"有多少个后现代主义者就有多少种后现代主义的说法"。在不同的文化领域,对于"后现代"理论也有着不同的理解和主张,学术界提出了"后现代社会"、"后现代文化"、"后现代哲学"、"后现代艺术"、"后现代文学"甚至"后现代科学"等诸多说法,甚至在同一学科领域,也有着截然不同的"后现代"理论与主张,由此我们不难看到后现代主义理论的多元图景。

一、后现代主义文化思潮

追溯"后现代"一词的历史可以发现,它并不是在20世纪中期才出现的一个当代新名词,它的存在已经有百余年历史了。"后现代"一词最早可以追溯到英国画家查普曼1870年举办的一次画展,他首先提出"后现代"油画的口号,并用"后现代"一词来表达对当时法国印象派绘画的批判与超越。此后,"后现代"一词只是偶尔被使用。例如1934年,西班牙诗人奥尼斯在其编选的《西班牙暨美洲诗选》中使用了"后现代"一词。20世纪50年代之后,西方社会学者有感于社会生活的剧烈变化,开始寻找一个恰当的词语来形容这种状况,在文化、历史、经济学等社会科学领域中,他们逐渐开始频繁使用"后现代"一词来概括和描述西方社会新的现实。

后工业社会是以科学技术和知识信息为基础建构的社会,科学技术的迅猛发展、人类知识领域的空前扩展,这一切深刻地影响了人类的心理倾向和行为模式。电视成为最强大的主流媒体,广告和广告形象对社会的方方面面都产生了强大影响,在这种强烈的社会经济与文化变迁潮流中,西方先锋文化艺术也在探索与之相适应的新的艺术表现方式。进入20世纪60年代,西方经济经历了长期的持续繁荣,西方社会的物质生活水平大幅度提高,已经从物质匮乏过渡到物质丰裕的消费社会,社会结构也发生了相应的变化,中产阶级日益庞大,社会人口结构中白领超过蓝领。后工业社会的文化逻辑首先表现为文化的商品化、大众化,文化成为可以大规模社会生产的商品,文化的创造与享受已经不再是精英阶层的专利,高雅文化和通俗文化的界限已经基本消失,这些状况都在客观上冲击了传统的文化制度,也为20世纪60年代席卷西方的反体制运动和新型文化的形成奠定了基础。

另一方面,西方工业文明发展到20世纪50、60年代已经达到了它的巅峰,科技进步不断带来经济的繁荣,然而经济繁荣的背后却是严重社会与文化的危机。20世纪50年代以来,东、西方冷战危机重重、热核战争阴影笼罩、局部战争连绵不断,价值的变异、自由的变态、虚无主义、无政府主义盛行,全球范围的分裂、宗教与文化冲突构成了一幅没有权威、丧失中心、处于分解状态的世界图景。《人类向何处去》一书的作者沙赫纳扎罗夫,在书中表达了

---

❶ 王岳川,后现代主义文化研究,北京：北京大学出版社,1992：8

对工业社会和现代文明的怀疑,他写道:"没有知识便不会有毁灭的危险,这种认识难道没有一点道理吗!……人自从变成有理智的动物的初期,他所创造的一切都有'毁灭的一面'。发明以石块作投掷武器,这对猎取野兽起了很大作用,但与此同时,石块也成了对付他人的最早武器,刀、箭、甚至车轮也是这种情况。几乎各个知识领域的任何思想进展本身都有双重作用,既可用于办好事,也可用于办坏事。最常见的情况是又办好事也办坏事。"❷人类对大自然的过度索取,导致了自然资源和生态环境的严重危机。1970年罗马俱乐部的一份名为《增长的极限》报告给世人敲响了警钟,西方工业社会的消极与负面影响也在世人面前暴露无遗。

西方当代社会在科学技术和生产力迅猛发展的同时,人与社会、人与自然、人与人、人与自我的关系也产生了尖锐的冲突和畸形的脱节,严重的人的异化现象迫使人们对人的本质、人的存在、人的历史、人的价值、人的发展等一系列问题重新进行深入的哲学思考。这些社会发展的新趋势不断冲击着传统的文化体制,构成了20世纪60年代以反体制为特征的社会运动风起云涌的时代背景:这是一个反叛权威、打破常规和跨越界限的时代,从青年学生风暴到妇女解放等运动、从波普艺术的产生到爵士乐的流行,西方社会与文化领域形成了一种革命性剧变的潮流,欧洲的青年学生纷纷掀起学生反叛运动,其中以法国1968年的"五月风暴"最为突出,这种反叛情绪体现了他们对当时社会整体文化的反动,在这场运动平息之后,以利奥塔(Jean-Francois Lyotard, 1924—1998年)、德勒兹(Gilles Louis Réné Deleuze, 1925—1995年)等为代表的哲学家开始从思想领域进行反思,带有反总体性特征的哲学思想在酝酿与发酵。

后现代主义哲学强调事物变化的多样性、差异性、零散性、特殊性和多元性,在《后现代状态》一书中利奥塔指出,他使用"现代"一词指那些乞灵于某种"宏伟叙事"(Grand Narrative),即精神辩证法、意义解释学和主体解放等总体性哲学的理论,而后现代主义则被他界定为对"宏伟叙事"的怀疑和否定。在后现代知识状态下,人们不再相信那些伟大的历史性主题和英雄主角,人们迷恋于知识的断裂、悖论和非稳定性,后现代主义哲学抛弃了现代主义的总体性观念,强调社会领域分化的多元性而不是寻求整个社会历史的规律性和一致性。正如R.H.麦金尼所指出,后现代主义与现代主义争论的根本问题是,"一与多的关系问题"。他认为,"现代主义者是乐观主义者,他期望找到统一性、秩序、一致性、成体系的总体性、客观真理、意义及永恒性。后现代主义者则是悲观主义者,他们期望发现多样性、无序性、非一致性、不完满性、多元论和变化。"❸后现代主义认为,从个人的、情境的、文化的、政治的角度,真理具有无限的可能性,后现代主义反对连贯的、权威的、确定的解释,主张个人的经验、背景、意愿和喜好在知识、生活和文化中占据优先地位。后现代主义否定真理的客观性和绝对性,从某种意义上讲,后现代主义为相对主义、怀疑主义和虚无主义打开了大门。哲学虽然不是现实的镜像式反映,但是,哲学势必要对社会现实进行反思并作出自己的回答,因此,可以说后现代主义哲学就是面对西方现实危机的思想产物,也导致了文化艺术领域广泛的"反文化"和"反美学"倾向。

二、后现代主义经典建筑理论著作

后现代主义的经典建筑理论著作有罗伯特·文丘里的《建筑的复杂性与矛盾性》(1966年)、查尔斯·詹克斯的《后现代建筑语言》(1977年)以及文丘里的《向拉斯维加斯学习》(1972年),这三部著作可

---

❷ 沙赫纳扎罗夫著,陈瑞林等译,人类向何处去,北京:社会科学文献出版社,1987: 179
❸ 王治河,后现代哲学思潮研究,北京:北京大学出版社,2006: 10

以看作是解读后现代主义建筑思想的钥匙，全面包罗了后现代主义的主要建筑设计观念。此外，库哈斯的《癫狂的纽约：关于曼哈顿的回顾性宣言》(1978年)、《小、中、大、超大》(S, M, L, XL)(1995年)是后现代主义的城市建筑文化宣言。

1.《建筑的复杂性与矛盾性》

作者罗伯特·文丘里(Robert Venturi)，1925年生于美国费城。1950年毕业于普林斯顿大学建筑系，1958年开设自己的事务所，并先后在宾州大学、耶鲁大学等校任教，1966年出版了《建筑的复杂性与矛盾性》(Complexity and Contradiction in Architecture)，该书被耶鲁大学美术史教授文森特·斯库利(Vincent Scully)评价为1923年勒·柯布西耶《走向新建筑》出版以来最重要的一部建筑理论著作。该书也是当代建筑思想变迁的一个重要的里程碑，1991年，文丘里荣获普利兹克奖。

在《建筑的复杂性与矛盾性》一书中，文丘里对现代主义最重要也是最薄弱的环节——功能理性主义和技术至上主义等排他性原则进行了猛烈的攻击，明确地提出了对复杂性与矛盾性的追求。文丘里认为建筑本身就包含复杂性和矛盾性，他批评现代主义对建筑的复杂性认识不足，陷入了理想化和简单化的误区。他认为，"建筑要满足维特鲁威所提出的实用、坚固、美观三大要素，就必然是复杂和矛盾的。今天，即使是一座在单一的环境中的单一房屋，其设计、结构、机械设备和建筑形式方面的要求也会出现各种以前难以想象的差异和冲突。在城市和区域规划中，不断扩大的建设范围和建筑规模，为其增加了难度。我欢迎这些问题并揭示其矛盾。我接受矛盾及复杂，目的是使建筑真实有效和充满活力。"他宣称，"建筑师再也不能被清教徒式的正统现代主义建筑的说教吓唬住了。我喜欢基本要素混杂而不要'纯粹'，折中而不要'干净'，扭曲而不要'直率'，含糊而不要'分明'……我主张杂乱而有活力胜过主张明显的统一。我同意不根据前提的推理并赞成二元论。我认为意义的简明不如意义的丰富，功能既要含蓄也要明确。我喜欢'两者兼顾'超过'非此即彼'，我喜欢黑白的或者灰的而不喜欢非黑即白。"❹

1962年，由文丘里与劳奇(John Rauch, 1930年—)合作设计的美国宾夕法尼亚州栗子山的母亲住宅(Vanna Venturi House)(图2-1)，首次向正统现代主义信条发起了冲击。在设计手法上，建筑师摈弃了现代主义建筑常用的平屋顶方盒子形象，并把传统坡屋顶以非传统、诙谐的方式引用到设计中。建筑正立面是山墙，但山墙又断裂开，建筑正立面中央的门洞居中对称，但是门扇却偏在门洞一侧，门洞之上有一条横过梁和一道弧形线脚，后者暗示了一道拱券。门洞的墙内侧是起居室中心的壁炉，壁炉与楼梯奇妙地结合在一起，宽度变窄，踏步也随之偏斜。这座建筑的平面、立面似对称又非对称、形式似传统又并不传统，体现出一种含混暧昧、模棱两可的非理性美学意味，正如他所宣称："这是一座承认建筑复杂性和矛盾性的建筑"，因为它"既复杂又简单，既开敞又封闭，既大又小。"❺罗伯特·文丘里的理论与作品是奠定后现代主义建筑思潮的重要基石，他将《建筑的

图2-1 母亲住宅，美国宾夕法尼亚栗子山，1962年，建筑师：文丘里与劳奇

---

❹ 罗伯特·文丘里著，周卜颐译，建筑的复杂性与矛盾性，北京：中国水利水电出版社 知识产权出版社，2006：16
❺ 罗小未，外国近现代建筑史（第二版），北京：中国建筑工业出版社，2004：337

复杂性与矛盾性》称为一个"温和的宣言"（Gentle Manifesto），但是它却成为这个时代最具影响力的建筑宣言之一。

2.《向拉斯维加斯学习》

1972年，由罗伯特·文丘里、丹尼丝·斯科特·布朗与史蒂文·艾泽努尔合著的《向拉斯维加斯学习》（Learning from Las Vegas）一书出版。该书指责正统现代主义的抽象、纯粹的建筑语言缺乏与公众的交流，主张建筑艺术应当向美国赌城拉斯维加斯学习，走出高雅艺术的象牙塔。该书为一向被视为庸俗和低级趣味的商业文化翻案，表现了后现代建筑艺术向波普艺术靠拢的通俗化倾向。该书盛赞赌城拉斯维加斯的商业景观可以与古罗马建筑艺术相媲美，称赞了大街上的霓虹灯、广告牌、快餐馆和商亭，宣称"大街的东西差不多全好"（图2-2）。该书还批判了正统现代主义的功能决定形式和由内向外的设计原则，强调了建筑表皮装饰的符号象征性。在书中，根据象征性符号在建筑形态构成中的作用，文丘里提出了两种典型的建筑形态模式——"鸭子"（Duck）和"装饰的遮蔽体"（Decorated Sheds）（图2-3），所谓"鸭子"，就是指一种雕塑式建筑，其符号象征性压倒了建筑内部空间，建筑结构和功能完全处于从属地位，就像路边鸭子形状的鸭肉店；所谓"装饰的遮蔽体"，是指建筑形态具有一定的功能、结构的合理性，而建筑外观附加的象征性符号具有独立的地位。《向拉斯维加斯学习》是一部建筑文化的波普宣言，反映出商业高度发达的美国社会，一个注重感官享乐、追求广告效果、倡导标新立异的消费社会的建筑文化需求。

3.《后现代建筑语言》

1977年，英国建筑评论家查尔斯·詹克斯（Charles Jencks）出版了《后现代建筑语言》（The Language of Post-modern Architecture），在这本书中，詹克斯除了宣布"现代主义已经死亡"的"讣告"之外，还给后现代主义下了一个"简短的定义"，

图2-2 美国赌城拉斯维加斯夜景

图2-3 鸭子与装饰的遮蔽体（Duck and Decorated Sheds），1972年，文丘里

即"一座后现代建筑至少同时在两个层次上表达自己：一层是对其他建筑师以及一小批对特定的建筑艺术语言很关心的人；另一层是对广大公众，当地的居民，他们对舒适、传统房屋形式以及某种生活方式等问题很有兴趣。"詹克斯称这种精英/大众的建筑文化二元性为"双重译码"，他认为，"最有特色的后现代主义建筑显示出一种标志明显的两元性，意识清醒的精神分裂症。"[6] 该书还概括了后现代主义建筑的

---

[6] 查尔斯·詹克斯著，李大夏摘译，后现代建筑语言，北京：中国建筑工业出版社，1986：1

图2-4 富兰克林纪念馆，美国费城，1972—1976年，建筑师：文丘里

图2-5 Maitland Robinson 图书馆，英国剑桥 Downing 学院，1993年，建筑师：Quinla Terry

七种类型，廓清了后现代主义旗帜下的各种建筑潮流的谱系。

（1）戏谑的古典主义。书中詹克斯回顾了20世纪50年代以来历史风格的回潮趋势，在对建筑历史遗产的借鉴上，他倡导一种"任性的"、"敢作敢为"的方式以赋予传统以新意。作者列举了文丘里设计的"幽灵式"的费城富兰克林纪念馆（1972—1976年）（图2-4），该建筑的外部形态有别于传统纪念馆的纪念性，将主要的展览空间置于地下；同时，由于场地上的富兰克林故居已经于1812年损毁，而现存资料又不完整。因此，建筑师别出心裁地运用不锈钢制作的房屋框架勾勒出原有建筑的轮廓，而没有将它原样重建。

（2）直接的复古主义。在正统现代主义建筑理论的视野中，直接的复古主义一直是抄袭、拙劣的赝品的代名词，书中詹克斯为之辩护并将其纳入后现代主义的行列。他宣称："我们时代可以陶醉于一种历史性的精确仿造，通过我们的种种仿制技术以及专业化的考古学，加上空调和温度控制的高超技术、结构能力，我们可以干任何一个19世纪复古主义做不到的事。我们可以仿造不同文化的断残体验。"英国最著名古典复兴风格的建筑师是 Quinla Terry，他的代表作剑桥大学 Downing 学院的 Maitland Robinson 图书馆（图2-5），位于1873年建造的希腊复兴风格的建筑旁，南北立面各不相同，北立面是正统的古典式样，高高的底座、壁柱、科林斯柱式，南面则用了单层多立克柱廊，立面简化。有人批评它不正统，是巴洛克式的古典复兴；也有人赞赏，认为可以从入口立面得到惊喜和愉悦，给古典建筑语言增加了新内容。

（3）新民间风格（Neo-Vernacular）。詹克斯积极倡导运用砖石等乡土建筑材料，采取分散支离的形体、熟悉的形式元素来表现建筑的地域特色，从而令人产生亲切友好的感受。书中他列举了安德鲁·德比夏（Andrew Derbyshire）设计的黑林顿市政中心（Hillingdon Civic Center），"坡屋顶扣在层层跌落的墙体上，一直延伸到几近地面。因此人们所见到的是屋顶多——表示保护和欢迎的元素。"❼

（4）文脉主义。现代建筑运动和现代城市规划的偏颇与失败之处在于，忽视和缺乏对城市传统文脉的理解和尊重，在书中，詹克斯主张城市与建筑设计要充分考虑原有的城市肌理与脉络，力争把新建筑编织

❼ 查尔斯·詹克斯著，李大夏摘译，后现代建筑语言，北京：中国建筑工业出版社，1986：68

到原有的城市文脉中，他介绍了克里尔兄弟等欧洲建筑师在这一方面的努力，还高度评价了英国建筑师拉夫·厄斯金（Ralph Erskine）设计的英国纽卡斯尔的"拜克墙"住宅（Byker Wall，1982年）（图2-6），将其称为可以与1927年德国斯徒加特的魏林霍夫住宅区等量齐观的经典作品。"拜克墙"住宅平面为蜿蜒的蛇形曲线，朝向外侧的墙体封闭，阻挡了北风和交通噪声的侵扰，内侧则呈现出开放、友好的形象，悬挑的走廊、阳台与砖砌外墙形成鲜明对比，构成了具有标志性的社区景观。在该住宅区设计中，厄斯金还把事务所搬到建筑现场工作，允许居民挑选地点、邻居和公寓的平面形式，该建筑开启了"公众参与"设计模式的先河。

（5）隐喻和玄学。后现代主义反抗正统现代主义的抽象理性主义，提出建筑应具有表达意义的符号功能，倡导运用隐喻、象征等符号手法来暗示建筑的内容或表达某种意义。文丘里的老年人公寓（Guild

House，1960—1963年）（图2-7）是这种象征与隐喻理论的典型实例，该建筑顶部使用了金色电视天线和文字招牌等象征性符号，一位评论家这样写道："文丘里解释说人民完全应该在他们的房屋上有一些熟悉的明确的标志作为装饰，所以在他的敬老院楼顶上，他放了一个巨大的金色电化铝的电视天线。它和哪个电视机也不联

图2-6 "拜克墙"住宅区，英国纽卡斯尔，1982年，建筑师：拉夫·厄斯金

图2-7 老年人公寓，美国费城，1960—1963年，建筑师：文丘里

系。不过，它是老年人的标志。"⑧

（6）后现代空间。后现代主义反对正统现代主义的均质空间、通用空间，追求更加丰富多变的空间效果。詹克斯倡导运用复杂含混的空间组合、内外空间的互相渗透，来表现丰富的空间层次和戏剧性的空间效果。他提出，后现代空间"就像中国园林空间，把清晰的最终结果悬在半空，以求一种曲径通幽的、永远达不到某种确定目标的'路线'"⑨（图2-8）。

（7）激进的折中主义。詹克斯倡导折中主义，他认为折中主义是全球化的必然产物，他宣称，"也许因为所有设计人都住在世界性建筑杂志形成的小镇上，而地图上任一后院里产生的一种念头，马上到处都知晓。……任一座大城市的中产阶级市民，都有了某种完善的、甚或资料过多的'想象银行'，靠着人们的旅行和杂志介绍，它们也还在不断积累资料。建筑师们若能学会应用这种不一致的语言，似乎是很理想的。折中主义是可供选择的文化所具有的天然产物。"同时，詹克斯清醒地认识到传统折中主义的虚弱本质，因此，书中他杜撰了"激进的折中主义"（Radical Eclecticism）的概念，试图使后现代主义的折中主义与19世纪中叶欧美盛行的折中主义划清界限，他宣称："折中体系，无论在哲学界或建筑界，都不会有独创性，也没有坚韧性。它是一种虚弱的调和，是一锅粥似的杂混。……19世纪的折中主义是虚弱的，所有的争论也极少探究过语义和社会问题。他们也就是为了业务而挑拣一种合宜的风格，没有什么理论。"于是，他满怀信心的预言，"与这种虚弱的折中主义相比，后现代主义至少有潜力发展一种强一些的更激进的变种。"⑩激进的折中主义是解读后现代主义尤其是"詹克斯式"后现代主义的关键词，在本章后面的文字中将重点进行阐述。

4.《癫狂的纽约：关于曼哈顿的回顾性宣言》

1978年，荷兰建筑师库哈斯（Rem Koolhaas）出版了《癫狂的纽约：关于曼哈顿的回顾性宣言》（*Delirious New York：A Retroactive Manifesto for Manhattan*）

图2-8 中国园林空间

图2-9 奥名昭著的欢娱，《癫狂的纽约》插图，1978年，著者：库哈斯等

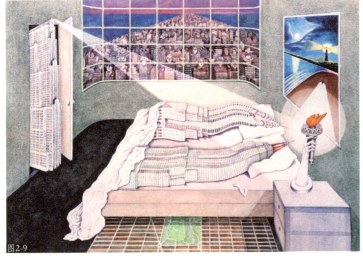

---

⑧ 詹和平. 后现代主义的设计. 南京：江苏美术出版社, 2001: 56
⑨ 查尔斯·詹克斯著, 李大夏摘译. 后现代建筑语言. 北京：中国建筑工业出版社, 1986: 81
⑩ 查尔斯·詹克斯著, 李大夏摘译. 后现代建筑语言. 北京：中国建筑工业出版社, 1986: 90

（图2-9），他既反对克里尔兄弟式的回归传统——通过引进传统街道、广场空间来挽救现代化进程对城市的破坏，也反对现代主义城市规划——通过驱逐混乱来建立对城市的控制。他赞赏纽约过度丰富和疯狂堆砌的生活方式，他认为，"曼哈顿惊人的崛起与大都市对其自身概念的定义是同步的，曼哈顿展现了同时在人口与城市设施两方面有关密度理想的极致"。同时，大都市的"建筑促进了在任何可能层面上的拥挤状态，它对拥挤状态的探索又激发并支撑着一种特殊的交往形式"，这种交往形式的综合形成了库哈斯所谓的独一无二的大都市文化特征——"拥挤文化（The Culture of Congestion），这种拥挤并非仅指物质空间的高密度，而是指内容的集聚，不同的、甚至相反的内容都以叠加的方式在高楼里获得各自空间，在他看来，在大都市中"人们不再相信现实是一成不变或永不消亡的存在"，[11] 都市只是散乱片段的聚合，而建筑的内容也是不定的，人们无法以单一的功能认知一个建筑，而建筑的内外也会具有完全不同的性质，真正重要的是建筑本身对变化的包容性。继"拥挤文化"之后，"大"（Bigness）成为库哈斯著作中的关键词，他在1995年出版的《小、中、大、超大》（S,M,L,XL）（图2-10）一书中指出，与正统建筑学观念相反，今天建筑的"数量"问题相对于"质量"问题，占据了更为主导的地位。在他罗列的关于"大"的五大定理中，"电梯定理"位居第二，他宣称："由于它实现了机械化而不是建筑化的连接，它汇同其家族一系列其他相关的发明抽空了建筑学的经典内容，那些关于构图、尺度、比例、细节的知识全部作废，建筑的'艺术'在'大'中变得一无用处。"[12]

从上述后现代主义的经典理论著作可以得出这样一个结论：后现代主义不是一种特定的风格或流派，而是聚集在后现代旗帜下从戏谑的古典主义、赤裸裸的复古主义、折中主义、激进的折中主义乃至商业化的通俗主义的集合体。在此必须指出，中国建筑界所讨论的"后现代主义"与泛文化领域的后现代主义在范畴上存在很大歧义，究其原因，主要是由于中国所引进的"后现代主义"基本上是查尔斯·詹克斯的版本，甚至可以称之为"詹氏"后现代。1986年，詹克斯在其所著的《什么是后现代主义？》（What is Post-modernism?）一书中，仍然坚持后现代主义是双重译码，并将其解释为："现代技术与别的什么东西（通常是传统式房子）的组合，以使建筑艺术能与大众以及一个有关的少数，通常就是其他建筑师对话。……是一种有职业性根基同时又是大众化的建筑艺术，它以新技术和老样式为基础，双重译码是名流／大众和新／老这两层意思的简称。"[13] 由此可以看出，詹克斯所主张的与传统折中、推崇大众通俗艺术的后现代主义建筑，比泛文化领域的后现代主义范围狭窄得多。此外，后现代主义建筑作为一个含混、不确定的术语，不仅与其他文化领域的后现代主义在范畴上存在很大歧义，而且国际建筑界对它的理解也存在着很大的分歧，如著名建筑师彼得·埃森曼就曾主张，现在流行的后现代主义并不是真正的后现代主义，只不过是借用了这个名词。1988年，他在接受詹克斯采访时，针对詹克斯质询他宣称后现代主义死亡的意思时说："我是说你所称之为后现代主义的东西死亡了。我认为我们现在正在谈论的是另外一种后现代主义。几年来我一直对你说，我是一个后现代主义者。"在20世纪90年代初，他又强调："后现代主义是一个为建筑重新使用具象正名的企图。……显然它没有对城市现状作出反应，没有解决当今社会面对的问题……所以是向后看，和其他领域里的后现代思潮背道而驰……我认为今天再用古典建筑语言就是用一种脱离实际的死语言。……后现代主义对我来说是西方人文

图2-10 《小、中、大、超大》封面，1995年，著者：库哈斯等

---

[11] 罗小未主编，外国近现代建筑史，北京：中国建筑工业出版社，2007：376～377
[12] 朱涛，信息消费时代的都市奇观——世纪之交的当代西方建筑思潮，建筑学报，200010：16～21
[13] 查尔斯·詹克斯著，李大夏译，什么是后现代主义，天津：天津科学技术出版社，1988：11

主义最后的喘息。"⑭ 为了讲解方便，本书仍然沿用已经"先入为主"的"詹氏"后现代主义的定义，但是希望读者在今后读书和谈论到后现代主义、后现代建筑这些词时注意其特殊的所指和内涵。

三、波普艺术与建筑设计中的波普手法

20世纪80年代是后现代主义建筑的鼎盛时期。在这10年中不仅产生了约翰逊的纽约电报电话公司大楼、格雷夫斯的波特兰大厦、斯特林的斯图加特美术馆新馆、矶崎新的筑波中心等里程碑式作品。同时，由于詹克斯等理论家的不断鼓吹以及整个文化领域对后现代主义研究的日益深入，后现代主义一度成为西方当代建筑中最显赫的潮流。那么，人们不禁要问，后现代主义建筑思潮与历史上的古典与传统复兴思潮，其本质上的区别在哪里？综观后现代主义建筑，通俗化与波普化是其最重要的特征。

即使是在商业文化兴旺的早期资本主义时代，艺术依然是高高在上的，艺术创作是训练有素的艺术家的专利，艺术欣赏则需要高雅的修养，而艺术的素材与主题主要来自历史或神话。艺术，即使如现实主义艺术家所标榜的源于现实生活，那也必须是高于现实生活。而波普艺术（Pop Art），则在艺术史上第一次堂而皇之地宣称：艺术的本质不应该是高雅的，艺术应该等同于生活本身。波普艺术的诞生标志着后现代艺术的大众化、消费化走向。在后现代消费社会中，人们在选购商品的过程中更注重感性、感官和欲望的表现与满足。消费文化需要强烈的感官冲击力、文化快餐式的大众化艺术形态，正是由于追求短暂、即时性的审美趣味使消费文化全然摒弃了对深度意义、永恒价值和理性蕴涵的追求，充满了断裂感和非连续性，有的只是浅显的平面意义，后现代消费文化因之也沦落为一种缺乏深度感的"引用"文化。

波普艺术是20世纪50、60年代兴起的一种国际性艺术潮流，它继承了达达主义的衣钵，喜欢将日常用品、实用物品或工业制品这些生活中常见的东西统统拿来用作艺术品，反映了西方商业文明和消费文化的特殊风貌。波普艺术否定上层社会的审美口味，把注意力转向"以前认为不值得注意更谈不上用艺术表现的一切事物"，"波普艺术家注意象征性……选择小汽车、高跟鞋、时装胸架等现代社会的标志和象征"，"把互不相干的不同形象结合在一起，在比例和结构上作莫名其妙的改变"。⑮

波普艺术运动萌芽于伦敦当代艺术研究所（Institute of Contemporary Arts）中的"独立派"（Independent Group），这个于1952年建立的先锋艺术团体对流行文化有着敏锐的洞察力。1955年，当该团体成员约翰·麦克黑尔从美国带回满满一卡车通俗杂志，包括《绅士》《疯狂》《花花公子》等，这些年轻人马上发现了一个新的形象世界、一个希望之乡，通常被认为俗不可耐的美国流行文化，成为"一种新的、意想不到的灵感的源泉、一个有着最新潮文化的浪漫之地、一个艺术中新的感受性的温床。"1956年，英国的怀特查佩尔艺术馆举办了一个名为"这就是明天"（This is Tomorrow）的展览，理查德·汉密尔顿（Richard Hamilton）展览了他的拼贴画《什么使今天的家庭如此不同，如此有魅力》（图2-11），作为第一幅波普绘画作品，这幅拼贴画把众多的商业图像从日常生活中挪移出来，作为绘画的主题，从而构成了对现代消费社会的解构和反讽。1963年，纽约古根海姆博物馆举办了一个名为"六位艺术家及其物品"的展览，标志着美国

图2-11　《什么使今天的家庭如此不同，如此有魅力》，1956年，理查德·汉密尔顿

---

⑭ 张永和，采访彼得·埃森曼，世界建筑，1991：02
⑮ 吴焕加，论现代西方建筑，北京：中国建筑工业出版社，1997：100

波普艺术正式登上艺术舞台。批评家马里奥·阿马亚（Mario Amaya）在1965年出版的著作《作为艺术的波普》（Pop as Art）中，考察了波普艺术的形式根源，他将这种典型的都市艺术定义为依赖于"广泛接受的日常世界琐事，正如我们在电影、电视、连环漫画、报纸、低级的少女画像杂志、'光纸印刷杂志'、高档时装、'手法高明的低级趣味'（High Camp）、汽车式样、广告牌和其他类型的广告这些东西中所看到"的艺术。[16] 波普艺术是一种对消费社会浮华、短暂、肤浅面貌的反映，有时甚至是对它的一种美化，波普艺术刻画了这个物质极大丰富而精神极度空虚的世界，其通俗、商业、诙谐的风格影响了包括建筑文化在内的整个文化领域。

二战结束后的美国，以赌城拉斯维加斯为代表的享乐主义生活方式广泛流行，城中的建筑完全是波普形象的荟萃，它们的疯狂与艳俗给人以强烈的冲击，同时也使人沉迷："那十五层楼高的令人迷惑的天空轮廓……展示着抛物线形的、飞镖形的、菱形的……醒目标志，它们高耸的形状，在以往艺术史的语言中是不存在的。……闪光的戈登·明－阿勒特螺旋（Flash Gordon Ming-Alert Spiral）、椭圆形的完美娱乐场（Mint Casino Elliptical）、腰子形的迈阿密海滨旅馆（Miami Beach Kidney）……关于拉斯维加斯建筑最重要的是，建造者不是一群匪盗，而是无产阶级。他们最早地庆贺了美国人生活的新时尚，也就是用从战争中榨来的金钱，去显示一种无产阶级的视觉风格。"[17] 拉斯维加斯式的波普化建筑风格，对当代建筑文化的通俗化、大众化产生了巨大的示范作用，前面提到的罗伯特·文丘里，正是在其著作《向拉斯维加斯学习》中对这种波普化建筑风格进行了大肆的鼓吹，波普手法成为后现代主义建筑师们最基本的建筑语言，他们往往采用以下三种波普艺术手法：波普化拼贴、具象形象、机械复制。

1. 波普化拼贴

迈克尔·格雷夫斯（Michael Graves），1934年出生于美国的印第安纳波利斯，早期曾经是勒·柯布西耶的忠实信徒，并成为以发展这位大师的立体主义为宗旨的设计团体"纽约五人"的成员。20世纪70年代，他转向了后现代主义，成为后现代主义的明星建筑师（图2-12）。格雷夫斯首先以一种色彩斑驳、构图稚拙的建筑绘画、而不是以建筑设计作品赢得最初的公众声誉。有人认为，他的建筑创作是其绘画作品的继续与发展，充满着色块的堆砌，犹如大笔涂抹的舞台布景。格雷夫斯的建筑色彩处理具有鲜明的个性：大量使用诸如粉红、粉绿、粉蓝等"餐巾纸色"，蓝色的天花象征蓝天，蓝色的地面隐喻水面，绿色的地面隐喻草地，墙面的绿色象征攀缘植物，基座常用棕色，既代表了大地又与传统房屋基座相近，充分体现了后现代主义建筑的"多意性"和"双重译码"。

波特兰市政大厦（1979—1982年）（图2-13和图2-14），是格雷夫斯设计的第一个大型公共建筑，该建筑的落成一举改变了"国际式"风格在高层建筑设计中近半个世纪的统治地位。这幢15层高大厦立面采用三段式构图，表现出古典主义的威严，建筑下部做成基座形式，基

图2-12

图2-13

图2-14

图2-12　格雷夫斯设计的Alessi水壶，1985年

图2-13　波特兰市政大厦，美国俄勒冈州，1979—1982年，建筑师：格雷夫斯

图2-14　波特兰市政大厦，美国俄勒冈州，1979—1982年，建筑师：格雷夫斯

---

[16] 斯蒂芬·贝利、菲利普·加纳著，罗筠筠译，20世纪风格与设计，成都：四川人民出版社，2000: 438

[17] 斯蒂芬·贝利、菲利普·加纳著，罗筠筠译，20世纪风格与设计，成都：四川人民出版社，2000: 312

图2-15 休曼纳大厦，美国路易斯维尔，1985年，建筑师：格雷夫斯

座以上建筑主体墙身为奶色和黄色，立面上有深色面砖做成的巨大"拱心石"，壁柱上有飘带式装饰，壁柱和拱心石的形象引起人们对历史的联想，主入口还有三层楼高的波特兰女神雕像。该建筑很好地体现了不同尺度并置、片段拼贴以及非传统方式利用传统等典型的后现代主义设计手法。格雷夫斯设计的美国路易斯维尔市休曼纳大厦（Humana Building）（图2-15），建于1985年，是一座27层的办公楼，另有2层地下停车场。25层有一个巨大的露天平台，从这里可以俯瞰全城景色。建筑造型是典型的后现代主义风格，既表达了古典艺术的精髓，又体现了现代技术的形象，休曼纳大厦成为重要的城市标志和市民的骄傲。从20世纪80年代到90年代前期，凭借波特兰大厦和休曼纳大厦的成功，格雷夫斯的建筑生涯达到了顶峰。凭借其招牌式的舞台布景式拼贴手法，格雷夫斯受到了美国商业娱乐产业的青睐，他为迪斯尼公司设计的位于佛罗里达的大型度假娱乐中心——海豚与天鹅旅馆（Swan Hotel and Dolphin Hotel，1987—1991年）（图2-16～图2-18），是后现代主义建筑与美国商业文化的一次成功联姻，建筑师把滑稽可爱的迪斯尼卡通形象、鲜艳热烈的建筑色彩与积木式的体量结合起来，充分体现了迪斯尼乐园轻松欢快的气氛。

英国建筑师泰瑞·法雷尔（Terry Farrel），1938年生于英国纽卡斯尔，曾在宾夕法尼亚大学学习建筑学和城市设计。1965年，他成为法雷尔·格雷姆肖建筑师事务所（Farrell Grimshaw Partners）的主

图2-16 迪斯尼世界海豚与天鹅旅馆，美国佛罗里达，1987—1991年，建筑师：格雷夫斯

图2-17 迪斯尼世界海豚与天鹅旅馆，美国佛罗里达，1987—1991年，建筑师：格雷夫斯

图2-18 迪斯尼世界海豚与天鹅旅馆，美国佛罗里达，1987—1991年，建筑师：格雷夫斯

图2-19 午前电视演播中心，英国伦敦，1982年，建筑师：泰瑞·法雷尔

图2-20 午前电视演播中心，英国伦敦，1982年，建筑师：泰瑞·法雷尔

要合伙人。20世纪70年代末，法雷尔与格雷姆肖的合作关系结束，他转向了后现代主义。1982年设计建成的伦敦午前电视演播中心（TV-am）（图2-19～图2-21），是英国第一座运用后现代主义风格设计的建筑。法雷尔把伦敦坎顿洛克运河旁边的一座废旧汽车库改造为一家电视台的演播中心，给它换上了充满生机、令人愉悦的"外衣"，并设计了一个象征通往全世界的门厅。建筑入口TV-am字样的霓虹灯和沿河立面的蛋杯状顶饰，开创了自由、活泼的英国式后现代主义风格。20世纪80、90年代，法雷尔为伦敦设计了许多后现代

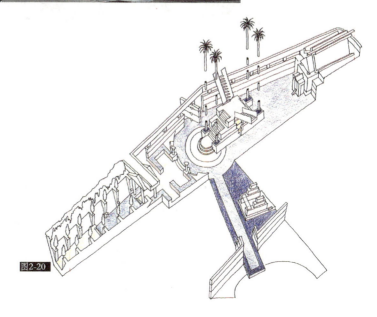

主义风格的建筑,并被尊崇为杰出的城市设计师,其中,Embankment Place 大厦(1990年)(图2-22),是法雷尔的第一座也是最引人注目的大型公共建筑,这是一座横跨 Charing Cross 火车站之上的空中建筑,18根巨柱从火车站站台升起,采用悬挂结构支撑着7～9层的办公空间,有效地隔离了火车行驶带来的振动。1993年竣工的沃克斯豪交叉口大厦(Vauxhall Cross Building)(图2-23),也运用了尺度夸张而简约的古典元素,创作了一个带有后现代主义纪念性的办公建筑。

奥地利建筑师汉斯·霍莱因(Hans Hollein, 1934—),也是以后现代主义风格著称于国际建筑界。他出生于维也纳,并在维也纳、芝加哥和伯克利等地接受了建筑教育,他的设计实践涵盖了从建筑设计、家具、生活用品、展览到舞台艺术的广阔领域。霍莱因完成的第一个建筑项目是维也纳的一个小型建筑——具有喜剧效果的 Retti 蜡烛店(1965年)(图2-24),整个店面用抛光铝板饰面,它那仅有3.6m面宽的立面,精巧而富有装饰性,有着维也纳"分离派"(Session)风格的痕迹。这

图2-21　午前电视演播中心,英国伦敦,1982年,建筑师:泰瑞·法雷尔

图2-22　Embankment Place 大厦,英国伦敦,1990年,建筑师:泰瑞·法雷尔

图2-23　沃克斯豪交叉口大厦,英国伦敦,1993年,建筑师:泰瑞·法雷尔

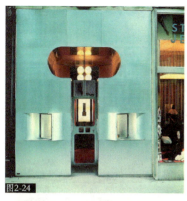

图2-24 Retti蜡烛店，奥地利维也纳，1965年，建筑师：霍莱因

图2-25 士林珠宝店，奥地利维也纳，1972—1974年，建筑师：霍莱因

图2-26 哈斯商厦，奥地利维也纳，1990年，建筑师：霍莱因

件作品落成后，霍莱因赢得了广泛的赞誉并获得了25 000美元的奖金，这笔钱竟然比这个项目实际的造价还要高。此后，他又设计了维也纳士林珠宝店（Schullin Jewelry Shop，1972—1974年）（图2-25），这也是一个一层楼、一间的小商店，面积只有13.3 m²。它的用料与蜡烛店同样考究，设计也同样地精细认真，但却制造了一个古怪的、令人莫明其妙的外观效果。门脸上贴抛光的花岗岩，断缝和孔洞使用黄铜和不锈钢，熠熠发光的金属管散发出珠光宝气，又不落俗套，断裂、破碎的门脸表现了一种"反建筑"的姿态，同时又有隐隐约约"性"的隐喻。哈斯商厦（Haas House，1990年）（图2-26），位于维也纳内城最为敏感的区域——面对800年历史的圣斯蒂芬大教堂，建筑立面细腻地融合了石材与玻璃，用一种微妙的后现代建筑语言，实现了新老建筑的对话。

由英国迈克尔·威尔福德事务所设计的英国驻柏林大使馆（1995—2000年）（图2-27），是一个典型的后现代主义作品，建筑形态一反传统使馆建筑的严谨庄重，强调不同色彩积木般体块的组合，不同体块之间的关系简单明朗、色彩饱和明快，建筑主入口色彩斑斓、引人入胜，为了与地域文脉取得和谐，外墙则采用了与柏林著名古迹勃兰登堡门相同的石料。

FAT是英国建筑师组合Fashion Architecture Taste的简称，该组合20世纪90年代初期成立于伦敦，其宗旨是倡导

图2-27 英国驻柏林大使馆，德国柏林，1995—2000年，迈克尔·威尔福德事务所

图2-28 凯塞尔·克雷默广告公司，荷兰阿姆斯特丹，1998年，建筑师：FAT

图2-29 蓝屋，英国伦敦，2002年，建筑师：FAT

图2-30 放大的羽毛球，雕塑师：奥登伯格

艺术的公共性和无等级性，挑战正统的现代主义风格。1998年设计建成的凯塞尔·克雷默（Kessels Kramer）广告公司（图2-28），室内设计基调源于19世纪的阿姆斯特丹教堂，有尖券、列柱并饰以金黄色的科林斯柱头，却引入了许多不和谐的异质要素：如会议空间布置在一个买来的俄国堡垒中，并安装了一个假的跳水板；电视室则设在金黄色的海岸救生室中。过于丰富多变的空间和调侃戏谑的设计手法让人难以把握，但却受到了业主和顾客的欢迎。位于伦敦东区的蓝屋（Blue House，2002年）（图2-29），是为FAT组合的指导者肖恩·格里菲斯（Sean Griffiths）设计的一栋住宅兼工作室，它采取了卡通式的造型手法，整个建筑色彩为淡青色，窗户和门稚拙的形状仿佛出自儿童的画笔，围墙的形状像树冠的剪影，建筑墙面上还装饰着三角形山花。虽然评论家对该建筑设计手法的通俗、庸俗甚至艳俗感到震惊和厌恶，但是却受到社区居民的欢迎，成为社区的标志性建筑物。

2. 具象形象："形而下"的形

即使是西方古典主义建筑，建筑形式也强调其抽象性特征，如古希腊柱式中的多立克柱式和爱奥尼克柱式，只是分别隐喻了男性与女性身体的形态，而对于正统的现代主义而言，具象的模仿现实物体更是等而下之的做法。波普艺术中的具象艺术，为建筑形式的具象手法开辟了道路。波普艺术家奥登伯格[18]喜欢使用具象手法直接仿造日常用品进行实物艺术创作，他用石膏创作的奶油蛋糕、牛排、电话、冰淇淋等作品可以乱真，他放大复制一些日常物品，如衣夹、杯子、烟头等作为室外雕塑，这种日常用品一经放大或更换背景，往往产生出巨大的震撼力（图2-30）。奥登伯

---

[18] 奥登伯格，Claes Oldenburg，1929年生，瑞士裔美国雕塑家、画家。早期风格为抽象表现主义，后期创作具有波普意味和超现实主义的特性。

格宣称:"我仿制这些东西有一个教诲的目的,因为我要人们习惯于普通物品的威力。"他还与美国建筑师盖里(Frank Gehry)合作为一个著名广告公司设计了总部大楼(Chiat/Day office building,1989—1991年)(图2-31),建筑主入口为一个巨大的望远镜。1980年,盖里还设计了一个"站立的鱼"雕塑(图2-32),作为日本神户一个餐馆的标志,它高6.7m,由不锈钢和木结构作为支撑,外表皮覆盖镀锌金属片作为鳞片。

在建筑立面上直接运用字母和数字作为装饰,也是建筑设计中常用的波普手法。如荷兰建筑师诺特林·里丁克(Neutelings Riedijk)设计的乌德勒支大学的 Minnaert Building (1997年),建筑外墙表面布满了一些怪异的斑纹,承重的结构柱则被设计成该建筑名称的字母,整个建筑给人一种

另类的印象(图2-33)。澳大利亚建筑师组合艾西顿·雷加特·麦克杜加尔设计的澳大利亚Marion市文化中心(2001年)(图2-34),别出心裁地运用城市名字的字母形成建筑构图,M和A突出于建筑表面,R则构成了金属覆盖的停车处入口,而N则

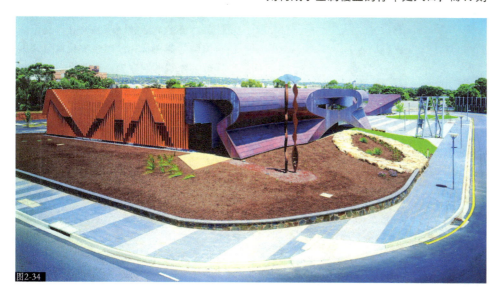

图2-31 "望远镜",Chiat/Day公司总部,加利福尼亚州威尼斯,1989—1991年,建筑师:盖里

图2-32 "站立的鱼",鱼餐厅,日本神户,1980年,建筑师:盖里

图2-33 Minnaert Building,荷兰乌德勒支大学,1997年,建筑师:诺特林·里丁克

图2-34 Marion市文化中心,澳大利亚,2001年,建筑师:艾西顿·雷加特·麦克杜加尔

图2-35 洛杉矶运输局第7区总部大厦，美国洛杉矶，2001年，建筑师：汤姆·梅恩

图2-36 洛杉矶运输局第7区总部大厦，美国洛杉矶，2001年，建筑师：汤姆·梅恩

是一个由钢架支撑的雕塑作品，这是典型的后现代主义的波普具象手法。美国加州洛杉矶运输局第7区新建的总部大厦（Caltrans District 7 Headquarters Replacement Building, 2004年）（图2-35和图2-36），由美国建筑师墨菲西斯（Morphosis）事务所的汤姆·梅恩（Thom Mayne）设计，其设计灵感来自洛杉矶独特的汽车文化和好莱坞的通俗文化，朴实的材料、巨大的结构形式、暴露的结构要素都使人联想起运输局的工作，而建筑形象则给人以高速公路上车辆穿梭的联想。四层高的建筑入口空间，墙面上安置着横向错落的红色与蓝色霓虹灯，这组巨型的公共装置艺术是汤姆·梅恩与著名艺术家基思索尼尔（Keith Sonnier）共同创作的，隐喻了加州高速公路上连绵不断的汽车灯带；而建筑入口处巨大的符号"100 South Main Street"，既醒目地标明了建筑的地址门牌，同时也是好莱坞商业通俗文化的典型应用。

3. 机械复制：以安迪·沃霍尔为榜样

在后工业社会中，批量生产复制的图像充斥着社会的各个角落，人们已经习惯于这种单一格调的图像形式。复制技术可以使艺术作品由一件繁衍为成千上万件，这种在艺术上的复制导致了艺术的权威性、本真性和独一无二的丧失。弗·詹姆逊认为：后现代时期的机器是"复制的机器而不是生产的机器"。安迪·沃霍尔（Andy Warhol, 1930—1987年）是美国最著名的波普艺术家，他宣称要像机器一样弃绝一切情感进行复制工作，甚至说他本人就想成为一部机器。他的早期职业生涯涵盖了从广告、商标、产品介绍设计到店面标牌设计的广泛的商业美术领域，这种经历使他对美国的商业文化和通俗文化有了深刻的理解和敏锐的洞察力，因此沃霍尔很早就将注意力集中在一些标准的商标和超级市场产品上，如可口可乐瓶子、坎贝尔的汤罐头、布里罗的纸板箱等。与其他波普艺术家相比，他更为彻底地取消了艺术创作中的手工操作观念，而代之以机械复制为特征的不断重复的风格。沃霍尔的画大多是用丝网印刷技术把某种形象直接印制在画布上，并将单一的形象做不断的重复和复制，企图以此向人们说明商业消费时代人们对物体态度的改变。沃霍尔最著名的作品是《玛丽莲·梦露》系列（图2-37），

图2-37 《玛丽莲·梦露》，丝网版画，1967年，安迪·沃霍尔

图2-38 瑞科拉公司的欧洲新厂房，法国牟罗兹，1993年，建筑师：赫尔佐格与德·默隆

图2-39 瑞科拉公司的欧洲新厂房，法国牟罗兹，1993年，建筑师：赫尔佐格与德·默隆

他使用丝网印刷技术把经过加工的梦露照片，在画面上一排排地罗列在一起。作为大众文化产物的梦露肖像，同消费品一样经过商业包装，形象已同梦露本人没有什么关系，而是成为了一种被"物化"的商品。简单的排列和粗糙涂抹的合成颜料将真实离散开，只呈现一个外壳。这一系列作品反映了人们在现代工业化大生产的刺激下，被商业性大众传播媒介所强制改变的心理流程。因此罗伯特·休斯评价说："沃霍尔的成就是在美术社会学方面，而不是在绘画的范围里，沃霍尔把美术界变成美术商业界的功劳超过所有别的当代画家。他通过把自己变成纯粹的产品，驱散了先锋派的传统雄心和精神紧张。"⑲

瑞士建筑师赫尔佐格与德·默隆将沃霍尔的机械复制方法挪用到建筑表皮上，法国阿尔萨斯的尼克拉厂房（1993年）（图2-38和图2-39）设计就是他们这一方面探索的开端。厂房位于法国牟罗兹（Mulhouse）郊外一片树木茂盛的地区，建筑形体本身十分简单，宛如一个超尺度的打开盖子的纸箱子。两个正立面各有一个悬挑的大檐口，给建筑入口的装卸工作提供了遮阳避雨功能。建筑的两个侧立面为素混凝土墙体，而建筑前、后两个主要立面则运用了廉价工业材料聚碳酸酯面板，其透明性为车间和库房工作区提供了过滤了的自然光。建筑师运用源于沃霍尔的机械复制方法，选取摄影家卡尔·勃罗斯费尔（Karl Blossfeldt）的"树叶"作为图案母题，在严格二维意义上将图案通过丝网印刷在立面上重复，从墙面一直延伸到整个挑檐的内侧。树叶图案本身与建筑的使用用途毫无关系，它重复到极至状态也使图案本身淹没在表皮的纹理之中。

在当代建筑中使用复制图案构成建筑表皮，已经成为一种常用的设计手法。如2000年德国汉诺威世界博览会的基督教展馆（Christian Pavilion, Expo 2000, Hannover）（图2-40～图2-42），该馆

图2-40 基督教展馆，德国汉诺威，2000年，建筑师：冯·格康

---

⑲ 罗伯特·休斯著，刘萍君译，新艺术的震撼，上海：上海人民美术出版社，1996：79

图2-41 基督教展馆细部，德国汉诺威，2000年，建筑师：冯·格康

图2-42 基督教展馆磁带填充墙体细部，德国汉诺威，2000年，建筑师：冯·格康

由德国两大基督教团体建造，德国建筑师冯·格康（Meinhard von Gerkan）设计。该建筑形体极为简单，平面大致呈方形，采用3.4m的钢结构柱网，具有明显的现代主义建筑风格。人们经过一个架越在水池上的小桥步入内院，内院由回廊围合，回廊墙体由双层玻璃构成，中间的填充材料别出心裁地运用了各种自然或工业制品，如木屑、煤块、打火机、磁带、牙刷等，填充物数量巨大，不同的物品被分隔在不同的窗格中，形成独特的肌理效果，这些填充材料是对博览会主题——"人·自然·技术"的响应，同时也具有调节自然光线的作用。有趣的是，在建筑光环境的创造上，这些有填充物的玻璃窗俨然成为中世纪教堂彩色玻璃窗的现代翻版。

综上所述，在当代商品社会和通俗文化中，波普艺术有着令人眼花缭乱的艺术实践，在设计理念上给建筑师们以极大的启迪，波普化的拼贴、具象形象和机械复制已经转化为建筑设计手法，并为建筑美学开辟了一片崭新的领域——建筑表皮。

四、戏谑的古典主义与激进的折中主义

在对待历史传统的态度上，古典主义和正统的现代主义走向两个极端，历史传统要么成为顶礼膜拜的对象，要么被视为腐朽落后的象征而受到批判。而在后现代主义的文化视野中，历史传统已然成为文化消费的对象，传统与现代无所谓落后与先进，通过并置、拼贴、变形等戏剧性手法，后现代主义达到了消解历史深度的平面化效果，真可谓历史已经回来，但已面目全非！由此可见，后现代主义的本质并不是简单的回归历史和折中主义的复兴，而是运用各种手法戏说历史的戏谑的古典主义（Ironic Classical）和激进的折中主义（Radical Eclecticism）。

戏谑的古典主义主要表现为以非传统方式使用传统形式，与直接的复古主义建筑不同，戏谑的古典主义对传统元素的运用往往是尺度夸张、任意变形，甚至带有玩世不恭和讽刺诙谐的调侃心态。日本建筑师隈研吾设计的M2（Matsuda第二组织，1991年）（图2-43），以对历史原型的"曲

图2-43 M2，日本东京，1991年，建筑师：隈研吾

解"为出发点，借用了一个巨大的爱奥尼克柱式。该建筑地处东京世田谷环状 8 号线上，超尺度的巨大爱奥尼克柱式造型给人以强烈的刺激，建筑师把历史建筑片断从意义、功能、尺度等规则束缚中解放出来，呈现出一种"破碎"和"精神分裂"状态。马里奥·博塔设计的旧金山现代艺术博物馆（1995 年）(图 2-44），平面布局呈 T 形，总建筑面积 22 000 m²，高 42m，建筑师采用惯用的顶面斜切的圆柱体作为构图中心，运用纪念性的几何形式和传统砖石饰面手法，形成了一种略带古巴比伦风格的建筑构图，由黑白条纹花岗岩饰面的斜切圆柱，则带有后现代主义的戏谑性。博塔最富有戏剧性的作品是 1999 年设计的罗马圣卡罗教堂模型（图 2-45），这个等比例模型高 33m，用 35 000 块厚木板用钢索捆扎在一起，并固定在一个钢骨架上。这个扑朔迷离的幽灵矗立在瑞士卢加诺湖中的一个木筏上，用以纪念教堂的建筑师——意大利文艺复兴时期的建筑大师波洛米尼诞辰 400 周年，也是博塔对后现代主义建筑思想的大胆诠释与演绎。

激进的折中主义也是后现代主义的典型性设计手法，其引用的建筑元素是主观任意的，可以包含任何历史时期、任何风格的语汇。在建筑中将不同形状、不同比例、不同尺度以及不同风格体系的形式元素加以并置或交叠，形成了冲突、断裂、失调、不完整和不和谐效果。文丘里设计的伦敦国家美术馆新馆（图 2-46）是激进的折中主义的代表性作品。国家美术馆旧馆是一幢建于 150 年前的古典主义建筑。新馆位于旧馆西侧，仅隔一条小巷，平面略呈长方形，东南角切去并做成折线。虽然新馆运用了与旧馆相同的石材和相似的古典细部，同时也进行了大幅度的变异：主入口不居中对称，没有细部线脚和铭文，只是在建筑转角布置了一根细部完整的半圆壁柱，其余均为高度平面化的方柱。进入新馆后，有纵深展开的门厅，一侧有宽阔的长楼梯直通二楼，楼梯先窄后宽，给人以透视上的错觉。上到顶层平台向西望又见一串拱门，宽度逐渐缩小，给人以视觉错觉，

图2-44 现代艺术博物馆，美国旧金山，1995年，建筑师：马里奥·博塔

图2-45 罗马圣卡罗教堂模型，瑞士卢加诺，1999年，建筑师：马里奥·博塔

图2-46 国家美术馆扩建，英国伦敦，1991年，建筑师：文丘里

感到比实际距离更远，这是意大利文艺复兴时期典型的空间处理手法，也与美术馆典藏的文艺复兴时期展品相得益彰。该建筑充分体现了文丘里的设计理论：多元论的历史主义，对传统的歪曲、变形与折中，

图2-47 意大利广场，美国佛罗里达州新奥尔良，1977—1978年，建筑师：查尔斯·摩尔

图2-48 意大利广场，美国佛罗里达州新奥尔良，1977—1978年，建筑师：查尔斯·摩尔

图2-49 咖啡馆，日本东京，1986年，建筑师：奈杰尔·科茨

以此激进地反对现代主义的纯净、单一与非此即彼。

激进的折中主义还表现为追求装饰的复杂化，这种与现代主义的抽象简约主义背道而驰的极多主义，大量使用色彩和廉价材料，同时大量运用各种反文脉的商业元素，如商业标识和霓虹灯，隐喻了一个奢华和情欲的年代。美国建筑师查尔斯·摩尔（Charles Moore）设计的新奥尔良意大利广场（图2-47和图2-48），是激进的折中主义风格的代表作品，它大量采用古典拱券作为广场装饰，风格冲突、形式交叠，充满了冷嘲热讽和玩世不恭的调侃。广场景观设计对传统元素的歪曲更是直截了当、充满市井色彩：科林斯柱头被漆成明亮的黄色，还装饰着霓虹灯，爱奥尼克柱头则是不锈钢材质，多立克柱上流淌着泉水，额枋上还镶嵌着建筑师摩尔的头像，水从他的嘴里喷涌而出，构成了一个"杂乱而疯狂的景观"。广场台阶呈不规则形状，前面有一个水池，池中用石块组成意大利半岛地图模型，由于新奥尔良的意大利裔居民多来自西西里岛，因此整个广场铺地以地图模型中的西西里岛为中心，形成了一圈圈同心圆，广场景观具有强烈的象征性、叙事性和浪漫性。1986年，英国建筑师奈杰尔·科茨（Nigel Coates）为日本东京设计的咖啡馆（Caffé Bongo）（图2-49），装饰设计充满了噱头，他将一架飞机机翼固定在入口，咖啡馆内部则像刚刚发生了爆炸的现场，到处像是散落的飞机配件，体现了一种带有摇滚嬉皮士格调的后现代主义风格。

五、复古主义：从古典复兴到新古典主义

正统的现代主义主张从历史的零点出发，创造符合工业时代精神的新风格，正统的现代主义同历史上形形色色的古典复兴、浪漫主义和折中主义进行了不懈的斗争，最终在二战结束后成为全球范围内占据统治地位的建筑潮流。进入20世纪60年代，西方国家经历了大规模的战后重建，正统的现代主义建筑思想与形式的片面性和局限性逐渐暴露：正统的现代主义主导下的建筑活动，在实现人们生活环境现代化的同时，清除、破坏了大量人们熟悉、依恋的传统建筑环境，人们开始重新反思正统的现代主义建筑思想尤其是占据主流地位的"国际式"风格，认为完全排斥历史的正统现代主义是造成现代社会历史文脉断裂、地域场所精神流失的罪魁祸首。伴随着对正统现代主义建筑思想和"国际式"风格的批判，复古主义与怀旧情绪再度弥

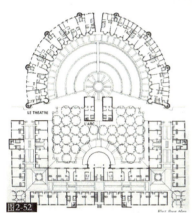

图2-50 "人民凡尔赛"街坊鸟瞰，法国巴黎，1972—1984年，建筑师：波菲尔

图2-51 安提岗区居住街坊"金厦"鸟瞰，法国蒙彼利埃，1985年，建筑师：波菲尔

图2-52 "宫殿、剧场和拱门"平面图，法国巴黎拉瓦雷新城，1983年，建筑师：波菲尔

图2-53 "剧场"公寓，"宫殿、剧场和拱门"，法国巴黎拉瓦雷新城，1983年，建筑师：波菲尔

漫，历史形式重新回归，成为后现代主义建筑设计引用和模仿的直接源泉，复古主义也成为后现代主义旗帜下的一个支流。

在20世纪80年代后现代主义的鼎盛时期，西班牙建筑师波菲尔（Ricardo Bofill）在法国以一系列复古主义住宅街坊的设计而引人注目。位于巴黎郊区圣康旦新城、距离凡尔赛宫不远的"人民凡尔赛"街坊，是一个为低收入阶层建造的公寓群，它采用宫殿式中轴对称布局，一幢被称为"桥"的公寓楼戏剧性伸展到湖中，公寓外立面大量运用古典线脚（图2-50）。位于法国南部蒙彼利埃市的安提岗区居住街坊（Le Quartier Antigoner）（图2-51），街坊规划也完全采用中轴对称形式，俨若一个宫殿群，其中一幢多层住宅称为"金厦"，由波菲尔设计，完全模仿文艺复兴时期的形式。在波菲尔的复古主义建筑设计实践中，最著名的作品是巴黎拉瓦雷新城的"宫殿、剧场和拱门"公寓群（图2-52～图2-54），由半圆形的"剧场"、"凹"字形的"宫殿"和中间的"拱门"三座公寓组成，"宫殿

图2-54 "宫殿"公寓，"宫殿、剧场和拱门"，法国巴黎拉瓦雷新城，1983年，建筑师：波菲尔

图2-55 共和银行中心大厦，美国休斯顿，1984年，建筑师：约翰逊

图2-56 平板玻璃公司办公楼，美国匹兹堡，1984年，建筑师：约翰逊

公寓具有极其庞大的体量，外立面装饰以高大的陶立克式双柱，"剧场"环绕一个半圆形露天剧场式内院，公寓面向内院形成一系列玻璃筒，包裹着住宅的起居室和阳台。从上述作品可以看出，波菲尔并不关心住宅空间和起居条件的真正舒适，更多地表现出对宫殿气派虚妄的追求和业主虚荣心的满足，属于商业化的复古主义。他的大胆、肆无忌惮的复古行为，引起了一部分人的欢呼，也引起了了另一部分人的厌恶。

与前述直接的复古主义不同，新古典主义不追求传统符号或装饰细节的逼真模仿，而是使用现代材料借鉴古典主义构图来表达古典精神。约翰逊设计的休斯顿共和银行中心大厦（Republic Bank Center）（图2-55），大厦基地为正方形，高层办公楼部分塔高234m，建筑体量跌落为三段，每段山墙形成"人"字形的屋顶，并且有明显的哥特式小尖塔，是具有哥特风格的高层建筑。匹兹堡平板玻璃公司办公楼，主楼高44层，主楼和配楼上部都设计了许多小尖塔，令人想起中世纪哥特式风格的教堂，但是约翰逊的新哥特式用的不是石头，而是镜面玻璃，现代化的镜面玻璃第一次用来表现古典形式，它既是城市建筑文脉的延续，又是用现代材料造成的，更是玻璃公司老板求之不得的巨型广告（图2-56）。

六、结语

20世纪60年代以来，随着西方社会从工业社会向后工业社会的转变，正统的现代主义建筑思想失去了统治地位，建筑界呈现出多元并存的局面，针对这一景象，菲利普·约翰逊匆忙地得出结论，宣布60年代末是现代建筑与后现代建筑的历史分水岭。虽然随着"我们已经进入后现代"以及"我们正在见证一种新的文化的出现"的断言，总是伴以詹克斯式"现代主义已经死亡"的兴高采烈的宣告，但是经过一个长时段冷静的观察，我们会清醒地发现：后现代主义仅仅是一种试图对现代建筑运动进行修正、反叛的建筑潮流，而远不是一个新时代的开端。

后现代主义建筑注重以传统形式和大众文化来丰富建筑形式，它否定现代主义的功能主义和技术至上原则，关注于传统、文脉和大众文化，其复杂多样的手法取代了现代主义形式的简洁与抽象，在一定程度上迎合了当代社会的文化心理。在建筑美学上，以激进的折中主义为代表的后现代主义美学，用无中心、不完整、偶发性和残缺、怪异和丑陋等不和谐美学主题取代了强调中心性、整体性和统一性的传统和谐美学，从而在传统美学的壁垒上打开了一个缺口，成为20世纪80年代前后出场的解构主义美学的前奏。同品位高尚、严谨得近乎刻板的正统现代主义相比，后现代主义像挣脱了父母束缚的孩子一样，显得叛逆、游戏、洋洋自得，甚至有些颓废和放荡。虽然后现代主义建筑思潮以幽默、叛逆的设计手法极大充实、丰富了建筑形态，但是也有其不可逾越的历史局限性：沉溺于非理性的拼贴折中和手法主义，过于迎合大众的通俗甚至低俗的文化口味，这就必然造成建筑设计文化品质的肤浅与庸俗。如果说现代主义的文化精英总是怀有拯救堕落的人性、重建人类精神家园的使命感；那么，后现代主义则彻底消解了这种努力，放弃了对于终极问题的关怀。现代建筑运动与后现代主义相比，两者的社会历史意义不能相提并论，前者是一场全面深刻的建筑思想革命，而后者则不过是一种流行时尚的建筑潮流。

第三章
走向新现代主义
——经典现代主义的回归与超越

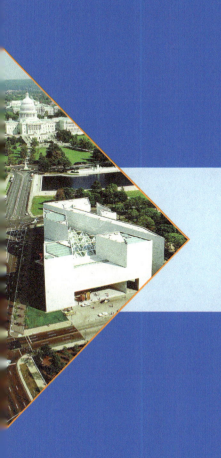
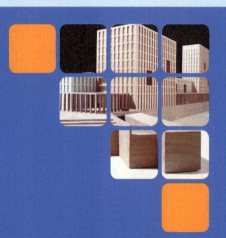

20世纪60年代，在正统现代主义信条受到怀疑和挑战、后现代主义思潮甚嚣尘上的时代背景下，新现代主义（Neo-modernism）作为与后现代主义分庭抗礼的当代建筑流派应运而生。新现代主义拒绝对历史与传统形式的模仿，发展了现代主义高度理性化、抽象化的经典形式语言，尊重自然和人文环境，通过场所精神的塑造克服了"国际式"风格的单调与冷漠，并赋予其更为丰富的形式与文化内涵。近年来出版的国内建筑设计理论专著，往往采用詹克斯杜撰的"晚期现代主义"这个概念来概括20世纪60年代以来继承、发展经典现代主义形式语言的新现代主义潮流，笔者反对不加鉴别地采用这个概念，因为"晚期"二字，含有"过时"或"濒临死亡"的意思，包含了詹克斯对现代主义明显的贬义和偏见，正如詹克斯本人所指出："20世纪70年代，当后现代主义正挑战现代主义的正统地位的时候，我杜撰了晚期现代建筑（Late Modern Architecture）一词，区别那些也从盛期现代主义（High Modernism）转变过来但对后现代主义所关心的都市文脉、装饰与象征并无兴趣的人。"今天，后现代主义思潮与已经成为明日黄花，而被他贬称为"晚期"的现代主义仍然是当代建筑潮流中具有生命力的重要倾向。

现代建筑运动从工业时代的机器美学出发，强调建筑的物质功能和审美的普适性，强调形式的抽象性和非叙事性，反对传统建筑的具象和叙事性。但是，正统的现代主义思想与实践否定了建筑的历史和地域文化内涵，忽视了人的情感和个性需要，造成了空洞乏味的"国际式"风格的盛行。二战结束后，坚持正统的现代主义的经典性抽象形式语言，并对其不断进行充实和提高，始终是当代建筑的重要倾向，其代表人物有美籍华裔建筑师贝聿铭、法国建筑师鲍赞巴克、日本建筑师桢文彦、安藤忠雄等。虽然继承、发展经典现代主义的倾向始终存在，但是，新现代主义作为一个受到评论界关注的明确建筑流派，却是从"纽约五人"（New York Five）出现开始的。1969年，纽约现代艺术博物馆举办了一次展览，介绍了五位美国建筑师及其作品，他们是彼得·艾森曼、迈克·格雷夫斯、查尔斯·加塔米、约翰·海杜克、理查德·迈耶。由于这五位建筑师都在纽约，因此被评论界称为"纽约五人"。其作品深受20世纪20年代荷兰风格派、勒·柯布西耶早期倡导的立体主义以及意大利建筑师特拉尼的影响，均为白色的、无历史装饰的、高度抽象的风格，因此又被称为"白色派"。

如果说现代建筑运动中的风格派和构成主义展示了抽象的构成——一种不依赖模仿或折中传统式样进行形式生成的巨大潜力；那么，这种潜力也被当代新现代主义者所继承，理查德·迈耶丰富发展了勒·柯布西耶在萨伏伊别墅的构成手法，贝聿铭则发展了立体主义的柏拉图体即简单几何体的构成，安藤忠雄通过光与影来进行场所精神的塑造，以伊东丰雄为代表的"银色派"则致力于电子信息社会建筑的非实体化、流动性和暂息化表达，而当代极少主义则成为20、21世纪之交国际建筑界最引人注目的设计潮流和新时尚。当代新现代主义的理论与实践，突破了正统现代主义的教条和"国际式"风格的单调乏味，呈现出更加丰富的形态和空间特征。

一、经典现代主义形式语言的继承：纯粹的几何体构成

将基本几何形视为建筑审美的标准可以追溯至古希腊时代，古希腊的美学观念受到初步发展的自然科学和理性思维的影响。哲学家毕达哥拉斯（Pythasoras，公元前580—前500年）提出"万物皆数"和"数的和谐"理论，认为艺术的真谛寓于基本几何形体或某种数的关系中，指出"数为万物的本质。"哲学家柏拉图（公元前427—前347）认为，可以用直尺和圆规画出来的简单几何形是一切形的基本，在其创办的学院大门上镌刻着箴言："不懂几何学的莫进来。"对纯粹几何形体的追求随着希腊文化的传播影响到古罗马，万神庙、斗兽场成为几何形构图的典范。

18世纪后半叶的启蒙运动时期，以

法国建筑师部雷（Etienne-Louis Boulee, 1723—1799年）、勒杜（C. N. Ledoux, 1736—1806年）为代表的"革命建筑师"，创作了一批洋溢着英雄主义与浪漫主义的建筑臆想方案，其特征是采用圆柱体、方锥体、圆锥体、球体和半球体等基本几何形体，纯粹几何形体、巨大的建筑体量与空间产生了令人震撼的表现力。1784年，他设计的牛顿纪念堂（图3-1），采用一个直径为146m的巨大球体，球体上环绕两条绿化带，球体外壳布置一些孔洞。白天，内部宛如夜间，这些孔洞仿佛深邃的天穹中运行的星辰；入夜，悬挂的巨大吊灯照耀如同太阳。部雷宣称："建筑艺术的首要原则，就是要看出均匀的立体形象，诸如立方体、金字塔和最重要的球体。"现代建筑运动的先驱者们强调用数学方法对形式进行控制，作品具有很强的几何分析性。勒·柯布西耶在其名著《走向新建筑》中指出："由光加显示出来的立方体、圆锥体、圆球体或金字塔形乃是伟大的基本形，它们不仅是美丽的形，而且是最美的形象。"他赞美简单的几何形体，他说："原始的形体是美的形体，因为它使我们能清晰地辨识。"他认为"按公式工作的工程师使用几何形体，用几何学来满足我们的眼睛，用数学来满足我们的理智，他们的工作简直就是良好的艺术"。他满怀激情地写道："我们生活的时代根本是一个几何的时代，这个时代所有的思想都朝着几何学的方向发展。"❶

今天这种抽象的几何美学理想依然富有强大的生命力，新现代主义建筑风格的主要特征就是强调抽象的几何构成。纯粹的几何形体作为建筑形态的天然属性，是贝聿铭建筑风格的最主要特征。贝聿铭1917年出生于中国广东，曾师从格罗皮乌斯、布劳耶等现代主义建筑大师，1983年，荣获普利兹克奖。他在处理功能与形式的关系时，注意纯化建筑体形，尽可能去掉中间性、过渡性以及几何特征不明确的部分，以突出表现最具几何特征的体量。他曾经指出："几何学永远是我的建筑的内在

图3-1

的支撑。"贝聿铭设计的华盛顿国家美术馆东馆（图3-2和图3-3），为原有国家美术馆的扩建部分，东馆通过以下两种处理手段使新老建筑之间保持了协调关系：首先，东馆以两个三角形作为构图基础，其中，等腰三角形顶点与底边中点的连线位于老馆中轴线的延长线上，利用抽象的几何构

图3-1　牛顿纪念堂夜景，1784年，建筑师：部雷

图3-2　华盛顿国家美术馆东馆，美国华盛顿，1978年，建筑师：贝聿铭

图3-2

---

❶ 勒·柯布西耶著，走向新建筑，吴景祥译，北京：中国建筑工业出版社，1981：25

图3-3 华盛顿国家美术馆东馆内景,美国华盛顿,1978年,建筑师:贝聿铭

图3-4 卢浮宫博物馆玻璃金字塔,法国巴黎,1981年,建筑师:贝聿铭

图关系,使新、老馆之间形成内在的协调;其次,东馆的外饰面上采用了与老馆完全相同的大理石材料,从而在材料色彩与质感上取得了统一。1981年,应法国总统密特朗之邀,贝聿铭为卢浮宫博物馆特别设计的玻璃金字塔(图3-4)坐落在卢浮宫广场,正是玻璃金字塔下巨大的公共空间,为卢浮宫内部混乱的交通流线提供了一个枢纽。塔身高21.6m,底宽35.4m,四个侧面由600多块菱形玻璃拼接而成。在这座大型玻璃金字塔的南北东三面还有三座5m高的小玻璃金字塔作点缀,与七个三角形喷水池汇成平面与立体几何图形的奇特美景。该设计方案刚一公布,即在法国社会掀起了轩然大波,许多人担心这一抽象几何形态的现代主义设计会破坏卢浮宫的古典氛围,在1989年落成后也饱受非议,但是密特朗总统不仅力排众议采用贝聿铭的设计方案,还始终全力支持,称玻璃金字塔的落成是其"14年任期内最骄傲的成就。"今天,人们不但不再指责他,而且称其为"卢浮宫院内飞来了一颗巨大的宝石"。贝聿铭设计的香港中国银行大厦(图3-5)是一座采用经典现代主义抽象几何形态的

高层建筑，315m高，70层，大厦的体型看上去似乎很复杂，但是标准层平面却是一个简单的正方形，这个正方形被两条对角线划分成四个相等的等腰三角形，每个三角形上升到不同高度，最终形成大厦高度依次递增的玻璃三棱柱造型。1998年，81岁高龄的贝聿铭为德国柏林的国家历史博物馆设计了新的展览馆（图3-6～图3-8），新馆顺应场地的位置和形状，结构简洁，形象通透，显示了他强烈的现代主义情结。同他的成名作华盛顿国家美术馆东馆一样，新馆的基址受到很大的限制：处于一个风格混杂的古典主义建筑群围合之中，与新馆隔街相望的是19世纪德国最伟大建筑师辛克尔的成名作——阿尔特斯国家博物馆，而且用地呈不规则的梯形。该建筑形体由三角形、扇形和圆形等多种纯几何体组合而成，形成了新老建筑之间构图的统一，入口处螺旋状的钢结构玻璃高塔，以其独特的形态成为新馆的标志。新馆还运用了法国石灰岩、带玫瑰色花斑的花岗岩等不同的石质饰面，与周围老建筑形成了材料质感上的和谐；通过晶莹剔透的玻璃幕墙，参观者还可以欣赏到周围老建筑的形象。

巴西现代主义大师奥斯卡·尼迈耶（Oscar Niemeyer）几乎与巴西利亚同样出名。他为巴西这座新首都设计的国会大厦、总统府和最高法院，都是著称于世的具有强烈震撼力的标志性建筑。近年来，尼迈耶仍在继续他的建筑设计事业，他设计的位于巴西尼泰罗伊的现代艺术博物馆（1996年）（图3-9），坐落在海边一座山崖上，博物馆的基座是一个圆柱形混凝土墩，立于一片圆形水池中，与碟状的建筑主体相比显得非常纤细，整个博物馆如同盘旋在山顶的白色飞碟。当然，博物馆最精彩的部分是室外的螺旋形坡道，它从地面升起，通过空中通道与博物馆二层主体相接，人们顺着室外坡道不断盘攀升，周围优美的自然风光尽收眼底。进入博物馆室内，螺旋形混凝土缓梯引导着参观者走遍环形画廊，而环绕建筑四周的连续观景带窗，则让参观者对自然美景的惊叹得以延续。

与贝聿铭、尼迈耶设计作品的纯粹几何形构成相比，在法国建筑师克里斯丁·德·鲍赞巴克（Christian de

图3-5

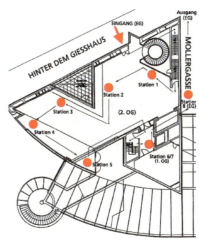
图3-6

图3-7

图3-8

图3-5 中国银行大厦，中国香港，1989年，建筑师：贝聿铭

图3-6 国家历史博物馆平面图，德国柏林，1998年，建筑师：贝聿铭

图3-7 国家历史博物馆，德国柏林，1998年，建筑师：贝聿铭

图3-8 国家历史博物馆，德国柏林，1998年，建筑师：贝聿铭

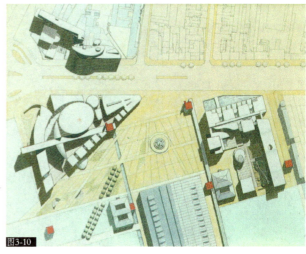

图3-9 现代艺术博物馆，巴西尼泰罗伊，1996年，建筑师：尼迈耶

图3-10 巴黎音乐城，法国巴黎，1995年，建筑师：克里斯丁·德·鲍赞巴克

图3-11 巴黎音乐城，法国巴黎，1995年，建筑师：克里斯丁·德·鲍赞巴克

Portzamparc）的建筑语汇中，几何形要素更为丰富多变。1985年，鲍赞巴克通过设计竞赛赢得了巴黎音乐城（1995年落成）（图3-10～图3-13）项目，这也是他的成名之作。音乐城分为东、西两个部分，东侧包括巨大的音乐厅、博物馆和许多办公空间，鲍赞巴克将建筑作为周围城市街区的有机片段来处理，通过内部街道、长廊和大厅等公共空间把"开放式街坊"的理论付诸实践，创造了一种重新诠释城市街道、塑造都市空间的方式。西侧则是国立音乐学院，它拥有80个练习室、一个多功能中心、三个对外演奏厅以及学生宿舍等。其富有纪念性的曲线屋顶和水池颇有柯布西耶的印度昌迪加尔议会大厦的遗风。1999年，鲍赞巴克获得国际建筑界最高荣誉——普利兹克奖，成为第一位也是迄今为止唯一一位获此殊荣的法国人。另一位普利兹克奖得主日本建筑师桢文彦（Fuminhiko Maki）设计的东京螺旋大厦（Spiral）（图3-14），立面是由基本的几何形体构成，但是建筑师在严谨的建筑形态中插入随机的兴奋点，给人以惊奇的视觉刺激，这种趣味中心的形成使建筑语言更加丰富、更具有戏剧性。日本建筑师黑川纪章（Kisho Kurokawa）设计的日本爱媛县立科学博物馆（图3-15～图3-17），建筑形态采用立方体、圆锥体、球体、三角形和月牙形的

图3-12 巴黎音乐城，法国巴黎，1995年，建筑师：克里斯丁·德·鲍赞巴克

图3-13 巴黎音乐城，法国巴黎，1985年，建筑师：克里斯丁·德·鲍赞巴克

图3-14 螺旋大厦，日本东京，1985年，建筑师：桢文彦

图3-15 爱媛县立科学博物馆，日本爱媛，1994年，建筑师：黑川纪章

图3-16 爱媛县立科学博物馆，日本爱媛，1994年，建筑师：黑川纪章

第三章 走向新现代主义——经典现代主义的回归与超越

图3-17 爱媛县立科学博物馆，日本爱媛，1994年，建筑师：黑川纪章

几何造型，好似随意地散落在四国岛的山脚下。整组建筑的核心部分是一个富有震撼力的圆锥形入口大厅，游客沿螺旋扶梯而上，可以体验到戏剧性的空间感受。入口大厅连接着球体建筑——一座建于人工水池上的天文馆。两座月牙形建筑中，一座是与入口大厅和天文馆相连的餐厅，另一座是靠近展厅的讲堂，三角形建筑则为多层停车场。采用变体的形式不仅产生了丰富的形态组合效果，同时也将深刻的哲学内涵引入建筑之中。

二、点、线、面、体的抽象构成：迈耶式风格

图3-18 道格拉斯住宅，美国密歇根州哈伯斯普林斯，1973年，建筑师：理查德·迈耶

"纽约五人"继承了经典现代主义反对附加装饰的纯净美学，发展其几何构成和抽象构图手法，通过对点、线、面和体的分解、穿插、叠加、扭转甚至异构，创立了一套全新的逻辑体系和句法系统。美国建筑师理查德·迈耶（Richard Meier, 1934年— ），是"纽约五人"和"白色派"的重要代表人物。他就读于纽约州伊萨卡城的康奈尔大学，早年曾在纽约的SOM事务所和布劳耶事务所任职。20世纪80年代以后，五位建筑师分道扬镳、各奔东西，其中最显赫的成员——埃森曼和格雷夫斯各自走上了不同的方向，埃森曼转向解构主义，格雷夫斯热衷于后现代主义，海杜克则醉心于理论研究，唯有迈耶与格瓦思米保持了最初的冲动，继续走经典现代主义的道路，格瓦思米曾主持了纽约古根海姆博物馆扩建工程；而迈耶更是执著的追求勒·柯布西耶所定义的建筑形体，那就是"在阳光的照射下，让建筑的各部分巧妙、正确而且高贵的组合在一起。"在其后的建筑生涯中始终坚持和发展经典现代主义的白色派风格。1984年，迈耶获得了建筑界的最高荣誉——普利兹克奖，在颁奖典礼的演说中，他解释了狂热于白色的原由。他认为，白色不仅仅是白色，而是最能反映建筑美和光影效果的色彩，并且随着日光、月光、天空和云彩的变幻而展现出不同的风采。❷

然而，解读理查德·迈耶作品的关键是他对勒·柯布西耶的早期纯粹主义作品的浓厚兴趣，迈耶认为："在我的建筑设计中，我所要扩展和要认真推敲的是我认为属于现代运动的形式的基础的东西。""我的作品不拘泥于新古典的传统之中，我抵制具象派，信奉抽象。"❸萨伏伊别墅不仅成为迈耶一系列作品的起点，而且其手法被演绎得更加丰富和生动。他发展了现代主义的自由立面的追求，通过围护墙体与承重结构的剥离，形成了层次丰富的立面和生动的光影变化。同柯布西耶一样，迈耶也是通过经典的住宅作品来阐释自己的创作理念，如早期的康涅狄格州史密斯住宅（1965年）、密歇根州哈伯斯普林斯的道格拉斯住宅（1973年）（图3-18）和20世纪90年代的Rachofsky住宅（图3-19）。然而，真正使他在建筑界崭露头角的是其设计的一系列公共建筑，代表作有美国印地安那州新哈莫尼图书馆（1979年）（图3-20和图3-21）、亚特兰大高级艺术博物馆（1983年）（图3-22）、西班牙巴

---

❷ 凯薪特·兰坦伯里等著，邓庆坦等译，国际著名建筑大师·建筑思想·代表作品，济南：山东科学技术出版社，2006：144
❸ 大师系列丛书编辑部，理查德·迈耶的作品与思想，北京：中国电力出版社，2005：3

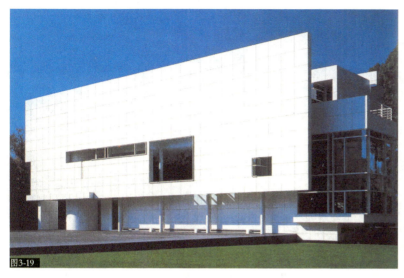

图3-19 Rachofsky住宅，美国德克萨斯州达拉斯，1991—1996年，建筑师：理查德·迈耶

图3-20 新哈莫尼图书馆，美国印地安那州，1979年，建筑师：理查德·迈耶

图3-21 新哈莫尼图书馆平面，美国印地安那州，1979年，建筑师：理查德·迈耶

图3-22 亚特兰大高级艺术博物馆，美国亚特兰大，1983年，建筑师：理查德·迈耶

第三章 走向新现代主义——经典现代主义的回归与超越

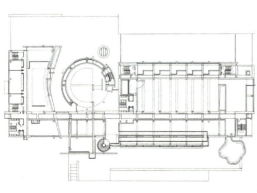

图3-23 现代艺术博物馆三层平面图，西班牙巴塞罗那，1987—1995年，建筑师：理查德·迈耶

图3-24 现代艺术博物馆外观，西班牙巴塞罗那，1987—1995年，建筑师：理查德·迈耶

图3-25 现代艺术博物馆坡道，西班牙巴塞罗那，1987—1995年，建筑师：理查德·迈耶

图3-26 盖蒂中心鸟瞰，美国洛杉矶，1997年，建筑师：理查德·迈耶

塞罗那现代艺术博物馆（1987—1995年）（图3-23～图3-25）等，他的作品很大程度上将勒·柯布西耶、特拉尼（Giuseppe Terragni，1904—1943年）、里特维尔德（Gerrit Rietveld，1888—1964年）等现代建筑运动先驱的设计风格推向极致，运用抽象线条、墙面和体块的立体构成，同时运用坡道作为空间序列的重要组成部分，并不时插入曲线的几何体。总之，迈耶通过复杂多变的立体构成和空间构成，形成了精致典雅的现代主义风格—迈耶式风格。

美国加利福尼亚洛杉矶的盖蒂中心（Getty Center）（图3-26～图3-28），是迈耶的经典建筑设计手法的大荟萃。该建筑位于圣莫尼卡山脉南侧一个方圆45hm²的山顶，建筑群坐北朝南，面向太平洋俯瞰整个城市，环境景色优美。总投资10亿美元，建筑面积达88 000m²。盖蒂中心1997年落成后，与盖里设计的西班牙毕尔巴鄂的古根海姆博物馆和贝聿铭设计的日本美秀美术馆（Miho Museum）一起，被美国《时代》周刊评为该年度最佳的三项博物馆设计。该建筑群总体布局采用两套轴网交叉，一套与洛杉矶市街道网格保持统一，另一套则旋转22.5°，与相邻通往圣地亚哥的高速公路一致。博物馆交通组织颇有特色，参观者首先通过高速公路到达盖蒂中心停车场，然后再乘坐盖蒂中心提供的有轨电车到达比停车场高6m的入口广场，一方面可以避免私人汽车直接进入广场造成嘈杂与混乱，同时5min车程中游客可以观赏四周景色，也为即将开始的艺术之旅进行了心理铺垫。盖蒂中心建筑群采用了分散式布局，主体建筑博物馆位于高台之上，人们拾阶而上，产生了文化建筑的场所感。建筑形态均以方、圆为母题，并穿插了迈耶招牌式的钢琴曲线，充满了方与圆、直与曲、实与虚、玻璃与金属及石墙面的对比。迈耶的作品惯用白色，但是盖蒂中心却选用一种浅褐色石材作为主要墙面材料，它产自意大利罗马东部24.15km处的提沃利，通过一种特殊的切割技术，使石材表面保持了粗糙的质地。石材象征永恒，粗糙的质感使得博物馆犹如一个城堡般的艺术中心。盖蒂中心作为迈耶主持设计的最大规模建筑群体，也是一件集中了他多年来建筑手法之大成的作品，但是设计中存在着明显的缺憾：一是缺乏一个统帅全局的构图中心，使得建筑轮廓线显得平淡；二是

单体建筑的个性不强，尽管迈耶本人曾提出要使各幢建筑既保持和谐又要突出各自的个性，但实际上是和谐有余、个性不足。

三、场所精神的塑造：光与影的表现

挪威建筑理论家诺伯格·舒尔兹指出："尊重场所精神并不表示抄袭旧的模式，而是意味着肯定场所的认同并以新的方式加以诠释。"❹ 场所理论的核心在于对建筑所在场所的解读，包括对自然场所和人工场所的解读，通过解读自然和人工场所的现象而发现其空间与形态的结构以及由其结构所代表的场所精神，然后经过"还原"，将场所结构和精神转换成建筑实体，创造出不仅满足实用功能需要，同时可以赋予人们认同感、归属感的场所空间。

早在 20 世纪 80 年代，日本建筑师安藤忠雄就以其极少主义风格对抗日益弥漫的消费主义美学，在这个五彩斑斓、喧闹浮躁的时代，安藤的建筑像一首首低声吟唱的寂静的俳句，表达了日本传统建筑的淡泊而内敛的气质。他以现代主义的抽象手法来表达建筑的场所精神和文化内涵，其作品特征可以概括为，一、严谨的几何性，他毫不妥协地取消了那些他认为不必要的东西，而将最为纯粹的几何形态展现在人们面前。二、抽象的自然，他以抽象的几何形态排除了与传统形态的具象关联，同时通过一束诗意的阳光、一个容纳风、霜、雨、雪的庭院、一片镜框中的天空，在喧嚣迷惘的都市空间开拓出一片自我的宇宙。三、对光的情有独钟，他对建筑的光影效果极为敏感，他认为，正是在不断地变幻中，光重新塑造了世界。他始终致力于作品中表现最基本的自然要素——光与建筑空间的完美交融，而其最突出的手法就是：通过单纯的清水混凝土和纯粹的几何化的空间，创造大面积的明暗对比和富有动感的光影变化，营造出戏剧性的空间效果来表达场所的意义。四、混凝土材料的出色运

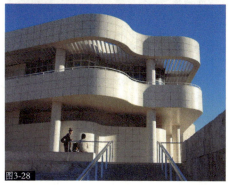

图3-27　盖蒂中心，美国洛杉矶，1997年，建筑师：理查德·迈耶

图3-28　盖蒂中心局部，美国洛杉矶，1997年，建筑师：理查德·迈耶

用，安藤忠雄被誉为混凝土诗人，高超的现浇混凝土技艺使其建筑作品产生了如丝绸般光滑的外观，如今，排列着支模螺栓孔洞的清水混凝土墙面俨然成为了安藤作品的标志。1976 年设计建造、位于大阪的住吉的长屋（Azuma House）（图 3-29～图 3-31），是真正使安藤忠雄闻名于建筑界的作品。这个两层住宅没有追求与周围建筑形式上的统一，而是运用一个狭长的混凝土箱体代替了传统长屋。整个建筑对外高度封闭，通过正立面狭窄的小门可以进入静谧的内部空间，住宅平面是一个简单的矩形并被分成三份，中间是一个开放的天井，一座天桥将两边空间连接，住宅所有窗户全部开向这个天井，在这里人们可以感受日升日落、风雨晴暖与四季变换。

❹ 刘丛红，整合中的西方与中国当代建筑的重构，天津大学博士论文，1997: 36

图3-29 住吉的长屋外观，日本大阪，1976年，建筑师：安藤忠雄

图3-30 住吉的长屋，日本大阪，1976年，建筑师：安藤忠雄

图3-31 住吉的长屋，日本大阪，1976年，建筑师：安藤忠雄

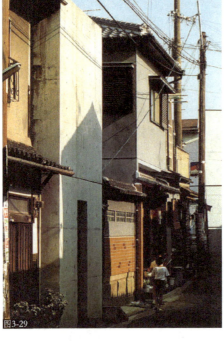

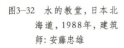

图3-32 水的教堂，日本北海道，1988年，建筑师：安藤忠雄

图3-33 光之教堂，日本大阪，1989年，建筑师：安藤忠雄

在安藤忠雄的系列宗教建筑设计中，纯粹的几何形体、细腻的清水混凝土墙面与水、光交相辉映，安藤萃取了抽象的自然，通过对空间品质的纯化与提炼，产生了宗教的纯洁感，唤起了人们心灵的共鸣。北海道水的教堂（图3-32）是一座小型的婚礼教堂，位于北海道夕张山脉东北平原，每逢春夏，山林耸翠，郁郁葱葱，入冬则银装素裹。水，在这里成为安藤空间表演的主题，建筑师引入附近小溪，建造了一个90m×45m的人工湖。面对人工湖，建筑主体由两个边长分别为10m和15m的正方体搭接构成，环绕它的是一条L型的清水混凝土壁体。沿着壁体，顺着缓缓的坡道前行，便导向上部被玻璃围裹的小正方体，人们从圆楼梯拾级而下就到达主教堂。湖面从教堂向外延伸90m，像一个抽象的镜面，矗立在水面的十字架倒映在水中，使人们在内心获得一份心旷神怡的纯洁感和神圣感。光之教堂（图3-33）位于大阪城郊茨木市的一片住宅区中，建筑仍为简单的长方形箱体，一片呈15°角插入长方体的素混凝土墙体，以最简单的方式解决了场地布局的难题，不仅分割出了

教堂主入口空间，同时又隔离了喧嚣的外部世界。讲坛后面的墙体留出了垂直和水平方向的开口，阳光从这里渗透进来，形成了著名的"光的十字"。在日本的寺庙建筑中，屋顶一向是最具象征意义的造型要素，而在日本兵库县的真言宗本福寺水御堂（1989—1991年）（图3-34和图3-35），安藤却独具匠心地将屋顶"消隐"，经过曲折的引导空间，人们来到一个长40m，宽30m，覆满绿荷的椭圆形水池边，从开满睡莲的池塘拾阶而下，顿觉柳暗花明，一个直径14m的圆形大厅就在这片静谧的水池下面豁然展开，大厅用4m高、0.21m见方的立柱以"间"为单位进行网格分割，以朱红色为基调，每当夕阳余晖映入水御堂，列柱投下长长的影子，给人一种静寂神秘和超凡脱俗的宗教体验。

芬兰赫尔辛基当代艺术博物馆（图3-36和图3-37），通过对自然和人工场所的解读与还原，充分体现了建筑的场所精神，与封闭自我的正统现代主义建筑（图3-38）形成鲜明对比。

四、建筑形态的非物质化：漂浮性、流动性和暂息化

建筑形态的非物质化即建筑的非实体化，这个概念源自建筑的轻量化。工业革命之后，随着钢铁、玻璃等现代建筑材料的广泛应用，建筑逐渐从"石头的史书"中走了出来，传统砖石建筑厚实沉重的体量感与实在感被大大削弱。进入20世纪，

图3-34 水御堂，日本兵库县真言宗本福寺，1989—1991年，建筑师：安藤忠雄

图3-35 水御堂，日本兵库县真言宗本福寺，1989—1991年，建筑师：安藤忠雄

图3-36 赫尔辛基当代艺术博物馆，芬兰，1998年，建筑师：斯蒂文·霍尔

图3-37 赫尔辛基当代艺术博物馆内景，芬兰，1998年，建筑师：斯蒂文·霍尔

图3-38 国家美术馆新馆，德国柏林，1962—1968年，建筑师：密斯·凡·德·罗

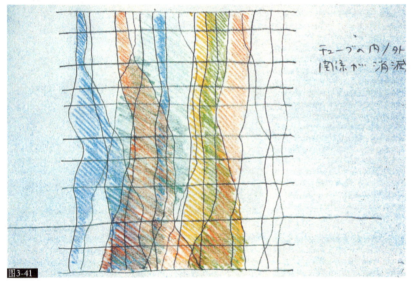
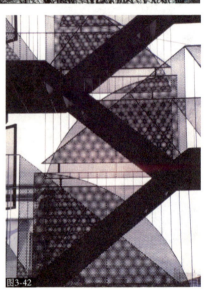

图3-39 银屋，日本长野，1984年，建筑师：伊东丰雄

图3-40 仙台媒体中心，日本仙台，2002年，建筑师：伊东丰雄

图3-41 仙台媒体中心构思草图，日本仙台，2002年，建筑师：伊东丰雄

图3-42 由百叶、穿孔板、金属网构成的界面，建筑师：长谷川逸子

随着建筑科技的不断进步，各种轻型建筑结构、轻质建筑材料不断涌现，建筑从结构体系到围护体系都不断地轻量化，各种玻璃和金属材料幕墙的大量应用，更是形成了建筑大面积透明或半透明的空间界面，带来了建筑实体形象的弱化乃至消失，从而使建筑获得了一种飘逸的消失感，这种建筑形态的轻量化趋势被德国建筑理论家尤利乌斯·波泽纳（Julius Posener）称为建筑形态的"非物质化"倾向。伊东丰雄、长谷川逸子（Itsuko Hasegawa）、妹岛和世（Kazuyo Sejima）等许多日本建筑师的作品，都具有明净、空旷、匀质的特点，他们钟情于玻璃、穿孔铝板等轻薄通透的材料，来追求一种抽离重量的轻逸感。

伊东丰雄，1941年出生于韩国首尔。他没有出国接受西方建筑教育，而是进入东京大学建筑系学习，毕业后进入菊竹清训事务所工作，几年后成立了自己的事务所，开始了在东京的执业生涯（图3-39和图3-41）。伊东丰雄的设计风格追求透明感、金属感和漂浮感，是日本"银色派"建筑风格的代表人物，他的自宅—位于长野的"银屋"（Sliver Hut，1984年），是他最早引起轰动的作品，他运用穿孔金属板、轻钢构件和透明玻璃等现代建筑材料来再现日本传统建筑玲珑飘逸的意象，在这里穿孔铝板仿佛日本的和式纸屏风与隔断，光

图3-43

图3-44

洁流畅的金属表面又好像一架飞艇轻轻飘落在草丛中。长谷川逸子、妹岛和世是日本女性建筑师的代表人物，她们钟情于运用穿孔金属板、金属网、磨砂玻璃、有色玻璃等材料构成的半透明界面（图3-42），使建筑形态产生一种失重的轻飘感。长谷川逸子设计的东京 S.T.M 时装公司大厦，采用了由透明玻璃、穿孔金属板和移动式磨砂玻璃隔板组成的多重玻璃幕墙，产生关于女性服饰纱丽的暧昧隐喻。而三条玻璃墙面斜向延伸到空中，形成鲜艳醒目的招牌式外观（图3-43）。日本藤泽市湘南台文化中心（1988年）（图3-44～图3-46）堪称长谷川逸子的巅峰之作，该建筑由剧场、儿童科学馆、公民馆和幼儿园等组成，"自然"是设计构思的主题，建筑师运用金属树、钢板云、石板河和人造山等模拟自然的象征手法来再现"自然"，用建筑手法实现人工与自然的调和。

如果说长谷川逸子、妹岛和世的作品体现了建筑形态朦胧轻柔的魅力，那么伊东丰雄则把这种倾向发展为一种反映电子信息时代精神、强调漂浮性、流动性和暂息化的"银色派"风格。全球化消费资本主义的盛行和电子信息技术的发展，导致了亲近感、地域性和中心感的丧失，所有事物都处在飘浮、流动的状态之中，这就意味着对场

图3-43 由磨砂玻璃、有色玻璃构成的界面，S.T.M办公楼，日本东京，1991年，建筑师：长谷川逸子

图3-44 湘南台文化中心，日本藤泽市，1988年，建筑师：长谷川逸子

图3-45 湘南台文化中心，日本藤泽市，1988年，建筑师：长谷川逸子

图3-46 湘南台文化中心，日本藤泽市，1988年，建筑师：长谷川逸子

图3-45

图3-46

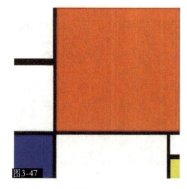

图3-47 风格派绘画,《红与黑》,蒙德里安,1925年

所、地域锚固的放弃,正是从商业社会和信息时代的精神特征出发,伊东丰雄对建筑形态和建筑空间进行了新的思考。在传统建筑美学中,建筑通常被视为坚固而持久的东西,并由此获得一种永恒的表达。而伊东丰雄表现的主题是瞬时性、运动感和漂浮性。他认为在消费主义的都市中,每一座建筑物都是一个"瞬间的现象",他的都市建筑作品,无论是建筑形态、建筑空间还是建筑材料,都强烈反映了现代都市和电子信息社会的瞬息万变。日本新生代建筑师西泽立卫曾谈及,伊东丰雄用"捏碎的易拉罐"来形象地比喻建筑形式的瞬时性和建筑空间的不确定性。2002年落成,轰动一时的仙台媒体中心可以说是伊东丰雄建筑思想的最好诠释。该建筑地上七层、地下两层,是一个集合了艺术展廊、图书馆、视听功能的建筑综合体。密斯的通用空间和勒·柯布西耶的多米诺体系,在这里得到了非常充分的体现。东西两侧楼板出挑50cm,使建筑更富于延伸感,拓展了有限的边界。透过巨大的透明玻璃表面,建筑内部的功能、结构、摆设一览无余,建筑似乎没有边界,然而玻璃表面均匀排列的图案却又在暗示室内外差别的存在。13组上下贯通的管柱构成了建筑结构体系,同时又容纳了各种设备管线。从街道驻足观看,13组管柱像风中摇曳的行道树和水中漂浮的海草。伊东丰雄建筑的瞬时性表达还体现在对材料的运用上,他擅长采用穿孔铝板、金属网作为建筑表皮和隔断,以产生类似日本传统的纸窗、隔扇和木格子一样的空间效果,从而使建筑外观呈现出一种短暂、脆弱和易变的特征。

五、极少主义倾向

极少主义(Minimalism)原本是用指20世纪60年代到70年代盛行于美国的一种绘画、雕塑艺术流派,最显著特征是直接运用原始、简单、抽象的造型语言,色彩单纯、画面空间被压缩到最低限度的平面构成,因此又被称为最低限艺术或ABC艺术。正如美国著名艺术评论家斯特拉所指出:"极少主义艺术就是你所看到的还是你所看到的,没有其他任何的东西"。极少主义艺术与西方现代艺术有着深厚的渊源,其艺术理念可以追溯到20世纪上半叶俄罗斯的至上主义和荷兰的风格派(De stijl)(图3-47),这些流派主张采用纯客观的态度,排除创造者的个性感情表现,致力于探索一种人类共通的纯精神性表达即纯粹的抽象,简化物象直至最基本的元素,平面、直线、矩形成为艺术中的支柱,色彩亦减至红黄蓝三原色以及黑白灰。与"风格派"这一名称相比,蒙德里安更喜欢用"新造型主义"(Neo-plasticism)一词来表达,他把新造型主义解释为一种手段,"通过这种手段,自然的丰富多彩就可以压缩为有一定关系的造型表现。艺术成为一种如同数学一样精确的表达宇宙基本特征的直觉手段。"[5]

极少主义艺术是20世纪上半叶兴起的艺术抽象化倾向在当代艺术领域的新发展,而建筑设计中的极少主义倾向,则可以追溯到20世纪20年代的欧洲现代建筑运动。如果说倡导功能与效率的正统现代主义,从适应工业化大生产的需要出发倡导净化装饰;那么主张为大多数人服务的左翼社会主义思想,使得这种对传统装饰的反动获得了道义上的力量。正是在这种时代背景下,奥地利建筑师路斯(Adolf Loos,1870—1933年)提出了已被断断续续引用了近一个世纪的名言—"装饰就是罪恶"。在这里"罪恶"有两层含义:多余的装饰与工业化大生产相抵触,是一种经济上的浪费;烦琐的装饰与工业社会的时代精神格格不入,是一种精神上的堕落。现代建筑大师密斯·凡·德·罗的"少就是多"(Less is More)就是极少主义的艺术箴言。与"装饰就是罪恶"的清教徒式极少主义相比,当代极少主义无疑有着更为丰富的内涵和更为高深的境界,它是在建筑形体、

---

[5] 赫伯特·里德著,刘萍君等译,现代绘画简史,上海人民美术出版社:113

质感和色彩等形式语言的约减中表达空间、光线和形式的内涵，而不是机械地减少和简单地否定。

作为一种建筑风格，极少主义出现在 20 世纪 80 年代。这是一个后现代主义思潮占据主导地位的迷茫而喧嚣的时代，作为对正统现代主义美学观念的反叛，后现代主义提出了"少就是厌烦"的复杂性美学。无论是在造型元素还是建筑色彩上，后现代主义都是以量取胜，同时还杂糅了复杂的符号与隐喻，代表作如矶崎新的筑波中心和斯特林的斯徒加特美术馆。正是在后现代主义甚嚣尘上的 80 年代，极少主义作为对后现代主义复杂性美学的反叛和异军突起的一种设计时尚，首先从室内设计领域兴起，并在工业设计、时装设计界占据了一席之地。首先引起评论界关注的极少主义建筑，是当时的一些著名服装品牌的专卖店，两位杰出的室内设计师——英国的约翰·波森（John Pawson）与意大利的克劳迪奥·塞博斯丁（Claudio Silvestrin）也随之进入评论家的视线。

约翰·波森，1949 年生于英国的哈利法克斯，曾经追随日本著名设计师仓史朗（Shiro Kuramata）在日本度过了四年的时光。在返回伦敦进入建筑协会学院（Architectural Association School）学习之前，他曾经一度皈依佛教并准备出家修行。从业初期，他的设计项目主要是住宅，如 Doris Saatchi 住宅（1987 年）、Victoria Miro 住宅（1988 年）以及 Neuendorf 住宅（1989 年）等。进入 20 世纪 90 年代，波森的设计受到了卡尔·拉格菲尔德（Karl Lagerfeld）、卡尔文·克莱因（Calvin Klein）、基戈索（Jigsaw）等国际知名时装公司的青睐（图 3-48），他设计的时尚品牌专卖店室内与外观极为简洁中性，从而衬托出商品自身品位的高尚。为避免视觉干扰，顶棚上的灯具、空调装置都被仔细地隐匿；光洁的大理石铺地、白色墙面、有节制的精品陈列，带给顾客一种平静和谐的氛围，更打造出一个与世隔绝的世外桃源，让新贵阶级在选购时尚精品的同时，体验其中的光线、秩序与完美的比例。他设计的伦敦自宅（1999 年）（图 3-49）是

图3-48 基戈索专卖店，英国伦敦，1996年，建筑师：约翰·波森

图3-49 波森自宅，英国伦敦，1999年，建筑师：波森

图3-48

图3-49

图3-50　阿玛尼专卖店，意大利米兰，2001年，建筑师：克劳迪奥·塞博斯丁

图3-51　新现代美术馆，意大利都灵，2002年，建筑师：克劳迪奥·塞博斯丁

图3-52　河流与赛艇博物馆，英国亨里－泰晤士，1997年，建筑师：齐普菲尔德

一座经典的极少主义风格住宅，除了米色漆、无框玻璃之外，没有任何其他色彩与线条，这种简约主义格调与当时流行的复古风潮形成了强烈的对比。另一位被评论家打上极少主义标签的设计师是意大利的克劳迪奥·塞博斯丁，这位1954年出生的设计师其职业生涯与约翰·波森紧密相连。他也是一位受到世界知名时装品牌青睐的当红设计师，世界各地许多知名品牌旗舰店设计就出自他的手笔。1999年至今，他为时装品牌乔治·阿玛尼（Giorgio Armani）设计了在米兰、巴黎、杜塞尔多夫、莫斯科、芝加哥和波士顿以及东京的旗舰店（图3-50）。迄今为止塞博斯丁最重要的作品是位于意大利都灵的新现代美术馆（2002年）（图3-51）。这个美术馆是一个高9m、长130m的通高线性空间，总建筑面积3 500m²，建筑外观是一个石材镶贴的长方体，整个内部空间几乎完全封闭，外墙开窗采用高窗和竖向狭窄的开口形式，避免了室外景象的干扰，同时也创造出有序的室内空间光影变化。美术馆的室内设计极为简练，空间形态单一明确，室内色彩以白色为主，与松木门窗形成对比。空间各个界面的匀质化设计，不仅突出了展品的陈设，也集中了观众的注意力。塞博斯丁在内部空间创造一个中立的存在，外观则形成一个静谧的石灰石背景，建筑形态的朴素安详与弗兰克·盖里、丹尼尔·里伯斯金德等先锋建筑师的解构主义形态展览建筑形成了强烈对比。

戴维·齐普菲尔德（David Chipperfield）也是一位从室内设计起家的建筑师。1953年生于伦敦，也曾就学于建筑协会学院。他曾经在著名建筑师道格拉斯·斯蒂芬（Douglas Stephen）、理查德·罗杰斯以及诺曼·福斯特的麾下工作。1984年，他在伦敦建立了自己的事务所。出道伊始，他在英国本土的设计业务一直毫无起色，于是在1987年，他来到日本东京建立了事务所。在那里，他设计了一系列时装品牌的精品商店，如东京的三宅一生（Issey Miyake）时装店以及京都的一间设计展示厅。他擅长运用天然材料，线条简洁朴素平实，并且总是带有禅宗的沉寂与空冥。齐普菲尔德设计生涯的转折点是1997年，他赢得了亨里－泰晤士（Henley-on-Thames）的河流与赛艇博物馆（River and Rowing Museum）（图3-52和图3-53）设计竞赛，他用现代形式对当地传统的木制船库进行了成功的演绎，并引用了赛艇比赛时搭建的露营帐篷的形象。此后，他在欧洲不断获得重要的公共建筑设计委托，如意大利的萨莱诺法院（图3-54）、德国Marbach市的现代文学博物馆（图3-55）等，从而确立了极少主义建筑大师的国际地位。

与以上三位室内设计师出身的建筑师不同，很多建筑师并不愿意被贴上极少主义的标签，但是作品中却呈现出鲜明的极少主义特征。他们包括，瑞士的赫尔佐格与德·默隆、彼得·卒姆托、法国的多米尼克·佩劳、葡萄牙的爱德华多·索托·德·莫拉（Eduardo Souto de Moura）、墨西哥的里卡多·列戈瑞达（Ricardo Legorreta）、日本的安藤忠雄、妹岛和世等。与20世纪上半叶正统现代主义的极少主义倾向相比，当代极少主义建筑无疑有着更为丰富的内涵和更高的境界，是在建筑形体、质感和色彩等形式语言的约减中表达空间、光线和形式的内涵，而不是机械地减少和否定。当代极少主义建筑潮流以其冷峻、内敛、隐匿的性格和纯净的建筑形态与空间，把人们从浮躁、纷乱的现实世界中暂时解脱出来，在喧嚣的商业文化中为人们提供了一片可以稍事休息的精神绿洲。通过对当代极少主义建筑作品的解析，可以归纳总结出如下的主要手法特征。

1. 形式要素与设计语言：最大限度的简化

首先，极少主义对建造方式、建筑形体、空间、质感和色彩等形式要素进行了最大限度的简化，去除一切不必要的形式元素，设计语言被压缩到最低限度。赫尔佐格和德·默隆的建筑含蓄而隽永，平淡中蕴含着高超的设计水准。20世纪90年代，同样作为先锋建筑师，赫尔佐格与德·默隆的作品与盖里、哈迪德的解构主义形成了鲜明对照，建筑形体的极度简约和材料运用的极度精确取代了极度张扬的表现性。慕尼黑的戈兹美术馆（Goetz gallery，1992年）（图3-56）外形是一个严谨的横向长方体，材料由混凝土、木材和磨砂玻璃组成。画廊底层是图书馆，底层外墙由磨砂玻璃围合，由此产生了一种独特、柔和而有节制的色调，赋予博物馆封闭的外观以

图3-53

图3-54

图3-55

图3-53 河流与赛艇博物馆，英国亨里-泰晤士，1997年，建筑师：齐普菲尔德

图3-54 萨莱诺法院模型，意大利，2004年，建筑师：齐普菲尔德

图3-55 现代文学博物馆，德国Marbach，2006年，建筑师：齐普菲尔德

轻盈明快的特征；二层展厅的外墙由桦木板和松木边框组成。美术馆木质体量的最上层，还有一个与底层相同的磨砂玻璃带，作为高窗为二层展厅提供了柔和的采光，同时也在外观上完善了建筑形态。伦敦泰

图3-56 戈兹美术馆，德国慕尼黑，1992年，建筑师：赫尔佐格与德·默龙

图3-57 泰特现代美术馆，英国伦敦，1994年，建筑师：赫尔佐格与德·默龙

图3-58 泰特现代美术馆，英国伦敦，1994年，建筑师：赫尔佐格与德·默龙

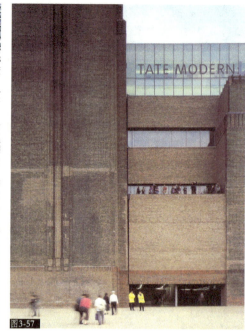

特现代美术馆（图3-57和图3-58），是一项对1947年兴建的发电厂的改建工程，这座位于圣保罗大教堂对岸的工业建筑由斯科特（G.Scott）设计，具有大教堂般的体量感，高达99m的巨大烟囱矗立在正立面中央，体现出一种宗教建筑般无法触及的伟岸。1994年，赫尔佐格与德·默龙的改造方案在国际建筑设计竞赛中胜出，建筑师保留了发电厂的砖墙外观，通过建筑西端一条宽阔的坡道，参观者可以进入发电厂两层高的涡轮机大厅，这个大厅适合表演及艺术展览，尤其是大型雕塑和装置艺术展览。建筑师在屋顶布置了一个巨大的水平向玻璃光柱，与处于立面构图中心的垂直向大烟囱形成了一种视觉上的平衡。白天玻璃光柱将光线引入美术馆，解决了采光问题；入夜则形成标志性的夜景。赫尔佐格与德·默龙的室内外设计风格理性、冷静而简约，使得建筑在艺术品面前保持了一种隐匿和谦逊的品格。

法国建筑师多米尼克·佩劳（Dominque Perrault）设计的法国国家图书馆（1997年），是法国当代极少主义建筑的代表作，显示出建筑师对纯粹形式和现代材料的出色驾驭能力。四个精美的玻璃塔楼作为书

图3-59

图3-60

图3-61

图3-62

库——像四本打开的书本,而玻璃后面的木制百叶则为书库遮挡了直射的阳光。阅览室位于图书馆建筑巨大的台阶状基座中,读者从这里可以看到窗外成排的树林。在该图书馆的建筑设计中,建筑师追求高度的理性却又不乏浪漫与抒情,整座建筑像一座装满书籍的城堡、一个与世隔绝的象牙塔、一个知识者的香格里拉(图3-59和图3-60)。英国建筑师托尼·弗莱顿(Tony Fretton)设计的 Lisson 美术馆(1990年)(图3-61),是一家位于伦敦嘈杂市区的私人美术馆,建筑师妥善处理了与周边环境的关系。弗莱顿多次绘制周围商业建筑的立面,并将它们删减提炼为一个构图纯粹、工艺精美的形象作为美术馆的正立面,大尺度而多样的窗子呼应着街道对面的建筑,立面没有采用任何对称性的手法,以避免压倒美术馆周边纤弱的邻居。日本建筑师坂茂设计的长野无墙住宅(Wall-less House)(图3-62),是一幢经典的极少主义风格住宅,建筑形式元素和结构体系被简化到了极致,房子的地面从建筑后部升起,以承担天花和屋顶的荷载,建筑前部只保留了三根纤细的圆柱,从而获得了连续无阻隔的空间视野。

图3-59 国家图书馆,法国巴黎,1997年,建筑师:多米尼克·佩劳

图3-60 国家图书馆局部,法国巴黎,1997年,建筑师:多米尼克·佩劳

图3-61 Lisson美术馆,英国伦敦,1990年,建筑师:托尼·弗莱顿

图3-62 无墙住宅,日本长野,1997年,建筑师:坂茂

图3-63 越南战争纪念碑鸟瞰，美国华盛顿，1982年，建筑师：林璎

图3-64 越南战争纪念碑，美国华盛顿，1982年，建筑师：林璎

2. 极少与纯粹：地域与场所精神的塑造

其次，极少主义以抽象、简约的方式取得与地域、场所的关联。地域与场所精神的塑造手法有很多种，"极少"也是一种地域与场所塑造的有效策略，而具体的创造方式就是"纯粹"。世界的表象是纷繁复杂的，作为对比，"纯粹"一直是具有极强艺术冲击力的设计手法：利用有限的信息传达耐人寻味的意味，可以于纷乱之中保持清晰的脉络，从而引起人们情感上的升华与共鸣。极少主义往往通过单一的设计元素表现建筑本体，同时引入光、风、水等高度抽象化的自然或模拟自然素材，从而在更高境界上取得情感与精神的升华。

1982年落成的越南战争阵亡将士纪念碑（图3-63和图3-64），由美籍华裔建筑师林璎设计，这是一座极少主义风格的纪念性建筑佳作，纪念碑一反传统纪念性建筑的高大体量和英雄主义主题，由两面黑色磨光花岗岩墙面组成一个"V"字形，墙体从地面缓缓斜下，再缓缓而上，像是地表上撕开的巨大裂缝，墙体的两个尖端一个指向林肯纪念堂，另一端指向华盛顿纪念碑。纪念碑镜面般平滑的墙面上镌刻着57 000余名越战阵亡将士的名字，名字按照他们战死的时间排列。林璎说："当你沿着斜坡而下，望着两面黑得发光的花岗岩墙体，就如同在阅读一本叙述越南战争历史的书。"而当瞻仰者的身影拂过刻满逝者名字的磨光花岗岩墙面时，就如同是与逝去的人们进行默默地对话。

日本著名建筑师桢文彦设计的风之丘殡仪馆（图3-65～图3-67），也是一座极少主义风格的纪念性建筑佳作。该建筑位于日本中津市市郊，掩映在一片丘陵坡地

图3-65

图3-66

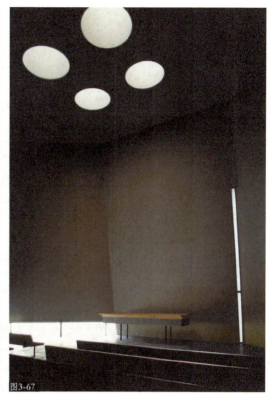

图3-67

中。建筑布局与环境景观紧密结合，使建筑形态成为掩映在环境景观之中的有机构成元素。建筑师重视建筑形态的动态景观效果，随着地势变化，建筑、树木和围墙逐渐呈现在人眼前，建筑形态与环境设计简约而内敛，尤其是水庭空间和小教堂的室内采光设计，静穆空冥中透露着自然的生机，建筑师从人对场所的感受出发，把对逝者的哀悼、怀念与眼前静谧、内省的气氛丝丝入扣地结合在一起，达到了高潮和得到升华。

3. 材料与细部：建筑形态的弱化

再次，建筑形态的弱化是当代建筑形态演变的重要趋向，也是极少主义建筑形态的重要表现形式。作为对解构主义追求视觉冲击力的"强势"形体倾向和后现代主义的激进的折中主义和手法主义的反抗，建筑形态的弱化倾向具体表现为，在高度化简建筑形体的同时，强化建筑材料和细部构造的表达，于是建筑师设计构思的焦点也从形体构成的创意，转向对大面积建筑表皮的构造和施工工艺的关注。

由彼得·卒姆托（Peter Zumthor）设计，1997年建成的奥地利布列根兹美术馆（Bregenz Museum of Art）（图3-68和图3-69），充分体现了当代建筑形态的弱化趋势。该建筑是一个坐落在布列根兹老城

图3-68

图3-65 风之丘殡仪馆，日本中津市，1997年，建筑师：桢文彦事务所与佐佐木环境设计室

图3-66 风之丘殡仪馆，日本中津市，1997年，建筑师：桢文彦事务所与佐佐木环境设计室

图3-67 风之丘殡仪馆，日本中津市，1997年，建筑师：桢文彦事务所与佐佐木环境设计室

图3-68 布列根兹美术馆，奥地利，1997年，建筑师：彼得·祖姆托

图3-69 布列根兹美术馆，奥地利，1997年，建筑师：彼得·祖姆托

与湖面之间的方盒子，面水而立，整座建筑除了入口一扇不起眼的金属门外，全部由等距排列的鳞片状半透明玻璃所覆盖，高度均质化的建筑表皮由尺寸相同的矩形玻璃板组成，玻璃板没有打孔，而是通过不锈钢夹钳安装在其后的钢结构支架上，玻璃板按一定角度倾斜、前后搭接，像片片鱼鳞一样微微张开。白天，美术馆的玻璃表皮仿佛半透明的朦胧水晶体；入夜，美术馆则成为一个通体透明的玻璃灯箱。美术馆由三面厚重的墙体承重，承载着建筑垂直方向上所有荷载，实墙在方形平面中采用风车式布局，形成了主要空间—展厅空间的整体性，隐蔽了次要空间—交通空间。布列根兹美术馆充分反映了卒姆托对平面的逻辑性和墙体表皮构造的探索。德国劳特林根西南金属公司办公楼（Office Building Südwestmetall, Reutlingen）（图3-70），由德国的 Allmann Sattler Wappner 设计，是德国巴登—符腾堡州的一家金属加工企业的办公室和训练中心，该建筑首层以3m高的金属格栅包围，其余均以不锈钢板包裹，构成了略带冷峻的均质化、中性化金属表皮，也给人以一丝不苟、简朴严谨的印象，同时也带有"金属公司"的隐喻意味。

六、结语

二战结束后，正统的现代主义建筑思想与建筑形式较好地满足了战后大规模重建的现实需求，占据了国际建筑潮流的主导地位，同时，也暴露了难以克服的历史局限性：对建筑功能、技术和经济理性的过分强调，对自然环境、历史文脉与人文精神的轻忽，导致了高度全球趋同化的"国际式"风格的盛行。正统的现代主义近乎清教徒式的理论与形式教条，显然无法满足社会生活多元化和各个阶层、不同人群的文化诉求。新现代主义作为当代建筑思潮流派的重要分支，并非20世纪上半叶现代建筑运动的简单延续与复兴，而是建立在反思与批判基础上对正统现代主义的修正、充实与超越。一方面，当代新现代主义继承发展了经典现代主义的抽象形式语言，如纯粹的几何体构成和点、线、面、体的抽象构成；同时从漂浮性、流动性和暂息化等建筑形态非物质化倾向出发，对反映信息时代精神的建筑形式进行了探索。另一方面，当代新现代主义试图克服正统现代主义过分强调建筑的物质与技术属性、忽视人的情感与精神需求的缺陷，把对地域场所精神的追求与高度抽象性的形式语言相结合，从而将建筑形式与空间的塑造推向了一个更高的精神境界。

图3-70 西南金属办公楼，德国劳特林根，2002年，建筑师：Allmann Sattler Wappner Architekten

第四章
新理性主义与类型学
—— 在理性高度上重建文化连续性

正统的现代主义建筑理论尤其是"国际式"风格,由于在大规模的建设中忽视了历史传统,破坏了城市的文脉肌理,造成了传统历史文化的断裂。20世纪60年代以来,以修正正统现代主义理论为宗旨的各种建筑思潮,其基本目标之一就是通过回归历史传统来重建文化的连续性。詹克斯式的后现代主义,虽然采用复古、折中和拼贴等方法,试图重建新、旧建筑之间、传统与现代之间的历史连续性,但是由于这些方法带有强烈的主观和非理性色彩,对历史文脉的继承仍停留在表面装饰层面,显然不可能真正建立历史文化的连续性。20世纪60年代,在欧洲大陆形成的新理性主义(Neo-rationalism)建筑思潮,既是对正统现代主义思想的反抗,也是对商业化的古典主义、后现代主义的形式拼贴游戏的一种批判。如果对新理性主义和后现代主义理论进行较为详尽的比较,可以更清晰地揭示两者之间的差异(表4-1)。

一、历史视野下的理性主义:从古典理性主义到新理性主义

在建筑思想史中,理性主义一般基于四种不同的理性原则:建筑形态与空间原型、建筑技术(包括材料、结构、构造以及施工工艺等)、实用功能以及经济合理性,基于上述四种理性原则分别形成了四种理性主义。

第一种理性主义以建筑形态与空间原型为原则,它基于理性抽象的原始空间与形态,而不是感性具象的建筑风格与装饰,可以称为古典理性主义;第二种以建筑技术为原则的理性主义,是基于建造方法、手段和过程的技术理性主义,其主要表现形式结构理性主义萌芽于哥特复兴运动。第三种以实用功能为原则的理性主义即功能理性主义,视建筑形式为使用功能的必然结果;第四种以经济合理性为准则的经济理性主义,将建筑的本质建立在单纯的经济效益之上。

古典理性主义诞生于古希腊时期,美被视为是客观、有规律和可知的,是纯粹的几何结构和数的关系。古希腊数学家毕达哥拉斯认为:"数的原则是一切事物的原则",从这一观点出发,他提出了"美是和谐与比例"的命题。另一位古希腊哲学家亚里士多德则在毕氏理论的基础上指出:"一个美的事业——不但它的各部分应有一定的安排,而且它的体积也应有一定的大小,因为美要依靠体积与安排。"以帕提农神庙为代表的古希腊建筑,无论是比例构图还是细部装饰,均体现出严谨的理性精神。古罗马建筑继承发展了古希腊建筑的成就,建筑思想也基本保持了古希腊建筑的理性特征。17世纪兴起的法国古典主义,把古典理性主义推进到极致,形成了唯理主义建筑思想:认为建筑形式美存在着先验的、永恒的、超越一切地域民族偏见的普遍规律,而这种绝对的理性规律就是纯粹的几何和数的关系。在现代建筑运动之前,古典理性主义一直占据了西方建筑美学的统治地位。

工业革命之后,社会对建筑提出了更为复杂的要求,新材料、新技术和新功能也对古典理性主义美学提出了严峻挑战。18世纪下半叶的启蒙运动中,形成了倡导科学理性精神的建筑思潮,在19世纪中叶兴起的哥特复兴运动中,出现了强调建筑形式表现结构逻辑的结构理性主义倾向,法国建筑理论家勒·杜克(Viollet-le Duc)

表4-1 新理性主义与后现代主义理论比较一览表

	策源地	主要建筑理论家	主要方法论	历史文脉继承层面	形式特征	对待传统文化态度
新理性主义	欧洲大陆	阿尔多·罗西、克里尔兄弟等	类型学	深层的结构与类型	简洁、无装饰、纪念性	重建历史文化的连续性
后现代主义	美国	罗伯特·文丘里、查尔斯·詹克斯等	激进的折中主义、波普艺术手法	表层的风格与形式	通俗化、商业化、反纪念性	从赤裸裸的复古到玩世不恭、戏谑性颠覆

指出，建筑的真实性寓于由功能和现代材料及其结构构造双重制约的形式之中，结构和材料要像在哥特建筑中那样有表现力，这些思想成为正统现代主义的技术理性精神和功能理性精神的先声，20世纪上半叶形成的现代建筑运动，把技术理性主义和功能理性主义发展到了一个空前的高度，前者要求建筑形式与结构体系、建造过程的一致性；后者要求建筑形式忠实地反映使用功能，并相信凡功能所决定的形式就一定是美的。

当代新理性主义基本上与古典理性主义一脉相承，虽然采用简单的建筑形态与空间原型，但却蕴含着丰富而深刻的历史内涵，理性和情感的交织、抽象和历史的融合构成了新理性主义的主要特征。新理性主义的历史渊源可以追溯到20世纪20年代的意大利理性主义运动。1926年，一批刚从米兰工业大学毕业的年轻意大利建筑师，组成了倡导新建筑的团体，成员七人故名"七人小组"，包括特拉尼（G.Terragni）、G.弗雷蒂（G. Frette）、G.菲吉尼（G. Figini）、S.拉尔科（S. Iarco）、G.波里尼（G. Pollini）等人。七人小组的活动构成了20、30年代短暂的意大利理性主义运动（the Movimento Italiano per L'Architecttura Razionale）。七人小组虽然提倡创新，但是与未来主义和包豪斯学派不同，这些现代的古典理性主义者既希望发展现代主义，又渴望保持历史的延续性。1926年，他们在理性主义运动的宣言中指出："新的建筑、真正的建筑应当是理性和逻辑的紧密结合……我们并不刻意创造一种新的风格……我们不想和传统决裂，传统本身也在演化，并且总是表现出新的东西。"❶ 七人小组中的特拉尼，是意大利理性主义最重要的先锋人物，他于1932—1936年设计建造的科莫的法西斯会馆（图4-1和图4-2），采用钢筋混凝土框架结构和标准的现代主义风格，该建筑平面为33m×33m的正方形，高度为正方形边长一半的16.5m，是一个简单的半立方体体量，通过比例和控制线，特拉尼为这幢建筑确定了基于几何关系的理性基础。

该建筑平面布局以内庭为核心，内庭为屋面玻璃窗采光的双层中央大厅，四周为办公室和会议室。建筑立面不仅表达了梁柱、楼板的结构逻辑，还表示出内部中庭的存在。立面窗洞经过精心地设计，增加了立面构图的深度。通过这些抽象的构成手法，建筑师创造出一个富有建构性、纪念性的作品。1932年，由皮亚琴梯尼（Marcello Piacentini）、帕加诺（G. Pagano）等人设计建造的罗马大学新大学城（图4-3），通过大面积的实墙面、方形石柱组成的门廊，传达出一种古典建筑的神韵。

新理性主义又被称为坦丹萨学派（La Tendenza），1966年A.罗西（Aldo Rossi）出版的《城市建筑学》（The Architecture of the city）和G.格拉西（Giorgio Grassi）发表的《建筑的结构逻辑》（La Construzion Logica dell'Architettura），两本著作共同奠定了新理性主义的理论基

图4-1 法西斯会馆，1932—1936年，意大利科莫，建筑师：特拉尼

图4-2 法西斯会馆，1932—1936年，意大利科莫，建筑师：特拉尼

---

❶ 肯尼思·弗兰姆普敦，张钦楠等译，现代建筑——一部批判的历史，北京：生活·读书·新知 三联书店，2004：225

图4-3 罗马大学新大学城，1932年，建筑师：皮亚琴梯尼、G.帕加诺等

图4-4 原始屋架，1753年，马克·安东·劳吉埃长老

础。除了罗西和格拉西，新理性主义的代表人物还有意大利的C.艾莫尼诺（Carlo Aymonino）、卢森堡的罗伯·克里尔、利昂·克里尔兄弟、德国的昂格尔斯（Oswald Mathias Ungers）等。有的建筑理论家如K.弗兰姆普敦从这些建筑师与20年代意大利理性主义运动的关联出发，称其为新理性主义；有的理论家如C.詹克斯，则因其对传统和历史的重视而将其归入新古典主义；而罗伯特·斯特恩（Robert.A.M Stern, 1939年— ）则着眼于他们追求抽象的古典主义构图与比例、净化附加装饰的特征，将其称为基本古典主义。但是，无论如何归类，新理性主义绝非一种外在的形式或风格，而是一种有着内在设计方法的当代建筑思潮，其中心理论体系是一套被称为类型学（Typology）的方法论，即采用类型学方法研究历史文化，并运用到建筑设计和城市设计之中。

二、建筑类型学溯源

分类以及具体的分类研究是人类认识事物的重要方式，对建筑形态进行分类研究则可以追溯到18世纪。

1. 类型学的起源与昆西的类型概念

在18世纪法国启蒙运动中，出现了回归建筑自然本源的原始主义倾向。1753年，耶稣会修士马克·安东·劳吉埃长老（Marc-Antoine Laugier，1713—1770年）提出了原始屋架（The Primitive Hut）理论，他在《论建筑》（Essai sur l'Architecture）一书中描述了建筑的自然起源—原始屋架（图4-4）。原始屋架作为一个原型，对此原型的模仿成为各种建筑，进而形成城市，在原始屋架基础上，劳吉埃架构了一个以自然秩序为基础的建筑类型学的基本框架。劳吉埃长老对古典主义风格的权威性提出了质疑，他认为，一切都是出于必要，只有必要的建筑构件才是美的，对照之下，古典建筑复杂的装饰成为没用而多余的东西。

18世纪末，法国建筑理论家科特米瑞·狄·昆西（Quatremère de Quincy，1755—1849年）在《建筑百科辞典》中以"模型"（Model）作为对比，通过区分"类型"与"模型"的概念，第一次定义了类型的概念。科特米瑞指出，"类型并不意味着事物形象的抄袭和完美的模仿，而是意味着某一种因素的观念，这种观念本身即是形成模型的法则。模型就其艺术的实践范围来说是事物原原本本的重复。反之，类型则是人们据此能划出多种绝不完全相似的作品的概念，就其模型来说，一切都精确明晰，而类型多少有些模糊不清。因此，类型所模拟的总是情感和精神所认可的事物……"[2] 科特米瑞认为类型不是可被模仿和复制的事物，而是形成模型的法则，他强调了类型与模型的区别，即模型所隐含的设计行为是复制、模仿，而类型则是指某一类对象所共同具有的观念框架，它所隐含的设计行为是在这个框架中的发挥、发展和获得变化。

2. 以几何构图为类型：几何类型学

类型学作为一种建筑设计方法，其源头可以追溯到18世纪下半叶古典复兴运动中形成的简化古典趋势。在法国大革命前后，勒·杜（Claude-Nicolas Ledoux，1736—1806年）、部雷（Etienne Louis Boullee，1728—1799年）等人的作品中出现了刻意寻找简单的原型，以创造一种崇高、伟

---

[2] 吴放，拉菲尔·莫内欧的类型学思想浅析，建筑师107: 54~55

大乃至神秘精神的倾向。法国建筑师、理论家迪朗（Jean-Nicolas-Louis Durand，1760—1834年）首先发展出一套建筑类型学，在1800年出版的《古代与现代诸相似建筑物的类型手册》一书中，迪朗以古典理性反对巴洛克与洛可可装饰，形成了一套古典理性主义的建筑构图原则。在书中，他运用轴线和网格作图，把各种建筑的基本几何形式和基本结构部件进行排列组合，以图表的方式建立了方案类型生成的图式体系（图4-5和图4-6）。迪朗一共总结了72种建筑平、立面的几何组合形式，他认为建筑形式可以从图表中的元素加以组合而成，建筑师的工作就是在于组合这些元素，从而产生更加复杂而统一的新形式。

3. 以工业化生产为基础：工业产品类型学

19世纪70年代第二次工业革命爆发后，对建筑进行大量性生产，更准确地说，是运用机器进行工业化生产的要求日益强烈，这就带来了从建筑技术、建筑设计方法到建筑审美观念的整体性建筑革命——现代建筑运动。在现代建筑运动中诞生的工业产品类型学，推动了建筑构件的预制化、装配化和建筑设计的标准化，也反映了工业化生产对建筑的客观要求：即建筑作为工业产品，建筑形式必须与结构体系及建造过程协调一致，反对任何的附加装饰。同时，作为工业产品，建筑的功能、效率成为建筑设计出发点，建筑形式必须具有

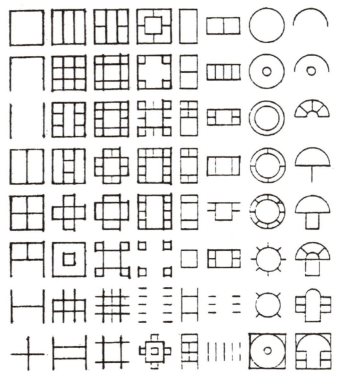

图4-5 迪朗的图构系统

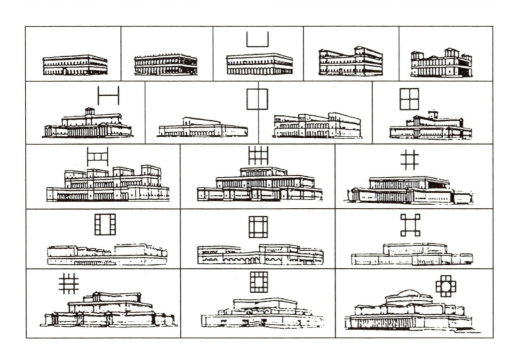

图4-6 迪朗的图构系统

经济性、纯净性，于是机器美学取代古典美学成为主导性美学倾向。柯布西耶的"多米诺"住宅体系可以说是工业化类型的典型范例，其名称意指一幢像骨牌那样标准化的房屋。

现代建筑运动所倡导的工业产品类型学，片面强调了建筑的物质功能、技术和经济属性，割断了建筑与历史文脉和地域场所的联系；而迪朗的几何类型学把古典建筑形式几何化，也同样剥落了建筑形式的历史文脉和地域场所关联，成为一种中性化、普世化的抽象构图。无论是现代主义的工业产品类型学还是古典主义的几何类型学，这两种类型学都没有解决建筑类型与地域场所和城市文脉的关系问题，而这些问题恰恰是当代新理性主义试图运用建筑类型学进行解决的关键性问题。

三、当代建筑类型学理论

类型的内涵不是人为规定的，而是在人类世世代代的发展中形成的，罗西指出，"类型乃是一种生活方式和一种形式的结合。"特定的建筑形态作为特定的人类生活的对应物而成为一种集体记忆的载体，它凝聚了人类最基本的生活方式，因此类型的概念不仅包括抽象的建筑形态，而且包含着由这些形态所代表的文化思想，正如罗西指出，"我想将类型概念定义为某种经久和复杂的事物，定义为先于形式且构成形式的逻辑原则。"他认为，"类型就是建筑的观念，它最接近于建筑的本质。"❸

当代建筑类型学既不是对历史上的建筑形式简单的归纳和总结，也不是满足工业化大生产需要的工业产品类型学，而是应用其他人文学科的理论和研究方法来揭示建筑的本质，以重建城市和建筑文化的历史连续性。结构主义、原型和集体无意识是解读当代建筑类型学的三个基本原理。

1. 结构主义

结构主义是20世纪具有重大影响的一种哲学思想。首先，结构主义强调整体中各个要素之间的网络关系，并把这种网络关系即结构作为研究对象。其次，结构主义强调事物的深层结构，认为重要的不是事物的现象，而是它的内在结构或深层结构。新理性主义的建筑理论和建筑实践都强调从传统城市和建筑中探索恒久不变的建筑类型，这是一种对城市与建筑的整体结构的阅读和解析，理论研究和设计方法均具有强烈的结构主义倾向。

2. 原型理论与集体无意识学说

类型学（Typology）作为对城市和建筑现象进行研究的重要方法，首先是对城市和建筑现象进行分类和归纳，然后从现象中抽取其共同的本质特征即原型。原型（Archetypes）这个词源于希腊文的"archetypos"一词，意为"原始的或最初的形式"。古希腊哲学家柏拉图，曾用这个词来表示事物的理念本源：现实的存在物是理念的影子，而理念则是现实存在物的"原型"。他认为现实存在的事物并非真实的存在，而是所谓"理念"的摹本和影子。具体事物是千变万化的，而"理念"作为具体事物的本质和"原型"，则是先验的、唯一的、永恒的。万事万物都有其被创始的原型，都有其理念本原。中世纪之后，"原型"这个词几乎销声匿迹。瑞士分析心理学家荣格（Carl Gustav Jung，1875—1961年），让这个概念重获生命，在他创立的"集体无意识"学说中，原型理论对当代文艺批评理论产生了深远的影响。

现代原型理论的产生还可以追溯到心理学家弗洛伊德对潜意识的研究，但是，他的潜意识概念主要强调被压抑的个体经验，属于个人无意识。作为现代原型理论的奠基人，荣格的原型理论建立在集体无意识理论基础上，所谓集体无意识就是一种代代相传的无数同类经验在种族全体成员心理上的沉淀物。在每个人的心理底层，都积存着自史前时代以来的集体共有内容——集体无意识，它是我们人格和生命之根，并在无形中把我们同远古的祖先联

---

❸ 阿尔多·罗西著,黄士钧译,城市建筑学,北京:中国建筑工业出版社:42

系在一起。这种"集体无意识"主要由"原型"所组成，而原型就是在人类集体无意识中积淀的，我们祖先的无数次重复出现的典型经验的形式。在集体无意识学说和原型理论基础上，荣格提出了他的艺术创作观，他认为，在不同时代和社会的艺术作品中反复出现的母题乃是各民族的某种集体无意识原型，人们因被唤醒这种沉睡在心中的集体无意识原型而获得审美愉悦，伟大的作家正是接受了这种无意识的影响，才能够表现触及民族之魂的伟大诗篇。在1922年所写的《论分析心理学与诗的关系》一文中，荣格指出，"创造的过程，就我们所能理解的来说，包含着对某一原型集体无意识的激活，以及将该意识精雕细琢地塑造到整个作品中去，通过给它赋以具体的形式，艺术家将它转译成了现有的语言，并因此使我们找到了回返最深邃的生命源头的途径。"他宣称，"谁说出了原始意象，谁就发出了1 000种声音，摄人心神、动人魂魄……同时他也将自己所要表达的思想摆脱了偶然性，转入了永恒的领域。"❹

3. 原型、集体无意识与建筑类型学

罗西的建筑类型学正是建立在原型理论和集体无意识学说基础之上，它为人们理解城市和建筑的本质打开了一个全新的视角。与19世纪迪朗的几何类型学截然不同，罗西的建筑类型学超越了建筑形式层面的讨论，而把建筑现象归源于人类普遍的建筑经验的心理积淀。罗西指出，建筑的本质是历史文化的产物，建筑的生成联系着一种深层结构，而这种深层结构存在于由城市历史积淀的集体记忆之中，是一种共同的"集体无意识"，这种集体无意识具有一种文化原型（Prototype）的特征。罗西认为，建筑外在的表现形式是具象的、多变的，其内在的深层结构才是本质的、固定的。建筑原型不仅是对场所精神、种族经验的沉淀，而且还是气候环境、自然地理特征以及社会文化状况在建筑上的累积与凝聚。这些共同的原型就是形成各种

最具典型性建筑的一种内在的法则。这种法则不是人为规定的，而是人类世世代代心理经验长期积淀形成的，它凝聚了人类最基本的生活方式和行为模式。建筑创作的目的在于表现原型，激活人类祖先共同经验的积淀。原型的概念将类型学与集体记忆联系起来，而建筑师的职责就是回到建筑现象本源，并将人们心中的原型唤醒。

图4-7 罗西关于"类似性城市"的图解

新理性主义强调城市是集体记忆的中心，强调城市与历史之间不可分割的密切关系，在罗西看来，传统的城市建筑中潜藏着一些历史积淀形成的基本原则，这些原则决定着这个城市从宫殿到住宅所有建筑的形式特征。他认为建筑设计的工作，首先是为特定的环境从历史中挑选适宜的建筑类型，由此而产生的建筑类型具有相似性，进而提出了相似性原则（Analogical Thought），强调建筑设计不应强调自我的显示，而是应当通过建筑原型的相似性来满足居民的"集体记忆"，由此扩大到城市的范围，就出现了"类似性城市"（Analogical City）（图4-7）的主张。罗西指出，城市类型其实是"生活在城市中的人们的集体记忆，这种记忆是由人们对城市中的空间和实体的记忆组成的。城市作为集体记忆的场所，它交织着历史的和个人的记录，当记忆被某些城市片段所触发，过去的经历（历史）就与个人记忆和秘密一起呈现出来。"人们对城市的记忆具有的本质的相似性，这构成了"类似性城市"的哲学基础。

四、建筑类型学设计手法

运用类型学方法进行建筑设计，首先要对历史上的建筑类型进行总结，选取那些在特定历史中具有代表性的典型建筑，

---

❹ 晓琳，荣格、原型理论与中国，中华读书报，20050615

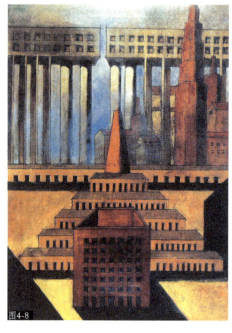
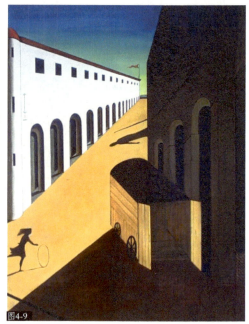

图4-8 罗西为圣·卡塔多公墓所做的构思草图
图4-9 契里科的绘画

对其进行概括、抽象以获得一种超越个别性的"类型",然后结合现实需要转译成具体的建筑形象。对特定的传统形式进行抽象并形成类型的过程具有极强的理性,形成的图式具有明显的普遍性,而在转译过程中,现实需要和建筑师创作个性成为两个重要的决定因素。因此,经过选取——抽象——转译过程形成的建筑形态包含了共性与个性、传统与现代甚至理性与非理性的平衡。同时由于类型本身包含了传统文化结构,因此选取——抽象——转译后获得的建筑形象必然传承了历史文化的基因,从而建立传统与现代、历史与现实的文化延续性。

1. 几何原型的应用

经典的现代主义形式语言强调纯粹几何体构成,注重形式构成要素的抽象性和非叙事性;虽然新理性主义同样重视几何原型的应用,但是它着眼于几何原型所蕴含的历史文化积淀,这就是新现代主义与新理性主义在几何原型应用上的分野,正是这种分野决定了两者之间建筑形态的巨大差异:前者是抽取了历史与文化内涵的现代主义的抽象构成,而后者则饱含了深邃的历史与文化信息。

罗西认为,城市的建筑可以简约到几种基本类型即原型,这些基本类型存在于历史形成的传统城市建筑中。他的作品一贯以纯净、冷漠的几何表情而著称,与其所推崇的布雷和勒杜一样,他习惯采用单纯而精确的几何形体来表达和暗示一种历史记忆。他认为,在传统建筑中抽取的单纯几何体是用现代语言表达古典精神的最适宜元素。他的建筑形式具有双重特征:圣洁而神秘,简洁而又冷漠,崇高而又压抑,充满了戏剧性的感觉。罗西的类型学设计具有两个关键特征:一方面立足于抽象的和形而上学的观念,他试图建立一种绝对的、普遍而永恒的建筑形式原则,他的建筑是一个基本形体的世界,正方体、长方体、圆锥体等柏拉图体以及开满规则窗洞的立方体、长长的拱廊和列柱不断地出现在作品中(图4-8)。同时,罗西的作品本身蕴含着丰富的哲学思想内涵,从形式上讲,他的作品与手法主义建筑师有着很大的区别,最明显的一点就是其形式的孤立与抽象,并通过这种冷漠而朴素的形式表达深层次的思想内涵。探究罗西的形式来源,可以从意大利"形而上"画派画家契里科(Giorgio De Chirco)作品(图4-9)中诡异的城市场景中找到些许印迹。孤寂、

幽闭、令人莫名恐惧和不安是罗西与契里科作品的共同特点，与罗西一样，契里科的绘画中所展现的正是从城市中提取的永恒元素，这些元素经过重新组合，被推到了一种超现实的层次上。

马里奥·博塔的建筑创作也是从最基本的几何原型——方、圆和三角形入手，着眼于最基本的建筑要素——材质、光线和空间的塑造。他运用精美的砖、石饰面，把几何原型的神秘体验与乡土建筑的粗拙朴素结合起来，其作品成为当代新理性主义理论不可或缺的实证。博塔的许多建筑形态都是对圆柱形体量进行组合、变形，这种圆柱形来自于当地传统的谷仓形象。法国艾维大教堂（图4-10～图4-12）是一个多世纪以来法国最重要的宗教建筑之一，博塔借鉴了拜占庭集中式教堂的圆形平面，内外墙面均采用精美的砖饰面，运用了他的招牌式的顶面斜切圆柱体形象，巨大的圆形体量作为对传统拜占庭教堂的回应，表现了基督教建筑文化的延续和发展。他的

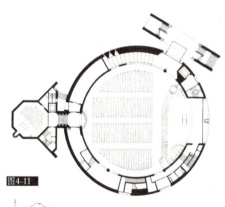

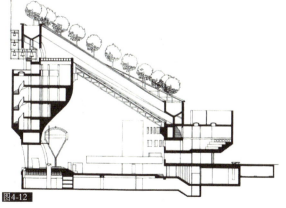

图4-10 艾维大教堂外观，法国，1995年，建筑师：博塔

图4-11 艾维大教堂平面图，法国，1995年，建筑师：博塔

图4-12 艾维大教堂剖面图，法国，1995年，建筑师：博塔

图4-13 新蒙哥诺教堂外观，瑞士提契诺，1996年，建筑师：博塔

图4-14 新蒙哥诺教堂内景，瑞士提契诺，1996年，建筑师：博塔

图4-15 新蒙哥诺教堂内景，瑞士提契诺，1996年，建筑师：博塔

另一个代表作新蒙哥诺教堂（图4-13～图4-15），是一个雪崩中被摧毁的教堂重建项目，教堂是一个长短轴分别为17m和8m的椭圆实体，屋顶斜切形成直径为14.5m的圆形金属框架玻璃天窗，教堂室内由两条石拱券支撑着屋顶，博塔融合了水平条纹石板饰面、石拱券等罗马风、哥特式教堂的元素，以独特的方式诠释了一个神圣的精神崇拜场所。

在一系列住宅设计中，博塔也形成了一套个性化建筑语汇，既折射出古典理性主义的特征，又打上了新理性主义的烙印。

古典对称的平面布局、沿对角线或中轴线展开的室内空间、封闭厚实的墙体、深邃的开洞以及顶部天窗，运用这些手法完成了博塔对"家"的诠释："家应该是一个巢穴，它包容和保护着它的栖息者并将周围的景致呈献给他们。"他以古典几何原型尤其是圆形作为形式构成的出发点，通过封闭厚实的墙体形成与环境相隔离的实体，而立面深邃的开口更进一步强化了"巢穴"的形态意向。如斯塔比奥独家住宅（图4-16和图4-17）、罗桑那独家住宅（图4-18和图4-19）等，均为中间有着深深凹陷的简

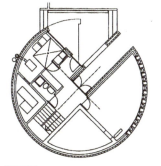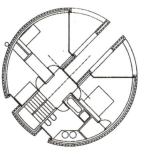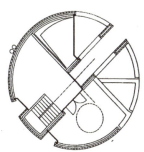

图4-16 斯塔比奥独家住宅，瑞士提契诺，1982年，建筑师：博塔

图4-17 斯塔比奥独家住宅，瑞士提契诺，1982年，建筑师：博塔

图4-18 罗桑那独家住宅，1987—1989年，瑞士提契诺，建筑师：博塔

图4-19 罗桑那独家住宅平面图，1987—1989年，瑞士提契诺，建筑师：博塔

第四章 新理性主义与类型学——在理性高度上重建文化连续性

图4-20 布莱刚佐纳独家住宅外观，1988年，瑞士提契诺，建筑师：博塔

图4-21 布莱刚佐纳独家住宅轴测图，1988年，瑞士提契诺，建筑师：博塔

单圆柱体，而圆形平面与圆柱体量，有效地屏蔽了周围杂乱无序的建筑，其封闭性、独立性与周围环境形成了强烈对比。布莱刚佐纳独家住宅（图4-20和图4-21），纯粹的几何原型已不十分明显，而是几种类型混合构成的复杂形态。但是封闭幽深的入口空间、沿对角线方向展开的室内空间，仍然与其他独家住宅一脉相承，只是顶部不再是长条的天窗，而被两个半圆形钢架天篷所取代。与罗西作品形而上的、抽象冷峻的几何体不同，博塔结合传统的砖石建构技术，融合理性主义思想和地域传统，成功地完成了对抽象原型的具象还原。

2. 集体记忆的捕捉

罗西认为，进入现代社会之后，传统城市与建筑的历史和功能都已经结束，转而成为记忆之场所，但已经不是早期个体的、具体的记忆之所，而是一种精神实在，一种集体记忆之场所，一种无言而又永恒的形式。作为对功能决定形式论的反驳，罗西指出，集体记忆描述了城市中人们生活状态，是对与功能相分离的有活力的形式的记录。他意味深长地指出，"当形式与功能分离而仅有形式保持生命力时，历史就转化为记忆的王国，历史结束之日乃记忆开始之时。""当形式作为一个赤裸裸的形式之时，记忆才能凸现。"❺

对罗西而言，建筑设计就是通过捕捉

---

❺ 阿尔多·罗西，黄士钧译，城市建筑学，北京：中国建筑工业出版社，2006：9

图4-22　格拉拉公寓，意大利米兰，1970—1973年，建筑师：罗西

图4-23　格拉拉公寓架空底层内景，意大利米兰，1970—1973年，建筑师：罗西

图4-24　弗雷德里希大街公寓，德国柏林，1981—1988年，建筑师：罗西

城市中"集体记忆"的"原型"，来揭示建筑文化的永恒性。罗西的代表作——米兰的格拉拉公寓（Gallaratese residential complex）（图4-22和图4-23），是一个长182m、进深仅12m的长条形建筑，由于地形高差分成两部分。住宅形式来自米兰传统出租屋的意象，底层架空，透空的底层一边由落地的窗间墙支撑。另一边是纤细的列柱，建筑两部分的连接处是数根粗大的圆立柱。无始无终的列柱形成了强烈的"廊"的感觉，同时，建筑形式被简约到最纯粹的层面，素面外墙、正方形窗洞、绵延不尽的柱廊以及圆形支柱，唤来了超越世俗的抽象与纯净。德国柏林的弗雷德里希大街公寓（图4-24），罗西采用环绕中央绿地布置建筑的周边式布局，深红色柏林砖间以白色饰带、立面上的格网和楼梯间顶部尖尖的坡顶一起回应着城市的"集体记忆"。他的舒泽大街住宅（图4-25和图4-26）采取了带内院和内天井的街区住宅模式，反映了他对传统城市街区的怀念。

罗西的设计通过对历史形式的发掘，唤起了人们内心深处的遥远的记忆。卡洛·菲利斯剧院（Carlo Felice Theater）

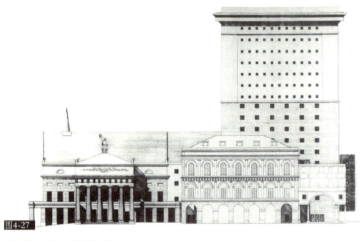
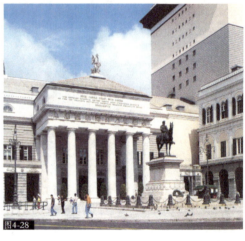

图4-25 舒泽大街住宅，德国柏林，1988年，建筑师：罗西

图4-26 舒泽大街住宅内天井，德国柏林，1988年，建筑师：罗西

图4-27 卡洛·菲利斯剧院立面图，1983年，意大利热亚那，建筑师：罗西

图4-28 卡洛·菲利斯剧院，1983年，意大利热亚那，建筑师：罗西

（图4-27和图4-28），原为热那亚市歌剧院，二战期间，该建筑遭到彻底毁坏。1981年，市政厅发起修复该建筑的设计竞赛，罗西赢得了竞赛的胜利。新卡洛·菲利斯剧院保存了原来歌剧院的印迹，修复了部分损坏的陶立克柱和侧边门廊，并按原建筑师卡洛·巴拉比那的设计进行了部分重建。舞台上方耸立着一座新的4层塔楼，为彩排室和机械室，可以容纳新增加的机械设备。贯穿底层的公共展廊设计了一个采光井以提供日间照明，钢和玻璃的圆锥形采光井悬挂在公共休息厅上方穿透了屋顶，在屋脊上形成纤细的玻璃尖塔刺。夜间，尖塔变成一个发光体，像灯塔般闪耀在港口的上空。位于意大利马乔尔湖畔的芳多托克高科技研究机构（图4-29和图4-30），罗西的设计构思源于托马斯·杰弗逊的美国弗吉尼亚大学校园规划，该建筑群由一系列单独的实验室建筑组成，沿中心道路对称布局，终端是一座纪念性行政中心建筑，包括行政办公、会议、多媒体演示和餐厅等功能，行政中心与两翼的实验室均具有精确的体型与比例，空间与形态秩序分明。实验室塔楼之间为钢结构框架，鲜艳的黄色令人联想起附近山区的钢结构采矿设备。行政中心立面用钢框架支撑上层建筑，与矿山支撑起重机的方式相仿，通过漆成鲜艳的黄色，建筑物的结构部分在立面上展现出来，好像一种建构化的装饰。在此罗西传达了这样的信息，这个山区不仅是坚硬的花岗岩的产地，同时也是生产知识和尖端科技的基地。在为荷兰马斯特里赫特（Maastricht）设计的博尼芳丹博物馆（Bonnefanten Museum）

（图4-31），罗西将当地的公共建筑、教会建筑和工业建筑的意象融为一体，高耸的砖墙令人联想到传统街道，作为博物馆构图中心的穹顶塔楼似乎暗示着洗礼堂或钟楼的意象，而外包锌板又唤起了人们对曾经作为制陶工厂的这片土地的回忆。

3. 空间与场所原型的表达

西班牙建筑师拉菲尔·莫尼欧，1937年生于西班牙的图德拉，1961年毕业于马德里大学建筑学院，之后在伍重的事务所工作两年，1965年获得博士学位并独立开业，1996年荣获普利兹克奖。与罗西的新理性主义立场相似，莫尼欧认为建筑设计的核心是取得与城市文脉的统一性，而不

图4-29 芳多托克高科技研究机构，意大利，1992年，建筑师：罗西

图4-30 芳多托克高科技研究机构，意大利，1992年，建筑师：罗西

图4-31 博尼芳丹博物馆，荷兰马斯特里赫特，1990—1994年，建筑师：罗西

 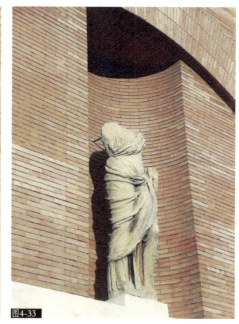

图4-32 罗马艺术博物馆入口，西班牙梅里达，1980—1986年，建筑师：拉菲尔·莫尼欧

图4-33 罗马艺术博物馆入口局部，西班牙梅里达，1980—1986年，建筑师：拉菲尔·莫尼欧

是自我的独立存在。在日本的一次演讲时，他曾经指出，建筑凝结于瞬间，同时把工程耗费的时间封存于其中，建筑的本质具有永恒性，而他的作品也充分展示了对这种历史永恒性的追求。

莫尼欧强调运用类型学对传统建筑文化进行解析与重构，他认为只有通过这一方法，才能真实地延续传统文化；更为重要的是，莫尼欧在批判罗西的中性化与抽象化的类型学基础上形成了自己的类型学思想。与罗西相比，莫尼欧更为重视类型的场所化与现实化，他认为罗西的类型学过分强调类型的自足性，导致建筑与场所和人文环境的割裂。他认为，在设计中必须结合场所的营造来完成类型的还原。这种观点也体现在他对类型的定义，他认为："类型是一个用来描述一群具有相同形式结构的事物的概念；作为一种形式结构，它同时也与现实保持着紧密的联系……最终，类型的定义必将深植于现实和抽象几何两者之间。"❻

莫尼欧的类型学设计方法把设计过程分为两个阶段：类型学阶段和形式生成阶段。其中，类型学阶段是一个寻找并获得类型的阶段，在这个过程中，设计者从亲身体验中寻找与人们行为方式、心理结构相契合的类型；而形式生成阶段则是将类型场所化的阶段，建筑师以选择的类型为基本结构，对特定的设计要求做出回应，在这个从抽象理念到具体现象的过程中，类型转化成为能够反映场所文脉的物质形态。如果说设计的类型学阶段代表了设计与过去之间的关系，那么形式的生成阶段则展现了设计与现实及未来之间的互动。罗西的设计往往借助于最简单的几何形体，呈现出一种超现实主义的景象，其大多数作品缺乏场所与环境特征。莫尼欧指出，正是由于罗西对类型抽象表现的偏执，他的建筑面临着一个如何现实化和环境化的问题，他精辟地指出，"罗西的类型只能与它们自己和它们理想化的环境进行交流。它们只是一个理想化的，或许就根本不存在的过去的一些无声的暗示。"❼

坐落在西班牙中西部小城梅里达（Merida）的罗马艺术博物馆（图4-32～图4-35），是莫尼欧最有名的作品，也是其建

---

❻ 吴放，拉菲尔·莫内欧的类型学思想浅析，建筑师107：54~55
❼ 吴放，拉菲尔·莫内欧的类型学思想浅析，建筑师107：54~55

筑类型学思想的集中体现。梅里达建于公元前25年,是罗马帝国殖民地鲁西塔尼亚的首府,博物馆建造在一片古罗马剧场和竞技场的遗址废墟之上。莫尼欧没有刻意模仿古罗马的建筑风格和装饰细部,而是将整个古罗马的建筑历史作为自己创作的源泉,从罗马万神庙静谧永恒的几何空间中抽象出"顶部采光的多柱式大厅",从巴西利卡中抽象出轴向性"巴西利卡"类型,又从皮拉内西画作中提炼出"古罗马的动态空间"三种空间类型,并在建筑中加以组合运用。其中,罗马万神庙是一个基本几何形的集中式平面,四周墙体封闭,顶部的自然光线成为整个空间的主角。巴西利卡是一种公共会堂的类型,平面一般呈长方形,一端或两端有半圆形龛,空间具有较强的轴向性,大厅被柱子划分为主殿和侧廊,主殿比两边的侧廊高,光线从主殿的两侧高窗进入室内。正是参照上述的古罗马建筑空间类型,莫尼欧将博物馆的主展览空间用一系列平行等距的墙体分隔,墙体之间通过拱券相连,主要照明光源来自顶部的自然光线,一系列巨大的拱券形成了极具感染力的"皮拉内西式"动态空间,富于空间感的透视效果营造出壮观深远的历史感,唤起了人们对古罗马时代的无限遐想。博物馆的内外墙面均采用当地特制的薄红砖贴面,色彩古朴,而且边上开有楔形凹槽,这样灰缝不会在表面出现。通

过这种特殊的连接方法和类似古罗马的建筑材料,莫尼欧创造出一种属于现代又饱含传统神韵的细密的砖墙表面。莫尼欧的设计以纯粹、简洁的形式表达出了深远的历史感和强烈的叙事性,也体现了他对历史的深刻思考和独特理解。在这里,久远的历史流淌在光影之间,永恒的罗马艺术回荡在连续的拱券周围。

图4-34 罗马艺术博物馆内景,西班牙梅里达,1980—1986年,建筑师:拉菲尔·莫尼欧

图4-35 罗马艺术博物馆内景,西班牙梅里达,1980—1986年,建筑师:拉菲尔·莫尼欧

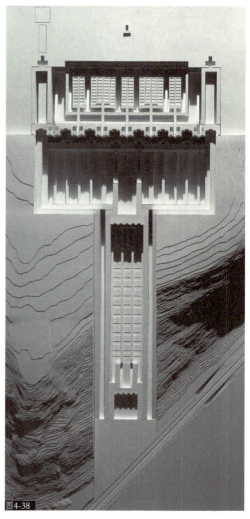

图4-36 哈特什帕苏墓,公元前1525—前1503年,或前1479—前1458年

图4-37 大埃及博物馆获奖方案场地总平面模型,右下角为吉萨金字塔群

图4-38 大埃及博物馆获奖方案模型,埃及开罗,建筑师:R.里兹

意大利建筑师R.里兹(Rentato Rizzi)主创的大埃及博物馆建筑设计竞赛获奖方案,总体布局以古埃及法老的石窟陵墓(图4-36～图4-39)为原型,遵循了场所类型学的思想,通过对类型的提炼和转换,使他的建筑同时具有了对过去的记忆和对现代的感知,最终成为场所所期待的建筑。古埃及中王国之后的法老陵墓摒弃了以金字塔作为陵墓的传统,开始在山岩上凿石窟作为陵墓,陵墓的布局以悬崖前规模宏大的祀庙作为陵墓建筑的主体,空间序列沿纵深方向发展,最后一进是悬崖里开凿的作为圣堂的石窟。该方案博物馆3层的主体展览空间掩埋到地下,其前端有一排类似水坝的凸起,取自埃及早期陵墓——马斯塔巴(Mastaba)的外墙线脚,墙面布满了古埃及传统的纹饰,从入口通过长长坡道可以分别进入博物馆的各层展厅,这种取自古埃及陵墓的空间序列充分渲染出古埃及文化神秘莫测的气氛。

五、新理性主义与新城市主义

二战结束后,在小汽车交通的刺激下,欧美国家尤其是美国经历了不受节制的城市郊区化蔓延,带来了土地浪费、内城衰败、

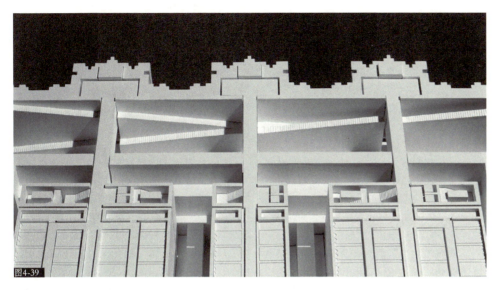

图4-39 大埃及博物馆获奖方案模型局部,埃及开罗,建筑师:R.里兹

城市结构解体、生态环境恶化等日益严重的城市问题(图4-40)。在这一严峻的背景下,20世纪80年代末,新城市主义(New Urbanism)作为与郊区化相对应的居住社区理论在美国兴起,它主张塑造具有传统城镇生活氛围的紧凑型社区,以取代城市沿着高速公路无序蔓延的郊区化模式。新城市主义的代表人物有彼得·卡尔索普(Peter Calthorpe)、杜安尼和普蕾特·兹伯格夫妇(Andres Duany and Elizabeth Plater-Zyberk,简称DPZ)以及后现代城市规划理论宗师利昂·克里尔等。1993年,第一次新城市主义大会(The Congress for the New Urbanism,简称CNU)在美国弗吉尼亚州亚历山大市召开,标志着新城市主义理论的诞生。1996年,CNU第四次大会通过了《新城市主义宪章》(The Charter of the New Urbanism),成为新城市主义的

图4-40 美国城市的无序化郊区蔓延

宣言与规划设计指南，该宪章制订了分列在区域、邻里、街区三个大类之下的 27 项原则，这些原则可以进行如下归纳：

① 邻里结构具有清晰明确的区域边界与中心，反对郊区化的无序蔓延；

② 倡导公共交通与步行交通优先；

③ 反对现代主义城市规划的严格功能分区理论，倡导住区各种功能与居住类型、居住人群的适度混合，形成丰富多元社区生活；

④ 强调吸收欧洲传统城市以街道、广场为核心的形态特征，营造形态积极完整、富有活力的城市街道与广场空间。

新城市主义是后现代主义城市规划思想的产物。20 世纪 60 年代，与正统的现代主义建筑理论一样，现代主义城市规划理论经过了二战之后大规模重建和城市快速发展的实践，其理论的矛盾与弊端暴露无遗，作为西方社会对现代主义城市规划思想全面反思与批判的产物，形成了后现代主义城市规划思潮，代表性理论成果有美国建筑师凯文·林奇（Kevin Lynch）的《城市意象》、简·雅各布斯（Jane Jacobs）的《美国大城市的死与生》、C. 亚历山大（C. Alexander）的《建筑模式语言》等，这些理论成果对当代新城市主义思想产生了重要影响。简·雅各布斯关于城市生活多样性、人行道、街区的论述，凯文·林奇在城市意象理论中关于边界、地域的概念，在新城市主义的核心理念中都得到了很好的体现。新城市主义的诞生也与西方当代建筑思潮息息相关，其直接来源可以追溯到欧洲新理性主义建筑师对传统城市空间形态的研究，其中，利昂·克里尔堪称新城市主义运动的"教父"。新城市主义与新理性主义之间城市设计思想的传承，正如新城市主义代表人物杜安尼和普蕾特·兹伯格所指出，"我们的哲学是，城市设计的轮廓直接来自对建筑类型的了解和掌握，如果你不用类型的思想范畴进行思考，你心目中的建筑和城市就变得一片混沌，模糊不清"。❽

1. 罗西的"主要元素"与"居住群落"理论

罗西对于城市设计理论的开拓性贡献就在于，明确了大量普通住宅对于城市形态的决定作用。在 1966 年出版的《城市建筑》一书中，他将城市建筑划分为"主要元素"（Primary Elements）和"居住群落"（Dwelling Area）两大类，其中主要元素是指公共建筑，这类建筑构成了一个城区乃至一个城市的标志性建筑，但是对于城市形态与肌理并不产生决定性作用，如巴黎圣母院、威尼斯圣马可广场、北京故宫等。罗西把"居住群落"视为构成城市形态与肌理的基本元素，他认为，一个有特点的城市是由有特点的街区组成，而住宅区则是其中最重要的部分。美国建筑师 Andrew Macnair 指出，"您在《城市建筑》(The Architecture of the City) 里告诉我们，大量的和基本的建筑类型在创造一个有活力的良好城市的过程中所起的作用比那些所谓的形式感强、戏剧性的建筑所起的作用要大得多，而且可以说这些显眼的建筑并不是构成一个好城市的必要条件。任何人只要想象一个全由赖特的古根海姆美术馆（Guggenheim Museums）和弗兰克·盖里的古根海姆住宅区（Guggenheim Housing Blocks）所组成的城市是什么样子的就能明白这个道理。"❾

2. 克里尔兄弟的反现代主义城市规划理论

卢森堡建筑师克里尔兄弟（Rob Krier, 1938— , Leon Krier, 1946— ），对于类型学在城市设计中的运用作出了重要贡献。克里尔兄弟强烈反对以功能分区为指导思想的现代主义城市规划模式，他们认为，在现代社会，传统城市的空间结构被撕裂、扭曲和变形，不幸地沦为技术和功能进步的牺牲品。为了避免城市公共空间沦为建筑之外的剩余消极空间，克里尔兄弟将工作志趣放在重建和复兴传统城市的空间形态上，在类型学基础上建立了一套

---

❽ 要威、夏海山，新城市主义的住宅类型研究，建筑师，2003(03)：28~33

❾ 大师系列丛书编辑部，阿尔多·罗西的作品与思想，北京：中国电力出版社，2005：31

图4-41

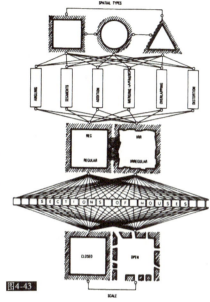

图4-43

图4-42

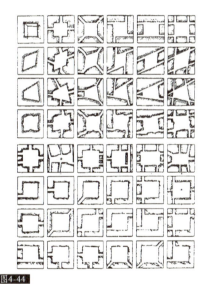

图4-44

城市形态学理论，即从调查所得的历史原型中提炼出明确的城市空间类型，并把这种前工业社会的秩序注入现有城市脉络中。利昂·克里尔在城市类型学研究中将城市视为街道、广场和其他公共开放空间相结合的产物，罗伯·克里尔也认为，城市空间的基本元素是街道和广场。他在《城市空间》（Urban Typology）一书中，详尽地记录了欧洲历史城市的主要广场与街道形态，并归纳为几十种类型（图4-41～图4-44）。

在对现代主义城市规划理论的批判思潮中，利昂·克里尔扮演了一个堂吉诃德式的激进角色。他认为，"工业化的现代主义垃圾制造了丑陋、贫瘠和瓦解的公共空间，对于古典建筑师来说，革新和进步的理念是不存在的，因为古典建筑已经决定性地解决了技术和艺术上的问题"。作为一个激进的反现代主义者，利昂·克里尔猛烈抨击了现代主义城市规划思想（图4-45～图4-47），他深信，最好的城区规划是所有到工作地点的人步行都不超过20

图4-41 传统城市广场，Anfiteatro广场，意大利卢卡

图4-42 传统城市广场，Anfiteatro广场局部，意大利卢卡

图4-43 罗伯·克里尔总结的传统城市广场类型

图4-44 罗伯·克里尔总结的传统城市广场类型

图4-45

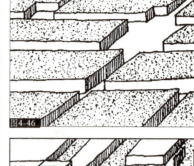

图4-46

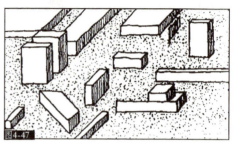

图4-47

图4-45 利昂·克里尔与他的建筑世界

图4-46 传统城市完整的空间形态，利昂·克里尔

图4-47 现代城市支离破碎的空间形态，利昂·克里尔

图4-48 城市空间中街块、街道与广场关系示意图，其中，街块是街道与广场型制的结果，街道和广场是街块位置的结果，利昂·克里尔

图4-49 构成城市街区的两种元素：公共性建筑与私密性住宅，利昂·克里尔

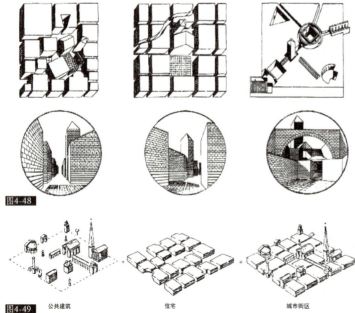

图4-48

公共建筑　　　　住宅　　　　城市街区

图4-49

分钟，更好的就是他们应该住在商店上面，他大声疾呼回到过去的世界——一种古典主义和手工艺时代的伊甸园，怀旧情绪洋溢在他的方案中，他笔下的建筑物像是中世纪意大利山城一样顺应山势参差错落、高低起伏，对于生活在钢筋混凝土森林中的现代化都市人而言，可以说是一个乌托邦式的梦境。1976年，利昂·克里尔在其《理性建筑》一书中写道："罗伯·克里尔和我通过自己的方案所试图提出的争论是用城市形态学反对规划师们的城市分区，也就是说用恢复城市空间精确形式的方法来反对城市分区所造成的一片废墟……一方面应当是一般性的，足以容纳灵活性及变化；另一方面则应当是精确性的，足以在城市内部创立空间及建筑的延续性……"在这里，新城市主义理论的两个要义已经呼之欲出：即反对严格的功能分区、倡导各种功能的适度混合；倡导精确地恢复传统城镇的街道、广场空间（图4-48和图4-49）。

3. 利昂·克里尔的"城中城"理论

利昂·克里尔认为，城市是一个生长繁衍的有机体，一个成熟的城市如同一个成熟的有机体，只能通过细胞繁殖来增长。在工业革命之前手工业时代城市尺度和形态的基础上，利昂·克里尔提出了构成城市细胞的"城中城"（A City within a City）的城市设计理论。

首先，一个真正的城中城，规模不超过33hm²，步行不到10min可以穿越，大约可以居住10 000～15 000人口，包含居住、教育、行政、商业和娱乐等完整的城市功能，同时具有一个被清晰限定的区域边界。

其次，利昂·克里尔注重街区类型的处理，他认为街区是城市空间中最重要的类型元素，他主张以欧洲传统的街道与广场形式作为固定的类型元素应用在城市设

计中。他认为，街道除了作为分配交通和解决朝向问题的空间外，还应恢复其经济和社会交流空间的作用。他主张减小街区尺度、增加街道数目，采用适宜步行的小尺度。例如，他设计的西柏林中心改建方案，将原来较大的居住街区，通过步行街道划分成4个、6个或8个更小的街区，从而保证所有建筑单元都可以面对一条街道或一个广场。他减小了道路宽度并允许沿街停车，城市干道被改建为林荫大道，并充当了城市区域的界限（图4-50）。

再次，利昂·克里尔强烈地反对超大尺度与体量的建筑，他甚至激进地主张把超级市场、摩天大楼、汽车旅馆、工业厂区、政府建筑群、贸易中心、奥林匹克体育中心等超尺度建筑从城市布局中清除出去，因为它们是非城市的部分。

克里尔兄弟的城市类型学要求完全去恢复欧洲中世纪城市的尺度与形态，流露出厌弃现代工业文明的乌托邦倾向，但是他们提出的"城中城"理论为当代新城市主义理论奠定了基础。

4. 新城市主义理论与实践

新城市主义自20世纪90年代末期在欧美兴起后，其理论与实践顺应了当代社会人性复归和可持续发展的潮流，同时也取得了商业开发的成功，成为近年来城市设计领域的重要流派。新城市主义在城市设计实践中主要应用在三个层面上：传统城区街坊、街区；传统城镇；郊区新城。在前两个层面上，新城市主义强调保持传统城镇的街区尺度、肌理、形态与风貌，典型案例如利昂·克里尔设计的意大利的亚历山德里亚广场（1995—2002年）（图4-51和图4-52），意大利Valenza的居住街坊（1997-2002）。英国英格兰多塞特郡（Dorset）的庞德贝利（Poundbury）新镇（图4-53和图4-54），是试图较大规模复兴传统街道与传统民居的典型城市设计案例。在这片查尔斯王子的领地，克里尔通过弯曲的街道和传统的房屋造型，唤起了人们对传统城镇形态的回忆。

新城市主义理论与实践更多体现在郊

图4-50 西柏林中心改建，德国，建筑师：利昂·克里尔，

图4-51 亚历山德里亚广场，意大利，1995—2002年，建筑师：Tagliaventi & Associati、利昂·克里尔

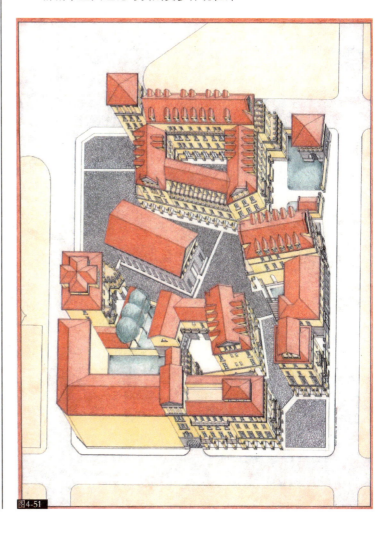

区新城的规划建设上，其理想的居住社区规划模式旨在倡导一种有节制的、公交导向的"紧凑开发"模式，这种模式脱胎于"邻里单位"（Neighborhood Unit）模式（图4-55），同时又有了新的改进。1929年，美国建筑师佩里（C. Perry, 1872—1944年）在《纽约区域规划与它的环境》（*Regional Planning of New York and Its Environs*）一书中，系统地阐述了邻里单位居住社区规划模式：即以一个不被城市道路分割的小学服务范围作为基本空间尺度，邻里单位规模由小学的合理规模确定，并使小学生上学避免穿越城市道路；邻里单位以城市干道为边界，邻里公园和公共服务设施满足邻里需求。新城市主义在"邻里单位"理论的基础上重新归纳了理想邻里的基本设计准则，形成了两种典型的邻里模式——传统邻里模式（TND）与公交主导模式（TOD）。

其中，TND模式（图4-56）与"邻里单位"模式的区别集中体现在以下方面。

① 小学不再位于邻里中心，而是位于邻里的边缘，可以为几个邻里所共享，从而减轻了单个邻里学龄儿童数量波动对学校正常运营造成的冲击。不再强调由小学规模确定邻里规模，而是以步行尺度来决定邻里规模，提出最优规模是由中心到边界的距离为400m，相当于悠闲地步行5min的距离。

② 布置在邻里中心的公共设施大规模减少，更多的公共设施布置在邻里的边缘，繁忙的交通路口不再布置商店，而是布置大容量停车场，方便居民由小汽车交通向步行的转换。

③ 强调建立步行友好、公交优先的交通模式，努力实现步行交通与公共交通、小汽车交通平等地分享城市空间。内部交

图4-52 亚历山德里亚广场，意大利，1995—2002年，建筑师：Tagliaventi & Associati、利昂·克里尔

图4-53 庞德贝利新镇街景，英国，1988年，建筑师：利昂·克里尔

图4-54 庞德贝利新镇中心，英国，1988年，建筑师：利昂·克里尔

图4-52

图4-53

图4-54

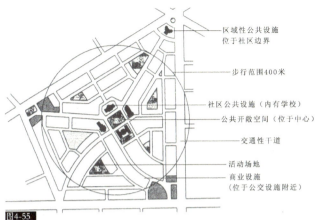

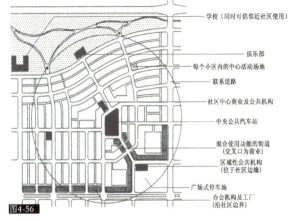

通采用棋盘式街道网络，把邻里分成小尺度的街块，从而创造出宜人的步行尺度空间。同时，提高路网密度，通过巷道路边停车满足停车需要。公共交通车站深入邻里内部，使居民能够以较小的步行距离到达公交车站。

TND 模式的典型实例如美国佛罗里达州西北部的滨海城（Seaside, Walton County）（图 4—57 和图 4—58），占地面积约 32.4hm²，是一个集居住与旅游度假为一体的多功能社区，由 DPZ 主持设计。滨海城居民约为 2000 人，与美国传统城镇人口相仿，自 1981 年建设实施至今已建成独立式住宅 300 多栋，旅馆、公寓等其他类型居住建筑 300 多栋，公共设施包括一所学校、市政府、露天市场、剧院、邮局、商店、网球俱乐部等。20 世纪 90 年代，滨海城的规划模式被广泛推广或模仿，并被《时代》杂志誉为美国"近 10 年来最好的设计"。

公交主导模式（TOD）（图 4—59），是由一项名为"步行单位"（Pedestrian Pocket）的研究课题发展而来，它以区域

图 4—55　佩里的"邻里单位"模式图示，1929 年

图 4—56　新城市主义 TND 模式图示

图 4—57　滨海城，美国佛罗里达州，1981 年——，建筑师：DPZ

图 4—58　滨海城，美国佛罗里达州，1981 年——，建筑师：DPZ

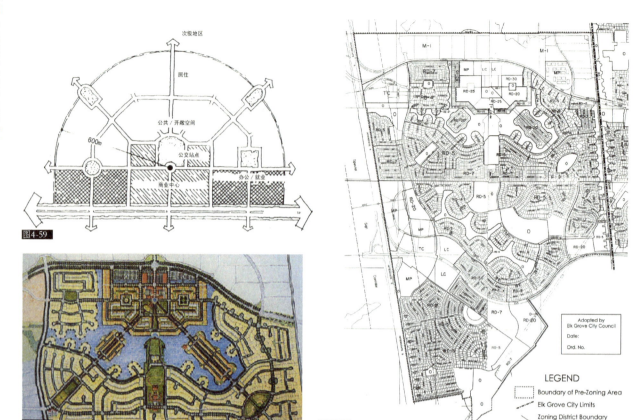

图4-59 新城市主义TOD模式图示

图4-60 西拉古纳新城总平面图，美国加利福尼亚州，建筑师：彼得·卡尔索普

图4-61 西拉古纳新城总平面图局部，美国加利福尼亚州，建筑师：彼得·卡尔索普

性公共交通站点为中心，以适宜的步行距离（一般不超过600m）为半径，是一个包含中高密度住宅及配套商业服务等内容的多功能复合社区。TOD试图通过紧凑的结构和混合的功能来支持公共交通，减少私人汽车使用量，形成宜人的步行环境。其规划要旨包括以下几方面。

①从区域层面来看，TOD建立在区域公共交通运输系统基础之上，TOD的焦点是公共交通车站，通过它连接到区域公共交通系统。

②从社区规模来看，TOD集中在距中心公共交通车站约600m范围内，步行5~10min。公共空间以及商业用地位于公共交通车站附近，商业区和办公区布置在干道与居于中心的公共交通车站之间。

③从社区功能来看，TOD为土地混合利用区，围绕公共交通车站，将商业、办公、居住等进行综合布置，并通过独立住宅、双拼住宅、联排住宅、低层公寓以及高层公寓等不同类型住宅，为不同收入阶层人群提供多样化的住房形式。

④从社区交通组织而言，弱化街道分级，建立网格化的无等级街道系统。坚持步行友好的原则，通过步行道设计以及步行友好的景观与设施，创造一个舒适安全的步行环境。

美国加利福尼亚的西拉古纳新城（Laguna West）（图4-60和图4-61），是第一个以TOD概念为指导思想建设的居住社区，由彼得·卡尔索普主持设计，占地约4188.77hm²，拥有3353套住宅以及40.5hm²的社区中心。西拉古纳新城利用公交系统作为通往外部的主要交通方式，社区内部则以步行为主。西拉古纳新城的开放空间以一个26.3hm²湖泊为中心，设置了三条放射状的林荫大道，为居民提供散步、运动、休闲的场所。新城有五个以公园为中心的邻里单元，其大小在28.35~52.65hm²之间，较高密度的住宅

图4-62 安亭新镇总平面图，上海

提倡土地的混合使用，积极营造街道空间，努力塑造传统城镇的邻里与社区感。代表性实例如近年来上海"一城九镇"卫星城镇建设中的安亭新镇（图4-62～图4-64），它以欧洲中世纪城镇为蓝本，落成后受到广泛的关注。欧洲中世纪城镇具有如下主要特征。

① 面积规模不大。狭窄的街道和低层建筑构成了城镇的主体，城墙是城镇最明显的边界。

② 道路体系多变。道路系统走向不规律，多数街道线型曲折多变。主要、次要街道尺度没有明确划分，道路系统多以广场为核心呈发散型结构。

③ 广场空间为核心。城镇中通常有一处或多处可供市民聚集交往的广场，所有的公共建筑包括宗教建筑、行政机构以及各种行会比邻布置，共同界定了城市广场的空间界面。

④ 功能混合。城镇没有独立的功能区域划分，大多数居民生活空间的基本模式为下店上宅，朝向街道的底层建筑作为商铺或作坊，二层供起居。高密度与使用功能的混合，形成了城镇生活空间的多样化。

组团位于邻里中心，中密度住宅组团沿放射状林荫大道和湖滨步道布置，低密度独栋住宅则被布置在外侧，但各区中心到镇中心均不超过5min的步行距离。这个社区建成以后，有关部门曾在1999年对住户进行了一次调查，发现85%的居民喜欢那里步行友好的规划与设计。曾经有人说：加州人永远不会放弃汽车，而西拉古纳新城的成功则证明如果设计和规划合理，人们还是愿意在具有多种交通方式的社区中工作和生活的。

近年来，在中国的房地产开发与城市建设浪潮中，出现了一系列基于新城市主义理论的新城开发实践。它突破了单一封闭的居住小区模式，倡导开放的住宅社区，

图4-63 安亭新镇街坊空间，上海

图4-64 安亭新镇街坊内景，上海

安亭新镇的规划模仿了欧洲中世纪城镇的形态，其道路体系由不规则环状与风车形路网构成，环状路网是中世纪城墙的再现，井字风车形路网以中心广场为核心，并在环路内划分出八个区域。教堂、剧院、购物中心、餐厅以及办公楼等公共建筑呈风车状分布在新镇中心广场周围，以完整连续的界面构成对广场空间的围合。广场界面的建筑高度与广场几何尺度的比例控制，是中世纪城镇广场设计的关键，一般中世纪城镇中心广场的平均尺寸是142m×58m，而安亭新镇中心广场的尺寸为118m×86m，形成了宜人的空间尺度。新镇中心广场的教堂双塔是新镇竖向空间的标志物，通过现代主义建筑语汇的抽象与演绎，展现了精致的古典比例关系。除了新镇中心广场外，东西两区还分别在道路节点上设置了三处小型街道广场，具有严整的几何形态——圆形、椭圆形，使街区内部空间具有良好的开合变化。建筑师将街坊作为构成城市肌理的基本细胞，形成了连续的街道立面，同时街坊庭院中形成了内向的交流与活动空间，重构了新型的邻里关系。

总之，基于新城市主义的郊区新城规划，体现了新城市主义规划设计的最基本要素：紧凑、适宜步行、功能复合。在日趋标准化、格式化、机械化的现代社会，新城市主义的实践成功地复活了多样性、社区感和人性尺度等人本主义价值。

六、结语

随着社会的发展与变迁，城市与建筑处于不断的演进与嬗变中，新的功能与新的建筑类型不断涌现，审美观念也在不断发生变异，正如一位哲人所指出的，除了变化，一切都是暂时的。那么人们不禁要问，在这生生不息的历史链条中，是否还有永恒不变的东西世代流传下来？对于这个问题，与现代主义的进步主义和后现代主义的相对主义截然不同，新理性主义给予了明确而肯定的回答，用阿尔多·罗西的话来说，"这种永恒性是通过所谓集体无意识，历史和记忆附着沉淀于形式之上。"

新理性主义认为形式是表层结构，类型是深层结构，类型赋予建筑恒久的生命力。从恢复历史记忆的原型论出发，罗西认为建筑设计不是一种随心所欲、凭空想象的过程，而是以类型学为基本设计手法的复杂过程。新理性主义者认为，将建筑从功能主义框架中解放出来，并不会导致建筑设计的任意性，他们的目标是追求一种超越时间的永恒形式。他们着眼于恢复已经存在的类型，并从中进行萃取、提炼，他们认为，经过这一过程获得的纯粹形式可以承载历史痕迹、连接现实与未来。新理性主义矢志于以理性的方式研究和挖掘历史传统，他们的理论探索和建筑实践启示了在理性高度上重建文化连续性的可能。

第五章
解构主义
——解构、解形与非线性建筑

当代建筑的许多重要文化事件往往是在艺术博物馆或画廊的展览中发生的。1932年，纽约现代艺术博物馆诞生了"国际式"风格（International style），而建筑领域的解构主义（Deconstructionism）也是在美术馆中登台亮相的：1988年6月，相继推出了"国际式"风格、后现代主义潮流的美国著名建筑师 P. 约翰逊与建筑评论家 M. 威格利（Mavk Wigley）一起，在纽约现代艺术博物馆主持了"解构主义建筑"（Deconstruction Architecture）七人展。1988年7月9日，就是在上述七人展期间，英国伦敦泰特美术馆（The Tate Gallery）举办了一次会期为一天的国际研讨会，大会讨论了"建筑和艺术中的解构"（Deconstruction in Architecture and Art）问题。会后，由著名建筑理论家 C. 詹克斯为英国《建筑设计》杂志（Architectural Design，即 A.D）策划了1988年 3/4 期合刊，并推出《建筑中的解构》(Deconstruction in Architecture) 专号。可以说在纽约的展览会和伦敦的研讨会上，两位国际建筑界权威分别在两家权威美术馆，同时把大体上同一批建筑师的同一批作品推向了公众，但是关于解构主义建筑的渊源，他们的解释却是大相径庭，纽约七人展的主办人 P. 约翰逊与 M. 威格利声称与哲学中的解构主义无关，而把源头直接追溯到20世纪20年代俄罗斯构成主义；而在伦敦的研讨会上，解构主义哲学却成为讨论这一建筑新思潮的主要理论话题。鉴于建筑理论界对解构主义建筑的起源存在着如此重大的歧见，针对这个问题有必要进行全面、系统的追溯和阐述。

一、解构主义建筑溯源：解构哲学、构成主义与当代科学观念

1. 解构哲学与解构主义建筑

解构哲学又称解构主义（Deconstructionism），是后结构主义（Post-Structuralism）哲学家雅克·德里达（Jacques Derrida, 1930—2004年）的代表性理论。1966年10月，美国约翰·霍普金斯大学人文研究中心组织了一次学术会议，大西洋两岸众多学者参加，其中多数是结构主义者，会议的原意是在美国迎接结构主义时代的到来，但是出人意料的是，时年36岁的德里达的讲演把矛头指向结构主义的一代宗师列维·斯特劳斯，全面攻击结构主义的理论基础，他声称结构主义已经过时，要在美国树立结构主义已为时过晚。德里达的观点即解构哲学，其攻击的目标不仅是20世纪前期的结构主义思想，而且把矛头指向柏拉图以来的整个西方理性主义哲学传统。他认为，从柏拉图、亚里士多德、康德到黑格尔的欧洲哲学史，一直不断地进行以逻各斯（哲学术语，指客观世界的规律性）为中心的探索。德里达对西方思想史中占中心地位的理性（Reason）传统发出了置疑，德里达的解构哲学晦涩难懂，但是他的观点激进而富有极端性，极大地冲击了长期受欧洲理性主义统治的西方文化界，一股解构主义文化思潮风生水起。

从表象上看，解构主义建筑与解构哲学存在着许多契合之处。首先，德里达的解构哲学以语言为突破口，通过对语言结构的颠覆，试图彻底颠覆西方思想史中的理性、真理、二元对立等基本观念，而解构哲学的这些核心观念与解构美学高度契合和一致，并被解构主义建筑师转化为具体的建筑设计手法，从而使传统建筑形式美法则中一向被压制、排斥的因素如非秩序、无等级、不和谐、不完整等得到解放。解构主义建筑师以扭曲、断裂、冲突等反形式、反美学的方式颠覆否定了传统建筑美学，无论是解构美学还是解构主义设计手法，解构主义建筑与解构哲学在颠覆否定传统规则方面是一致的。

2. 迟到的反形式——现代艺术"非"、"反"观念的体现

虽然前面阐述了解构哲学与解构主义建筑的一致性，但是，对于解构主义建筑是否直接发源于解构哲学这个问题，建筑评论界尚存在着较大的分歧。如果说伦敦泰特美术馆的《建筑和艺术中的解构》研讨会强调了解构主义建筑与解构哲学之间

的渊源；那么，纽约现代艺术博物馆的解构建筑七人展的两位策展人则更强调解构主义建筑潮流与俄国构成主义的关系。

约翰逊在纽约解构建筑七人展的序言中写道："我一方面被我们的建筑师彼此之间在形式上的相似给吸引住了，另一方面也让它们和俄国运动之间的类似所吸引，其中某些类似之处，青年建筑师未必知情，更不用说预先详察了。"他还指出，塔特林的斜面同哈迪德的作品可谓异曲同工，罗德琴科的"线条主义"和盖里、蓝天组等人的作品如出一辙。约翰逊的助手威格利撰写的评论则进一步展开了约翰逊的思想，把解构主义建筑和俄国十月革命前后兴起的构成主义艺术进行了比较和分析，他不但肯定了此两者之间的关系，甚至还明确否定了解构主义建筑和当代哲学之间的渊源关系。他宣称："它（解构主义）并不是从当代哲学所通称的Deconstruction模式中得来的。它们并不是Deconstruction论的运用，而是从建筑的传统中浮现出来的，碰巧显示了某种Deconstruction的性质。"❶ 从纽约解构建筑七人展的策展人评论可以看出，他们更着眼于解构主义建筑与构成主义艺术的相似性，如不稳定、倾斜扭曲、具有强烈的动感甚至可以活动，而这正是他们把其渊源追溯到构成主义的原因。

1917年，俄罗斯十月革命前后出现了构成主义、至上主义（Suprematism）（图5-1）和辐射主义（Rayonnism）等前卫艺术潮流，这些崭新的思想和形式构成手法大大启发了建筑师的创造力，诞生了第一批构成主义建筑作品（图5-2），其形态特征为，各种几何形体相互冲突、穿刺，形成斜、曲、扭、翘的建筑形象。2004年普利兹克奖得主——伊拉克裔英国女建筑师扎哈·哈迪德，也许是最能体现俄罗斯至上主义、构成主义传承的当代解构主义大师，她的早期作品脱胎于马列维奇开创的非线性、动态抽象构成，香港顶峰俱乐部（The Peak Club）设计竞赛的首奖方案（图5-3），通过体块破碎、叠加和倾斜等手法

来突破常规的形态构成。她较早的实施作品维特拉消防站（图5-4和图5-5），整个建筑形态呈现出长轴方向的动感，如同高速运动碎片的刹那交汇，这些不和谐的锐角组合在一起，构成了错乱、冲突的建筑形态，也反映了消防站的基本潜质—运动与速度，隐喻了消防队随时待发的警觉与力量。这种锐角的建筑形态在许多设计方案中出现，一度成为其"招牌式"风格。

图5-1

图5-2　　　　　　　图5-3

图5-4

图5-1　至上主义构图，马列维奇，1915年

图5-2　第三国际纪念碑，1919年，建筑师：塔特林

图5-3　顶峰俱乐部方案，香港，1983年，建筑师：扎哈·哈迪德

图5-4　维特拉公司消防站，德国Weilam-Rhein，1991—1993年，建筑师：扎哈·哈迪德

---

❶ 邹德侬，中国现代建筑论集，北京：机械工业出版社，2003：256

图5-5 维特拉公司消防站室内，德国Weilam-Rhein, 1991—1993年，建筑师：扎哈·哈迪德

当然，约翰逊和威格利过分强调了当代解构主义建筑与俄罗斯构成主义之间形式特征的关联，而忽视了它们之间时代背景的巨大差异，但是，重要的是他们提醒人们去关注一个基本的事实：那就是在解构主义哲学思潮形成之前，建筑文化中的"解构"（Deconstructionism）因素就已经存在，将其仅仅归因于解构哲学的启迪是不全面的，甚至有望文生义之嫌。为了更为准确地认识解构主义建筑思潮，我们还应当把视线投向更宏观的西方现代文化领域，去进一步探寻其产生的根源。

1978年，美国建筑师学会授予P.约翰逊金奖，在授奖仪式上，曾经先后为现代主义、后现代主义和解构主义"三趟先锋建筑列车""剪彩"的约翰逊，讲了这样一段耐人寻味的话："全世界的思想意识都在微妙地转变，我们在最后面，像历来那样，建筑师正在向火车末尾的守车上爬。"❷ 如果说约翰逊的这段话形象地揭示了建筑文化在整个社会文化变迁中的滞后性；那么，邹德侬先生1990年发表的《从现代艺术的角度看解构主义——迟到的"反形式"和"纯建筑"》一文，则考察了当代解构思潮与20世纪上半叶西方现代艺术的历史渊源，并客观地分析了解构主义建筑思潮"姗姗来迟"的原因。邹德侬先生精辟地指出，在西方现代绘画、雕塑等艺术领域中，类似解构的"非"、"反"现象早已存在，在这些形形色色的先锋流派中，已经充分包含了解构哲学的思想与方法。

在20世纪的现代艺术发展历程中，形形色色的"非"、"反"主题构成了一道经久不息的独特风景。先锋艺术在艺术的各个门类，始终以批判和否定的精神审视现代社会和文化现状，从野兽主义到达达艺术，再到波普艺术、行为艺术、观念艺术……激进的颠覆主题愈演愈烈，这种颠覆并非单纯从艺术观念、主题的角度，而是对传统艺术从概念到规则的彻底否定。但是，反观西方现代建筑历史，这一颠覆性进程却没有得到充分的发育和展开：虽然现代建筑运动先驱者们极力主张抛弃传统形式，从历史的零点出发创造全新的形式，但是像现代艺术那样真正意义上的颠覆、解构倾向，在现代建筑运动先驱者的理论与实践中并没有形成。在现代建筑历史中，高迪的表现主义、俄罗斯的构成主义等非理

❷ 吴焕加，论现代西方建筑，北京：中国建筑工业出版社，1997: 101

性、解构性尝试只是凤毛麟角、昙花一现，最终主张建筑走理性化、工业化道路的现代建筑运动成为主流。究其原因，乃是因为建筑与绘画、雕塑等纯艺术门类不同，必须受到功能、技术、经济等物质条件的束缚，而20世纪初现代建筑运动兴起的时代尚不具备"解构"建筑大量产生的社会条件与文化土壤。工业革命带来的新技术、新材料的广泛运用以及两次世界大战之后的大规模重建，都客观上促进了正统现代主义建筑的兴起；与之相反，在文学艺术领域，两次世界大战的浩劫和工业革命带来的异化却促使文学家和艺术家们转向了非理性主义，在不同的文化艺术门类，同一个"现代主义"运动，它们的内涵却如此的大相径庭，以至于解构主义建筑大师埃森曼耐人寻味地宣称：在建筑领域，还不曾明确地表达过现代主义的理论。

直到20世纪80年代，解构主义建筑才姗姗来迟，比现代绘画和雕塑迟到了半个多世纪，毕加索和杜尚终于在当代先锋建筑中找到了知音！圣·莫尼卡学派（Santa Monica School）是20世纪80、90年代活跃于加利福尼亚洛杉矶圣·莫尼卡地区的一个美国建筑师群体，主要包括早期的盖里、墨菲西斯（Morphosis）事务所的梅恩（Thom Mayne）、罗汤第（Michael Rotondi）以及艾瑞克·欧文·莫斯（Eric Owen Moss）等，他们的作品反映了现代艺术的"非"、"反"等颠覆性倾向的影响。其中，盖里的早期建筑作品深受现代艺术的影响，在建筑形态构成上，他将完整的建筑形态进行破碎处理，然后重新进行随机性组合。例如，他采用"机遇偶成法"，把富米加塑料板摔碎，碎片制成"鱼灯"（图5-6）。莫斯的作品也与早期的盖里相仿，有时甚至被人们戏称为"盖里儿子"。他特别注重对各种废弃、廉价材料的再创造，经常把锁链、桁架、钢筋、混凝土管等废弃材料重新加以组合，同时赋予其新的内涵，P.约翰逊称其为"化废品为宝石的艺人"。他的设计手法源于西方现代艺术的"集合艺术"（图5-7和图5-8），所谓"集合艺术"也称"废品艺术"，是一种对各种工业和生活

图5-6

图5-7

图5-8

图5-6 盖里用富米加塑料板碎片制成的"鱼灯"

图5-7 集合艺术作品

图5-8 集合艺术作品

废弃物进行重构的现代艺术，它与构成主义的根本区别在于，构成主义强调抽象理性和形式秩序，而集合艺术则直接把废旧物品进行粗鲁地组合，省略了铆、铣、刨、钻、抛等复杂技术手段，丝毫不强调形式与工艺上的美感。莫斯的建筑作品大多集中于美国洛杉矶郊外的卡尔弗（Culver），这里曾是一个以制造业为主的工业城市，随着美国制造业被中国和东南亚所取代，大量工业厂房被闲置遗弃，正是这些荒芜废弃的工厂赋予莫斯以创作的素材和灵感。加里社团办公大楼（Gary Group）（图5-9）充分体现了莫斯的废品拼贴风格，在该建筑面向停车场的外墙上，莫斯将废弃的钢筋弯成U型，呈爬梯状排列，机器轴承和链条像秋千一样悬挂在墙上，倾斜的砖墙、白色的钢框构成了眺望台一样的构筑物，而钢管、钢板、玻璃以及巨大的螺母等都成为外墙装饰构件。莫斯创作的废品拼贴建筑还有海德大街3520号（3520 Hayden Street）（图5-10）、国民大街8522号（8522 National Street，1987年）等，在这些建筑中废弃材料被扭曲地缠绕、集结在一起，从而形成了介于集合艺术和建筑艺术之间的解构主义风格。

关于20世纪初的现代艺术潮流与当代解构主义建筑之间的渊源关系，正如邹德侬先生所指出，"发源于本世纪初的现代艺术诸流派，充满了解构的概念，可那时解构哲学还没有出现呢，德里达也没有降生（1930年），甚至结构主义哲学也还没有产生。因此，这种观念不必一定要和解构哲学挂钩。"解构主义建筑的出现是"西方社会政治经济条件下的物质和文化需要的一部分，它的出现是必然的，不一定要等到哲学家的召唤"。❸

3. 当代科学观念的冲击

著名科学史学家萨顿曾指出，"科学最宝贵的不是这些物质上的利益，而是科学的精神，是一种崭新的思想意识，是人类精神文明中最宝贵的一部分。"❹科学史上的每一次重大革命，都极大地震撼了人类的精神世界，并在很大程度上改变了人们的世界观。在人类思想史上，牛顿学说是一个具有划时代影响的科学理论。恩格斯在《18世纪英国状况》中写道："牛顿学说是唯物主义所依据的前提，科学与哲学相结合的结果就是唯物主义。"伴随着牛顿革命，欧洲启蒙运动崛起，强调理性与秩序、追求纯粹几何和数学关系的古典复兴建筑潮流兴起，而牛顿学说所推演的简化、有序、和谐的世界图景也始终贯穿在现代主义建筑的思想主流中。

以混沌学为代表的非线性、复杂性科学的兴起是20世纪的一场科学革命，也是人类世界观方面的一次重大转变。混沌学

图5-9 加里社团办公大楼，洛杉矶卡尔弗市，1990年，建筑师：莫斯

图5-10 海德大街3520号，洛杉矶卡尔弗市，1994年，建筑师：莫斯

---

❸ 邹德侬，中国现代建筑论集，北京：机械工业出版社，2003：256
❹ G. 萨顿，科学史和新人文主义，上海：上海交通大学出版社，2007：2

模式的世界图景是一个有序与无序、确定性与不确定性、稳定性与不稳定性、相似性与非相似性统一的世界，这种认识更接近世界的本真面目——复杂性与矛盾性，这种混沌的世界图景是对经典牛顿物理式世界图景的反叛，混沌学的科学探索也带来了人们审美观念的变迁，"对简单、纯一、和谐的有序美和静态美的追求消失了，代之而起的是追求多样性美、奇异性美、复杂性美和动态美，也就是混沌美。"❺

非线性、复杂性科学的影响也波及当代建筑理论界，后现代主义建筑理论家C.詹克斯于1995年出版了《跃迁的宇宙间的建筑》一书，该书的副标题为："一种理论：复杂科学如何改变建筑和文化"（A Polemic：How Complexity Science is Changing Architecture and Culture）。詹克斯运用非线性科学解释了当代解构主义等建筑思潮产生的原因，对未来的建筑风格做出预测，并概括出下述的理论链条：复杂的宇宙——复杂的科学——复杂的社会文化——复杂的审美价值观——复杂的建筑风格。詹克斯认为现代主义是一种以直线和简约为代表的形式风格，否定了事物的非线性和突变性。他认为，随着非线性科学取代牛顿力学，对整体性、混沌和变易的全新理解必然导致旧有建筑观念的动摇，必将涌现出充满复杂性的新建筑形式，詹克斯的著作代表了科学潮流变迁所引发的建筑理论转向。

混沌学认为，世界的本质是非线性的，而分形几何则是非线性的一种几何表现。美籍法国数学家曼德尔布罗特（B.B.Mandelbrot）于20世纪70年代开创了分形几何学（Fractal Geometry），它从几何学角度研究复杂系统，为我们提供了描述复杂自然现象的几何工具。20世纪末，作为解构主义建筑的分支，出现了将分形几何学运用到建筑形态构成上的尝试，如澳大利亚建筑师艾西顿·雷加特·麦克杜加尔（Ashton Raggatt Mcdougall）设计的墨尔本斯托雷大厦（Storey Hall）（图5-11）、实验建筑工作室（Lab Architecture）设计的墨尔本联邦广场（图5-12～图5-14）等，建筑师在数字技术支持下，运用分形几何学对建筑形态进行变形，看似杂乱无章的体块、无规律的折线、艳丽的色彩与质感，明确拒绝了几

图5-11 斯托雷大厦，墨尔本，1996年，建筑师：艾西顿·雷加特·麦克杜加尔

图5-12 墨尔本联邦广场，墨尔本，2002年，建筑师：实验建筑工作室

---

❺ 苗东升、刘华杰，混沌学纵横论，北京：中国人民大学出版社，1993：259

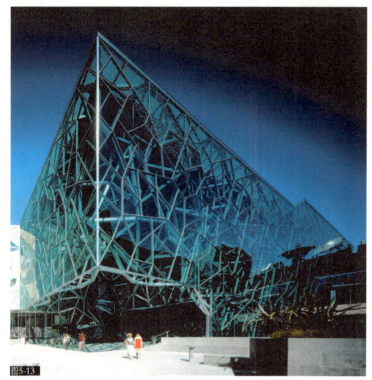

图5-13　墨尔本联邦广场，墨尔本，2002年，建筑师：实验建筑工作室

图5-14　墨尔本联邦广场，墨尔本，2002年，建筑师：实验建筑工作室

何规则的形式定式、等级分明的传统立面构图以及内部空间与外观统一的理性原则，给观者以流动性、复杂性和不确定性的空间体验。

二、解构主义建筑形态构成手法解析

前述从解构主义哲学的启迪、现代艺术中"非"、"反"的观念的体现、科学观念的冲击等三个方面阐述了解构主义建筑的源流，我们可以发现解读解构主义建筑的关键，是其附加词头"De"，其中心含义是瓦解、否定，其主旨是对从古典主义到现代主义的全部"传统"美学原则的颠覆和批判：古典主义建筑美学强调均衡、对称、比例等，现代主义建筑美学侧重于形式与功能、结构的理性关系，后现代主义倡导文脉主义和历史主义，这一切在解构主义看来均属于"理性"范畴，统统成为"解构"的对象。下面拟从表现主义激情的释放、随机性与偶然性的追求、错乱与冲突的表达、广义解构主义的解形与拓扑等四个方面，对解构主义的建筑形态构成手法进行全面解析。

1. 表现主义激情的释放

在西方建筑历史中，始终交织着理性主义与非理性主义两种倾向，建筑作为艺术的一个重要门类，非理性的精神世界与内心情感的表达始终是建筑创作的源泉，并在西方建筑历史上构成了一个连绵不断的建筑历史脉络，如16、17世纪欧洲文艺复兴晚期的巴洛克艺术（Baroque）（图5-15和图5-16）、19、20世纪之交西班牙建筑师高迪的非理性主义（图5-17）以及20世纪20年代与现代建筑运动同时兴起的欧洲表现主义（图5-18）。但是在整个西方建筑历史中，理性主义始终占据主流地位，而非理性主义一直处于被压抑的地位：如"巴洛克"一词本义是指形状不规则的珍珠，具有显而易见的贬义，而巴洛克艺术也一直被古典主义者视为一种堕落的艺术。20世纪20年代兴起的现代建筑运动，强调普遍性、排斥建筑艺术个性，重视客观性、贬抑人的情感，体现了工业化时代冷峻的

图5-15 圣卡罗教堂，罗马，1638—1667年，建筑师：波洛米尼

图5-16 巴洛克雕塑，圣德烈萨的恍惚，1645年，雕塑家：乔凡尼·洛伦佐·贝尼尼（Giovanni Lorenzo Bernini, 1598—1680年）。巴洛克雕塑特点是强调人体动作的复杂曲线和强烈的明暗对比。该雕塑通过大面积衣褶、云朵削弱了大理石的沉重感，金属条反光增强了雕像的戏剧性效果。

图5-17 圣家堂教堂，西班牙巴塞罗那，1883—1926年，建筑师：高迪

图5-18 哥地努姆2，瑞士多纳奇，1925—1928年，建筑师：斯坦纳（Rudolph Steiner, 1861—1925年）

机器美学精神，更是形成了正统现代主义建筑理论中的理性霸权。当代解构主义建筑思潮，在某种程度上可以视为建筑历史上连绵不断的非理性主义暗流的延续与再现。无论是在非理性形态创造还是在思想内涵表达上，丹·里伯斯金德、恩里克·米拉耶斯以及艾西顿·雷加特·麦克杜加尔等当代解构主义建筑师都进行了一系列开拓性的探索。

纪念性建筑作为最受社会公众关注、也最为强调艺术性的重要公共建筑类型，从公元前4世纪古希腊雅典的帕提农神庙到19世纪初的巴黎星型广场凯旋门，对永恒、庄严的英雄主义主题的表达，构成了千百年来纪念性建筑亘古不变的主旋律。直到20世纪90年代，随着解构主义建筑思潮的兴起，这种僵硬、程式化的纪念性表达被彻底打破，其开端则是著名解构主义建

图5-19 犹太人博物馆鸟瞰，德国柏林，2001年，建筑师：丹·里伯斯金德图

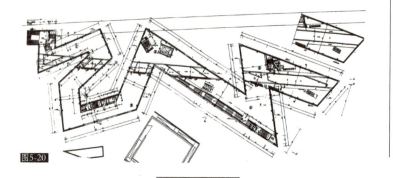

图5-20 犹太人博物馆平面图，德国柏林，2001年，建筑师：丹·里伯斯金德图

筑师丹·里伯斯金德主持设计的柏林犹太人博物馆。该建筑通过对监禁、恐怖与绝望等悲剧主题的象征与隐喻，建构了一系列摄人心魄的建筑形态与空间高潮，从而将对犹太人悲惨历史命运的纪念，上升到了对人性、对人类文明的深刻反思高度。

柏林犹太人博物馆（Jewish Museum）（图5-19～图5-21）是欧洲最大的犹太人博物馆，这项工程历时多年于2001年正式开放，甚至在还没有布置展览之前，就已经有300 000名参观者前来参观，成为轰动一时的建筑物，建筑师里伯斯金德也是一个犹太人，博物馆虚空、扭曲的折线和令人迷失方向的空间，这一切都产生于破碎的"大卫之星"的象征主题❻，同时也展示了解构主义建筑形态构成手法的魅力。犹太人博物馆是在柏林老博物馆的基础上扩建而成，新馆在地面上与老馆完全脱开，其入口通过老馆地下层进入。新馆在地面上可以分为三个部分：大屠杀纪念塔、霍夫曼花园和建筑主体，相应的建筑入口连接了新馆的三条参观路径：一条较短的廊道引向一个死胡同，象征死亡之路，穿过这个令人绝望的空间的底部一扇门，便进

---

❻ 大卫之星，Star of David，二战时纳粹德国曾要求每个犹太人佩带图案为"大卫之星"的臂章，它成为犹太人耻辱的标志。

图5-21 犹太人博物馆模型，德国柏林，2001年，建筑师：丹·里伯斯金德图

图5-22 犹太人博物馆大屠杀纪念塔，德国柏林，2001年，建筑师：丹·里伯斯金德图

入了一个极其阴森恐怖的烟囱空间——大屠杀纪念塔（图5-22和图5-23），它是一个清水混凝土浇筑的体块，阴暗的地面大部分被层层叠叠堆积的铁铸人面所占据，它们代表了大屠杀中消逝的不计其数的生命。这些由铁块铸成的一张张面孔只有眼睛和嘴，眼睛圆睁着，嘴巴大张着，他们仿佛想要呐喊，但声音被凝结住……踩在这些僵硬的面孔上，铁片碰撞的声音在虚空中回荡……第二条路径的侧墙上布满了当年犹太人逃往世界各地的城市名，路的尽端通向霍夫曼花园，由49个冷漠生硬混凝土方柱组成矩阵，放置于倾斜的地面之上（图5-24）。第三条路径则是最主要的展示空间，也是最长的路径，其中陈列着当年犹太社区幸存下来的遗物。建筑外表皮全部为锌板，没有窗户，而是布满了线型裂痕般的采光带。一位评论者说："整个柏林最天才也最不人性的建筑大概就是丹·里伯斯金德设计的犹太博物馆了，建筑本身已经替代展品表现了屠杀的恐怖，但也许这是更深刻的人性。"里伯斯金德的解构主义建筑呈现出破碎、凌乱、不完整乃至丑陋、荒诞的形象，不正是人的心灵深处被压抑和扭曲的心理的写照吗？建筑空间与建筑形态的理性秩序被打破，这不正是造成犹太人大屠杀的悲剧根源——人类社会"理性崩溃"的真实写照吗？

正是凭借犹太人博物馆悲剧性纪念主题表现的成功，丹·里伯斯金德赢得了纽约世界贸易中心重建项目国际设计竞赛的胜利。2001年9月11日，纽约世界贸易

图5-23 铁铸人面，犹太人博物馆大屠杀纪念塔，德国柏林，2001年，建筑师：丹·里伯斯金德图

图5-24 犹太人博物馆霍夫曼花园，德国柏林，2001年，建筑师：丹·里伯斯金德图

中心双塔在震惊世界的9.11恐怖袭击中被摧毁（图5-25～图5-28）。在里伯斯金德的设计构思中，巨大的原世贸中心地基墙体被作为遗迹"零地带"（Ground Zero）保留下来，这些躲过劫难的基础岩墙不仅证实了那场惨剧的发生，也象征了生命的顽强，从纪念馆可以乘电梯进入地下70英尺（约21m）的岩石地基。为了纪念那些在袭击中逝去的生命，建筑师还设计了"光之楔"（Wedge of Light），其构思创意是：经过精确计算，在每年9月11日的上午，从8时46分——第一架被劫客机撞击世贸中心到10时28分——第二架被劫客机发动恐怖袭击的时刻，清晨的阳光将穿透周围建筑群照亮整个世贸中心的遗址，没有一丝阴影。为方便游客参观，他还设计了一条纪念漫步道——围绕世贸中心遗址的步行环行道。他还该重建项目规划了一座高达541.68米的自由塔。

2000年去世、享年45岁的西班牙建筑师恩里克·米拉耶斯（Enric Miralles，1955—2000年），是一位有着高迪式悲

图5-25　9.11恐怖袭击中的世界贸易中心，美国纽约

图5-26　世界贸易中心重建方案模型，美国纽约，2002年，建筑师：丹·里伯斯金德

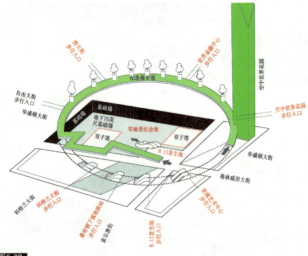

图5-27　世界贸易中心重建方案总平面示意图，美国纽约，2002年，建筑师：丹·里伯斯金德

方案剖面图，美国纽约，2002年，建筑师：丹·里伯斯金德

图5-28　世界贸易中心重建

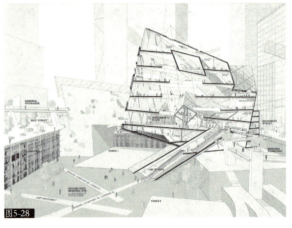

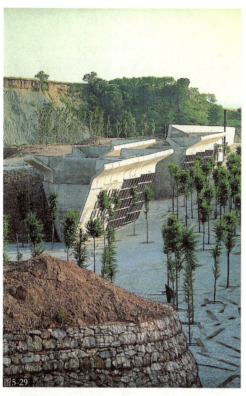

剧命运的建筑大师。Igualada公墓（图5-29～图5-31）是他最受人称道的作品之一，建筑师采用各种象征手法来表达死亡的主题：排列着骨灰龛的墙体倾斜并向上卷曲，碎石护坡用金属网包裹，横亘在郊区荒芜的采石场般景观中。从主入口开始，空间沿着一条坡道不断下沉，四散的木块和铁片深深地嵌入混凝土地面中，象征着死亡瞬间所凝结的无常的人生命运。2004年竣工的英国爱丁堡苏格兰新议会大厦（图5-32和图5-33），是米拉耶斯富有浪漫主义精神的的不朽遗作。新议会大厦的建筑面积达30 000m²，包括四座4～5层高的塔楼、一个新闻中心和一个会议中心，可以容纳1200人办公。建筑师拒绝将新议会大厦视为权力的象征，转而采用一种非正式、无等级的布局方式。在西北两侧，建筑融入到旧城的肌理中，表现了与城市和市民的亲和力；在东南侧，建筑组团逐渐放松为一系列细长低矮的覆土式建筑，仿佛绿色的手指深入到城市公园中，与自然融为一体。椭圆形的建筑体量既避免了造型元素的重复，同时又保留了动态和围合的感觉。新苏格兰议会大厦融于周围的

第五章 解构主义——解构、解形与非线性建筑

图5-29 Igualada公墓，西班牙巴塞罗那，1992年，建筑师：恩里克·米拉耶斯

图5-30 Igualada公墓，西班牙巴塞罗那，1992年，建筑师：恩里克·米拉耶斯

图5-31 Igualada公墓，西班牙巴塞罗那，1992年，建筑师：恩里克·米拉耶斯

图5-32 苏格兰新议会大厦模型，英国爱丁堡，2004年，建筑师：恩里克·米拉耶斯

图5-33 苏格兰新议会大厦，英国爱丁堡，2004年，建筑师：恩里克·米拉耶斯

图5-34 新国家博物馆鸟瞰，澳大利亚堪培拉，2001年，建筑师：艾西顿·雷加特·麦克杜加尔

景观之中，成为连续的大自然的有机片段，这种造型与空间的戏剧性表现，淋漓尽致地体现了以高迪为代表的西班牙非理性主义建筑传统。米拉耶斯逝世后，该建筑由他的遗孀西班牙建筑师贝内德达·塔利亚布（Benedetta Tagliabue）最终主持完成。

艾西顿·雷加特·麦克杜加尔设计的澳大利亚新国家博物馆（图5-34和图5-35），2001年建成，该建筑由三部分组成，第一部分的折线形体量，运用了丹·里伯斯金德设计的柏林犹太人博物馆的离散、游离的构图形式；紧接其后的是圆弧形的展览馆，采用明黄色墙面和玻璃屋顶，顶部呈阶梯状；最后一部分是黑白两座近似矩形的建筑体，在矩形建筑与折线形建筑之间，一个弧形柱廊将两部分相连接起来，并围合成一个近似圆形的内部庭院。内部庭院的另一边，则是一个开放的庭院，这里矗立着一座巨大的雕塑作品——钢架支撑着彩色钢板，它一边高高挑起，另一边则被巧妙地设计成通向场馆内的走廊。该博物馆建筑形态大胆不羁、天马行空，建筑色彩鲜明热烈，充分表现了澳大利亚民族文化的丰富多元与自然景观的多姿多彩。

图5-35 新国家博物馆景观，澳大利亚堪培拉，2001年，建筑师：艾西顿·雷加特·麦克杜加尔

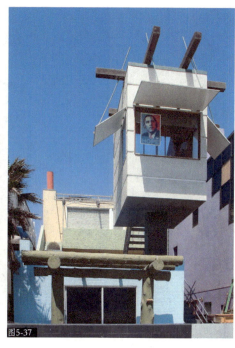

2. 随机性与偶然性的追求

解构主义建筑师强调设计过程的随机性与偶然性，他们拒绝表现任何预先存在的内容，否认任何规定性的前提，他们重视体验、直觉和机遇的作用，追求形式不受约束的自主变异，努力体现未被思维所把握的形象。在解构主义阵营中，最强调表现建筑形态的随机性与偶然性的是活跃在美国加利福尼亚洛杉矶地区的圣·莫尼卡学派，他们试图通过对完整构图和惯常形式的扭曲、倾覆和裂解，获得意想不到的建筑形态，他们认为这样的建筑形态更能表现由卡通形象、商业广告构成的用过就扔、匆匆忙忙的现代"快餐"文化。正如莫斯所宣称，"我不想提供那种单一化和头脑简单的答案。如果每个作品仅是简单的对称、简单的平衡或单纯的线性、单一的叙述性，那就是头脑简单，我所经历的世界并不是那样的。"❼

圣·莫尼卡学派代表人物盖里采用粗糙的技术和材料，把房屋结构和构造袒露出来，在建筑形态上追求随机效果，"让房屋看来好像是碰巧成了那个样子，好像有

谁让施工突然停顿下来"。其早期作品——位于加利福尼亚州圣·莫尼卡的盖里自宅（1978年）（图5-36），原为一幢普通的荷兰式两层住宅，扩建时基本保留了原有房屋，而在其东、西、北三面添建单层小屋，扩建的面积不过74m²。盖里采用了极其廉价的瓦楞铁板、铁丝网、木条、木夹板和玻璃等材料，他让这些粗糙的材料全部裸露在外，不加处理、没有掩饰。添建部分形状也极不规整，用木条和玻璃做成的透明玻璃天窗悬在厨房半空，让人感到有即将滑落的危险。盖里试图通过这个建筑来表明：建造过程不再完全由理性控制，而是可以作为即兴的表演。位于加利福尼亚州威尼斯的诺顿住宅（1984年）（图5-37），也同样采用粗糙的技术，大胆袒露房屋结构和构造，建筑形态表现出了很大的随机性和任意性。

解构主义由于消解了内容与形式之间的二元主从关系，从而导致了内容与形式之间关系的解体，设计变得如同掷骰子，既不能对形态结果进行理性的预期，也无法对形态生成过程作出逻辑性解释。伯纳

图5-36 盖里自宅，美国加利福尼亚州圣·莫尼卡，1978年，建筑师：盖里

图5-37 诺顿住宅，加利福尼亚州威尼斯，1984年，建筑师：盖里

❼ 沈克宁，美国建筑师埃瑞克·莫斯的作品，建筑师60期：81

图5-38 拉·维莱特公园模型，法国巴黎，1982年，建筑师：伯纳德·屈米

图5-39 拉·维莱特公园，法国巴黎，1982年，建筑师：伯纳德·屈米

图5-40 维特拉家具设计博物馆，德国Weilam-Rhein，1987—1988年，建筑师：盖里

德·屈米设计的位于巴黎郊区的拉·维莱特公园（1982年）（图5-38和图5-39），努力发掘建筑形态生成的非逻辑与偶然机遇性，公园景观形态由点、线、面三个互不关联的要素体系相互叠加而成，各体系之间毫无联系、自行其是，相互碰撞中产生了意想不到的效果。建筑师在120m×120m的网格上每隔20m安排一个鲜红色装置物——"Folies"，作为点要素的26个"Folies"，是以10m边长的立方体为基本形体，再附加构件拼结而成；线的要素有长廊、林荫道和一条贯穿全园的弯曲小径，这条小径联系了作为面要素的10个主题园，也是一条公园的最佳游览路线。

与伯纳德·屈米的抽象而学究气的形态生成相比，盖里更乐于在具象的三维形态上把握自己的构思。而盖里建筑形态的随机性与偶然性，则来自于他将建筑视为雕塑的创作态度。在1980年出版的美国《现代建筑师》杂志上，盖里宣称，"我去接近建筑是作为一个雕塑为目标，它如同一个特殊的容器，它是一个有光线和空气的空间，一个与周围环境协调、体量适度并具有情感和精神的容器"。1998年12月号美国《建筑实录》杂志主编罗伯特·尔文（Robert Evy）采访他时，他宣称："我关于建筑的理论、我的想法是来源于艺术"，"所以绘画雕塑对我的世界、生命来说至关重要"。[8] 1988年落成的维特拉家具设计博物馆（Vitra Furniture Design Museum）（图5-40），是盖里风格形成的标志性作品，博物馆包括门厅、图书室、会议室以及展览大厅，采用了白色粉墙与钛锌板屋面，建筑形态看似复杂多变，实际上形态主要依靠入口雨篷、门厅、交通空

[8] 顾同曾，洛杉矶文化音乐中心掠影：兼论盖里的创作思想，建筑创作，200511：138~143

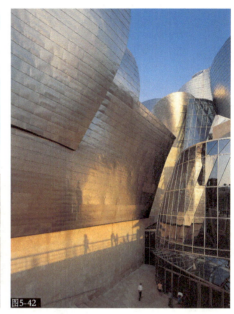

间和天窗等非主体功能空间来进行变异,建筑平面布局仍然具有充分的合理性。盖里1997年设计建造的西班牙毕尔巴鄂古根汉姆博物馆(图5-41和图5-42),建筑形态由曲面块体组合而成,外墙为西班牙石灰石和钛金属面板,前者用来建造矩形的空间,后者用来覆盖雕塑般的自由形体。

3. 错乱与冲突的表达

解构主义惯于将各种建筑元素进行冲突性布置和叠加,用破碎和不协调的因素去拓展陌生的审美领域,创造一种复杂不定、残缺突变、偶然碰撞的"反形式",与古典主义和现代主义的纯粹有序、稳定和谐的建筑形象形成了明显对比。正如蓝天组所指出:"解构主义的目的在于颠覆并创造不安。他们反对妥协,反对满足的、适应的、以及后现代同行的文脉建筑或者新古典主义,他们要建筑拒绝传统的形式。我们讨厌去寻求帕拉蒂奥和历史主义的假面具,我们要建筑拥有更多,要建筑受伤、衰败、混乱甚至破裂"。[9]

局部的错乱冲突是艾瑞克·欧文·莫斯最为典型的设计手法,他惯于在一个常见的建筑形态中,将部分墙壁、地面和顶棚切开,让桁架、室内空间暴露出来,或插入结构性、空间性介入体。1996年,莫斯为卡尔弗市设计的柯达公司撒米图尔大楼(图5-43),建筑为长条形,为了容纳卡车通道,将底层全部悬空,巨大的工字形断面钢梁、混凝土墩柱与旁边的一座旧仓库形成底部通廊,建筑立面开设了规则的方窗。但是这种秩序在建筑端部被突然打破,取而代之的是建筑形态的裂解,这

图5-41 古根海姆博物馆,西班牙毕尔巴鄂,1997年,建筑师:盖里

图5-42 古根海姆博物馆,西班牙毕尔巴鄂,1997年,建筑师:盖里

图5-43 撒米图尔大楼,美国洛杉矶卡尔弗市,1994年,建筑师:莫斯

---

[9] 邓庆尧,科技与城市,天津大学博士学位论文,2000: 73

图5-44 蜂巢，美国洛杉矶卡尔弗市，1994年，建筑师：莫斯

图5-45 盒子，美国洛杉矶卡尔弗市，1994年，建筑师：莫斯

图5-46 雨伞，美国洛杉矶卡尔弗市，2000年，建筑师：莫斯

个破裂的圆柱形空间内部为螺旋楼梯。这种介入体粗暴插入的手法还应用在1995年完成的"蜂巢"（Beehive）（图5-44）上，通过插入异质元素，展现出独特的形式创意。而盒子（Box）（图5-45）在建筑创意上走得更远，它是在原有建筑上插入一个混凝土立方体作为咖啡馆，端部的一角被切除，代之以透明的转角玻璃，从而打破这个几何体的完整。莫斯的"雨伞"（图5-46）是2000年度美国萨弗莱克斯设计奖（Saflex Design Awards）的获奖作品，该建筑将20世纪40年代建成的两个毗邻仓库建筑改造为环绕中心广场的商业艺术综合体，其特点是位于屋顶的室外休闲场所和露天剧场。所谓"雨伞"是一个实验性的结构，由17片平板玻璃支撑在一个钢管结构上叠合而成，构成了看台区的天篷。

在这里，平板玻璃被大胆的创造性使用，构成了一种雕塑式的效果和强有力的标志，有效地表达了材料的轻盈感和流动性，同时建筑师还创造性地运用计算机技术来制作流畅的透明表皮。

2005年度的普利兹克奖得主——墨菲西斯事务所的创始人汤姆·梅恩，以其充满动势的建筑形态来抵制现代主义建筑形式的简单化倾向，其创作动机源于一种打破秩序和惯性、建构充满自由精神、富有个性色彩的另类美学冲动。他设计的加利福尼亚州波诺玛的戴蒙德·朗奇中学（Diamond Ranch High School）（图5-47），从东侧狭窄的入口台阶向上，突然出现一条东西向的步行道，将学校建筑群一分为二，在这个城郊校园中，步行道为师生提供了一种类似城市商业街的空间体验，同时又为不同年级的学生之间、师生之间提供了交流场所。从步行道顺宽大的台阶向上，便可来到屋顶平台，只见步行道南北两侧的建筑形态折叠、离散，仿佛漂移的地质板块，与周围起伏的山体浑然一体。建筑折叠起伏的屋面和墙面被金属波纹板从上至下包裹起来，局部采用了素混凝土和玻璃，建筑尺度消解在这些不规则的几何体和波纹板的肌理中，从而赋予建筑形态以"非建筑"（Non-Architecture）的形象，成为"非逻辑、非秩序、反常规的异质要素并置与混合"的抽象形式游戏，也是墨菲西斯"线性序列轴线"、"建筑对生活中复杂性与偶然性回应"思想的表达。

彼得·埃森曼（Peter Eisenman），1932年出生于美国新泽西州纽瓦克，他曾就读于康奈尔大学、哥伦比亚大学和英国剑桥大学。1967年，他回到纽约，建立了自己的建筑与城市研究机构，并创立了一份颇具影响力的杂志《反对派》（Oppositions）。从20世纪60年代末起，他不仅在建筑理论和教育方面颇有建树，同时还设计了一系列住宅——从1970年的1号住宅到1978年的10号住宅，遍布全美各地，它们运用了平面错动、裂隙、边缘和笛卡尔方格网等手法，解构了正统现代主义的方盒子。80年代，埃森曼在纽约正式建立了事务所，从事更大规模的设计项目。埃森曼设计的俄亥俄州立大学韦克斯纳视觉艺术中心（Wexner Center for the Visual Arts）（图5-48和图5-49），为了适应现有的建筑文脉，建筑师设计了两套互成12.25°夹角的平面网格，一套是传统的哥伦布城城市网格，另一套是大学的校园网格。两套网格通过交叠以融入校园和城市的肌理，而近乎卡通的砖砌体代表了基地原有的老军械库形象和历史文脉。如果说韦克斯纳视觉艺术中心体现了建筑师对新建筑如何融入多种复杂关联的"场域"的关注，那么辛辛那提大学艺术学院阿诺夫设计艺术中心（图5-50和图5-51）则是对城市和建筑环境自发组织能力的研究。该建筑1988年开始设计，1996年建成。既有建筑的轮廓线被抽象为"Z"形折线空间系统，新建筑则

图5-47 戴蒙德·朗奇中学，美国加利福尼亚州波诺玛，2000年，建筑师：汤姆·梅恩

图5-48 韦克斯纳视觉艺术中心，俄亥俄州立大学，1989年，建筑师：埃森曼

图5-49 韦克斯纳视觉艺术中心，俄亥俄州立大学，1989年，建筑师：埃森曼

图5-50 阿诺夫设计艺术中心，辛辛那提大学艺术学院，1988年，建筑师：埃森曼

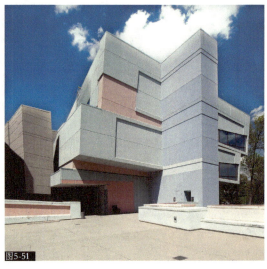

图5-51 阿诺夫设计艺术中心，辛辛那提大学艺术学院，1988年，建筑师：埃森曼

由基地波动的等高线抽象为"S"形曲线系统，曲线内部由一组呈对数关系的、互相重叠的盒子空间构成，"Z"形和"S"形系统经过复制、偏转和叠加，最终形成一个极其错综复杂的整体空间结构系统。

美国的乌托邦建筑师利伯乌斯·伍茨（Lebbeus Woods），其最不同凡响的作品也是与场地的内在冲突主题紧密相关。在他于1991年设计的柏林的Free Zone和萨格拉布的Free Zone（图5-52和图5-53）中，他所描绘的"建筑"，有的紧贴原有建筑，有的侵入到内部，它们或像巨大的机械生物吞噬着建筑，或像巨大的武器般构筑物相互碰撞在一起，或在城市内部迸裂。他设计构思的出发点是"被释放的建筑"——即通过暴力、冲突和非理性为城市提供新的动力和自由，他宣称，"建筑就是战争。战争就是建筑。我们在与我们的时间斗争、与我们的历史斗争，与所有拘于固定的、束缚的形式的权威战斗。"[10] 作为

图5-52 Free Zone方案，德国柏林，1991年，建筑师：利伯乌斯·伍茨

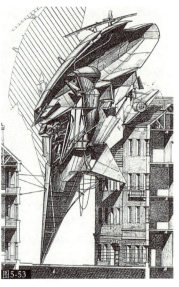

图5-53 Free Zone方案，德国柏林，1991年，建筑师：利伯乌斯·伍茨

---

[10] 凯斯特·兰坦伯里等著，邓庆坦等译，国际著名建筑大师·建筑思想·代表作品，济南：山东科学技术出版社，2006: 224~225

一名建筑师，伍茨从未实际建造过一栋房子，但是作为一名多产的艺术家，他却被公认为有史以来最富有原创精神的乌托邦建筑师。

4. 解形与拓扑：广义的解构主义

所谓"解形"就是指，将建筑形态从欧几里德几何体系中解放出来，打破平面、立面和顶面之间的界限，取消立面概念，于是建筑形态不能单凭平面、立面就可以进行把握和解析了。正统的现代主义建筑打破了古典建筑六个界面（地面、顶面、侧面）的封闭围合，使它们获得了自由甚至独立，从而产生了开放空间和乌德勒支住宅。而广义解构主义的"解形"，则是混淆了建筑各个界面的关系和界限，进一步消解了盒子式建筑形态的"六面体定式"。西班牙雷阿尔城的巴耶阿赛隆小礼拜堂（图5-54和图5-55），由桑丘·马德里德霍斯建筑事务所（Sancho-Madridejos Architecture Office）设计，建筑师采用自由折叠的手法推翻了建筑的六面体定式，他们宣称："对建筑形态（形体或形式）的定义不能由单独的图像来表示；原来的平面图不能建构形态（形体或形式）。我们需要的是可以塑造和包裹空间的无数变量切口的连续体，是切口和截面组成的多样的连续体。平面是经扫描后的空间的结果。"⑪这座建筑犹如毕加索的立体主义绘画，将建筑的基本形体破碎成相互连缀的片段，在室外人们无法分辨各个立面之间、立面与顶面之间的明确分界线，而在室内同一视野中，可以同时看到被建筑片段分割的不同空间和景观，习以为常的室内外建筑体验被消解，取而代之的是虚化的和片断的印象。

如果说巴耶阿赛隆小礼拜堂的解形是一种复杂的几何抽象构成，那么库哈斯、埃森曼的解构主义建筑构成则是一种复杂的

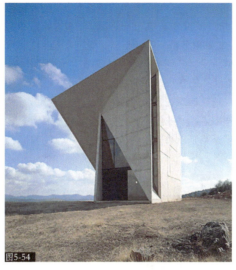

建筑形态与空间拓扑构成。库哈斯设计的西雅图公共图书馆（图5-56和图5-57），是运用拓扑手法进行建筑空间与形态构成的典型作品。该图书馆的阅览、会议、检索、书库、中央管理以及地下车库等基本功能被归纳为五个固定体块，构成了建筑的实体。五个体块似乎随机地交错穿插在一起，有的体块突出，有的凹进，建筑外部由菱形网格的玻璃幕墙包裹，建筑形态上形成了巨大的出檐或斜面，整个建筑仿佛一座巨大的冰山，突兀地耸立在城市的中心。而儿童

图5—54 小礼拜堂，西班牙雷阿尔城，建筑师：桑丘·马德里德霍斯建筑事务所

图5—55 小礼拜堂，西班牙雷阿尔城，建筑师：桑丘·马德里德霍斯建筑事务所

图5—56 西雅图公共图书馆，美国西雅图，2004年，建筑师：库哈斯

---

⑪ 赵鹏、曾坚，建筑"解像"及其分析，新建筑，200603：68

活动区、公共活动区、多媒体服务区、开放阅览区等共享空间就布置在五个体块与玻璃幕墙形成的空间之中。在四层开架阅览书库中，库哈斯运用了招牌式的空间拓扑手法——地面倾斜使各层书库保持流动贯通，这种手法以往是运用在报告厅等功能上需要起坡的空间中，地面坡度不大可以保证残疾人轮椅和书籍运输的需要。各种书籍放置在这个连续上升的大坡道上，其统一编号贴在地面上，读者可以很容易找到自己需要的图书。美国建筑师彼得·埃森曼设计的高层建筑方案——德国柏林马克思莱茵哈特大楼（Max Reinhardt Haus）（图5-58），采用了具有空间拓扑形态的Mobius环，该方案由于造价过高而未实施，但是形态构思为库哈斯设计的中央电视台新厦所继承（图5-59），后者位于北京高层建筑最密集的区域——CBD核心区，总占地面积19.7hm²，

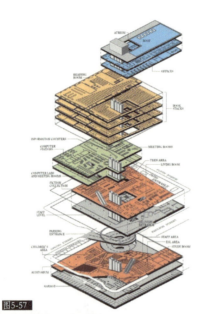
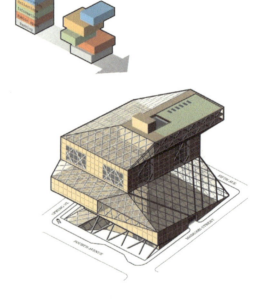

图5-57 形态组合示意图，西雅图公共图书馆，美国西雅图，2004年，建筑师：库哈斯

图5-58 马克思莱茵哈特大楼，德国柏林，1992年，建筑师：埃森曼

图5-59 中央电视台新厦，北京，建筑师：库哈斯

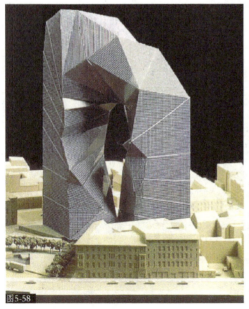

总建筑面积约 59 万 m²，由中央电视台 CCTV 主楼、服务楼、电视文化中心（TVCC）以及一系列室外工程组成。其中主楼高 234m，地上 52 层、地下 3 层，设 10 层裙楼，建筑面积达 47 万 m²。库哈斯方案由于迎合了业主通过建筑形象塑造 CCTV——中国最庞大、最具权威电视传媒形象的心理而一举中标。中央电视台主楼在两幢巨大塔楼中间以悬空的 L 形体连接，形成了极具标志性的不规则"门"式构图。在内部空间上，建筑师试图打破板式高层办公建筑的封闭性，强调公众开放性——超过 1/4 的场所完全向公众开放，为了迎接每天数千名造访者的到来，库哈斯利用这种空间拓扑形态构成了一条不规则的环状参观流线，它连接各个参观项目并贯穿全楼，参观者能够更全面地了解电视台的工作程序，通过这个参观路线，CCTV 作为一个媒体机构的形象完整地展现在公众面前。当然，为了这一不稳定的悬空结构，该工程额外耗费了大量钢材和投资，其建筑形象以及昂贵的经济代价引起了巨大的社会争议。

三、计算机技术与"异形"建筑探索

以工业化大生产为基础的现代主义建筑，高度强调建筑的工业化、标准化，主张排斥个性和设计者的自我意识。正如格罗庇乌斯所指出，"历史上所有伟大时代都有其标准规范——即有意识的采用定型的形式——这是任何有教养和秩序社会的标志。"他认为标准化的过程"首先必须剔除设计者有个性的内容及其他特殊的非必要的因素。"在这种观念的指导下，纯化表面、通用形式和均质空间成为现代建筑的通用语言。设计标准化是建筑工业化的大前提，超越标准化去追求建筑创作的个性化无一例外要付出高昂的经济代价。例如在西班牙巴塞罗纳圣家族大教堂设计中，建筑师高迪彻底放弃了传统制图手段，亲临施工现场，结合实体模型，历时 40 多年营造他毕生最伟大的设计，在他临终时仅完成其中一小部分，至今尚未彻底完工。又如伍

重设计的悉尼歌剧院，已经成为澳大利亚的骄傲，但是这项原本计划 4 年完工的建筑，工期一拖再拖，最后竟然花了 17 年才完成，而整个工程预算也从最初的 700 万美元一再追加到 1 亿美元。

今天，在信息技术革命浪潮中催生的计算机图形分析能力和数字化控制制造技术，为建筑师设计、建造各种异形建筑形态提供了空前强大的技术手段。高迪式、伍重式的建筑梦想已经不再是高不可攀的乌托邦，而且开始以惊人的速度成为现实。计算机不仅是绘图工具，而且已经成为设计手段，作为人脑的延续，计算机不仅帮助人们构思出一些脑力难以想象、巧手难以描绘的形体，同时也在很大程度上影响了设计构思的方向和最终成果。

在某种程度上盖里是一个形式主义者，在他的建筑中，形态的视觉冲击力被大大地强调和夸张。但是他的作品最具有革命性意义之处并不在于形式，而在于对当代最新科技发展所做出的最敏感的反应。CATIA 系统是在法国航空航天工业中研发的飞机设计软件，在盖里的设计过程中，CATIA 在建筑设计中的应用被第一次开发出来，并与一种近乎手艺人的设计操作完美地结合起来：首先通过黏土实体模型来研究建筑形态，然后通过三维数字化仪器将实体模型转化为数字化模型。换而言之，现代科技起到了一种设计构思转译工具的作用，但是如果没有这些技术，盖里天马行空的作品即使能够设计出来，恐怕也难以最终建成实现。盖里的早期作品没有使用 CATIA 软件进行计算机辅助设计（Computer Aided Design，简称 CAD），虽然花费大量时间计算模板和贴面材料的曲率，但是设计和施工误差仍然使得预想的平滑流畅的曲面时常出现不连续的凸出和凹陷，影响了建成后的效果。后来他在布拉格办公楼（图 5–60）设计中，运用 CATIA 软件给诡异多

图 5–60 布拉格办公楼，捷克，1996 年，建筑师：盖里

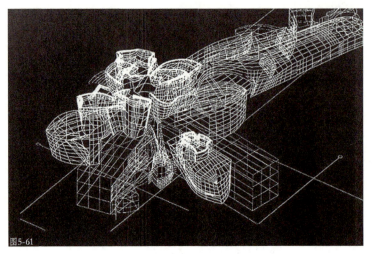

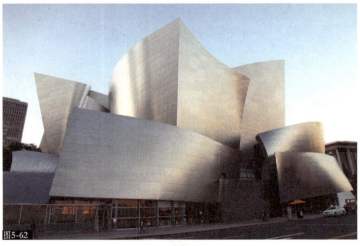

图5-61 计算机模型,古根汉姆博物馆,西班牙毕尔巴鄂,1997年,建筑师:盖里

图5-62 沃特·迪斯尼音乐厅,美国洛杉矶,2002年,建筑师:盖里

变的建筑形态建立数字化模型,同时还把窗框、贴面以及模板的数字化信息传输给分包商,通过计算机辅助制造(Computer Aided Manufacture,简称CAM)进行加工,不仅提高了设计精度,而且将每平方米造价从18.58美元降低为12.54美元。毕尔巴鄂古根汉姆博物馆(图5-61)与洛杉矶迪斯尼音乐厅,这两幢拥有复杂曲面的异形建筑均为计算机辅助设计(CAD)与计算机辅助制造(CAM)的高科技产品。其中,迪斯尼音乐厅(图5-62)这个洛杉矶的地标性建筑,形态各异的曲面外壳用不锈钢包裹,底座由花岗岩砌筑。在设计中,盖里先用实体模型进行三维创意,再用三维数字化仪将模型输入计算机,最后再对建筑形态进行调整。盖里指出:"过去,从我的构思草图到最后的建筑总是有许多隔阂,设计意图在到达施工工人之前就失去了设计的感觉。有时,我自己感觉是在说外语。现在好了,所有的人都明白我的意思。在这种情况下,计算机更像是个解释者。"[12]
由于音乐厅的表面形状十分复杂,因此在施工过程中石材加工的难度极大,但是凭借数字化的建筑信息,石块切割机在数字信息驱动下加工石材,快捷而准确地完成了任务。

弗兰克·盖里、扎哈·哈迪德等解构主义建筑大师的探索成果表明:今天的计算机技术已经可以保证任意一种复杂形式,只要能被精确地描绘为数字化信息,就能被精确地建造出来。曾长期困惑建筑师的复杂建筑形态的设计与建造问题,在今天已经基本得到解决,CAD 和 CAM 为建筑师探索复杂变化的形态和空间开辟了自由挥洒的广阔天地。

四、非线性建筑:当代解构主义建筑新走向

解构哲学是一种虚无主义的消解性思维方式,它既没有目标也没有建立新的理性规则的志趣;同样,建筑中的解构主义消解了传统的形式法则,摧毁过去的一切却不设立未来,否定终极永恒的东西却不设立新的希望。解构主义建筑将人们对建筑和空间形态的想象从几何规则形态的束缚中解放出来,使建筑形态与空间获得了空前的自由。但是,解构主义的设计手法是非理性的,往往集中在破碎、错动、扭曲等表现性手法上,人们需要寻找一种新的基于科学理性的设计方法,来获得随机、流动的形体与空间形态,这种形态应当是在设计过程不断进行理性选择的结果,没有任何预设标准,可以是任何形态,但是每一次建筑形态的选择都必须综合考虑影响建筑的各种因素,包括场地的地理、气候、景观、文脉、场所精神以及社会经济、交通、

---

[12] 邹德侬,计算机和纸笔共用,中国现代建筑论集,北京:机械工业出版社,2003:349

建造条件等。既然建筑形态是众多外部与内部因素共同作用的结果，那么，就可以把影响建筑设计各种因素的综合作用看成是一个复杂系统，组成这个系统的各个因素可以作为参变量，如果找到连接各个参变量的规则，那么就可以建立参数模型，进而借助计算机技术来生成建筑形态、建筑空间乃至建筑结构，并且可以通过改变参变量的输入值，获得多解的或动态的设计方案。按照这一设计方法，作为结果的建筑形态将会超越欧几里德几何体系，产生出连续的、流动性的非线性形态，这种形态是对各种复杂因素的综合性解答。美国的斯蒂文·霍尔、彼得·埃森曼、格雷格·林恩，荷兰建筑师 UN Studio、西班牙建筑师组合 FOA 等一批先锋建筑师在非线性建筑领域进行了卓有成果的探索。

非线性建筑作为解构主义建筑的最新走向，它为解构主义的随机性与偶然性、错乱与冲突等非理性手法套上了科学理性的羁绊。非线性建筑形态作为一种连续的流动形态，这种形态来自于对建筑功能与场地环境因素的解析，建筑设计过程就是分析、综合各种建筑影响因素的过程，而建筑的复杂形体是设计过程的结果，也是最好地满足建筑功能、最好地适应场地条件的产物。芬兰赫尔辛基当代艺术博物馆的非线性建筑形态（图 3-36 和图 3-37），就是建筑师斯蒂文·霍尔对场地的自然与人文环境进行分析归纳的结果。1993 年，霍尔以名为 Kiasma（交错）的设计方案赢得了国际建筑设计竞赛胜利，而这个方案代号也成为这座博物馆的永久名称。该建筑位于赫尔辛基市中心地段，场地位于不同城市网格、不同景观的交汇处，临近纪念性建筑并面向远处的蒂罗湾，其"交错"的设计概念来自于直线的城市景观与曲线的自然景观之间的交错融合，"交错"作为建筑师构思理念的集中体现，不仅表现在城市景观与自然景观几何形态的交织上，也反映在建筑的平面、立面、剖面以及内部空间的组织上。当代艺术博物馆为人们提供了多种空间的体验，展览空间由半个矩形体量与一面弧形墙结合而成，形成了一种有着轻微弯曲的"展示空间"，这些弧形展开的空间序列为参观者提供了连续性展开的空间体验，一种矩形正交空间无法提供的空间体验。采光设计是博物馆设计的重要方面，对于赫尔辛基当代艺术博物馆而言，采光设计就是如何组织高纬度地区接近水平线的自然光。这座建筑物的弯曲外形及交织形态也是为满足采光要求而设计的，建筑的曲线构成和交错扭转的形态使得 25 个展室均能获得自然采光。在这里，霍尔将功能与形式、自然与人文景观融合为一个全新的、具有场所意义的整体。

20 世纪末，扎哈·哈迪德的设计作品反映了解构主义建筑形态的演变动态。自从维特拉消防站建成以来，哈迪德开始探索与 20 世纪 20 年代俄罗斯至上主义、构成主义不同的建筑形态，其作品从棱角分明的解构形态转向流动、自由和非线性，墙、柱结构体系被突破，墙面、顶面、地面等传统空间界面被模糊融合，德国 Weilam-Rhein 的 Lfone 园艺展廊（图 5-63）成为这种风格转变的分水岭，该建筑一反哈迪德早期的错乱与冲突的锐角形态，采用了与地形地貌相和谐的连续、有机的非线性形态，三条蜿蜒的路径通道如同划过场地的纤细波纹，构成了建筑灵动的流线型线条。哈迪德在意大利 Nuragic 与现代艺术博物馆

图5-63　Lfone园艺展廊，德国Weilam-Rhein，1997—1999年，建筑师：扎哈·哈迪德

图5-64

图5-65

（Nuragic & Contemporary Art Museum）国际竞赛获得头奖的方案（图5-64～图5-66），则是她的非线性建筑形态的力作。该项目包括一座图书馆、一座会议厅、办公区和零售区，在这里建筑不再以一种强势语言对所在场地进行侵入式介入，而是以一种有机的形态协调地融入场地，场地则为建筑提供了生长的场域，两者之间形成一种互动式的对话，而这种对话方式是自然界独有的，也反映了物质客体在自然界的真实存在状态——非线性形态。

彼得·埃森曼长期致力于探索运用计算机生成前所未有的建筑形态，他的尝试几乎是从价值的零度开始，他拒绝建筑类型学和文脉主义，放弃对建筑材料、构造的表现，而是将全部热情投放在"自足的形式探索"，即把计算机作为在设计过程中排除设计者主观"干扰"的工具，借助计算机程序来生成建筑形式。这是一种极其"人工化"的设计过程，远离以满足实用功能、实现建筑师想象的形态与空间为目的的传统设计方法，最终创造出传统设计方法所无法生成的建筑形态。埃森曼还把形式探索推进到超大尺度的都市项目中，如

图5-64　Nuragic与现代艺术博物馆外观，意大利卡里亚利，2006年，建筑师：扎哈·哈迪德

图5-65　Nuragic与现代艺术博物馆外观，意大利卡里亚利，2006年，建筑师：扎哈·哈迪德

图5-66　Nuragic与现代艺术博物馆内景，意大利卡里亚利，2006年，建筑师：扎哈·哈迪德

图5-66

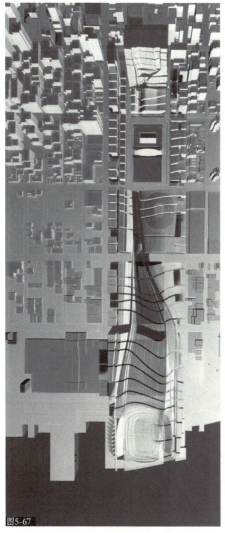

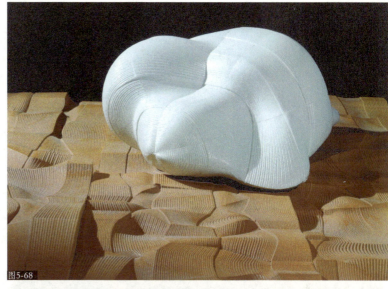

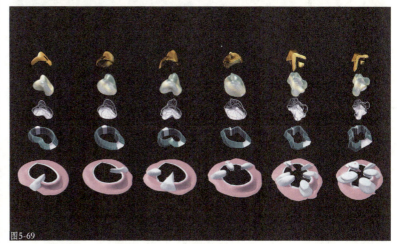

纽约曼哈顿西岸线规划方案（Project for Manhattan's West Side）（图5-67），所有不同的市政交通系统和人流、物流运动以及各种综合体都从一张连续的二维网格上卷曲而起，然后通过扭曲、变形最终汇聚成为一个连续不断的拓扑空间系统，消解了既有的建筑墙面、屋面、地面的等级体系以及室内外空间的区别，也不再存在城市的"图"、"底"关系之分。美国建筑师格雷格·林恩（Greg Lynn）在当今国际建筑界可谓大器早成，他生于1964年，是一位探索非线性建筑形态的新生代建筑师。林恩认为，传统建筑形态过于固定，无法突破笛卡儿正交坐标网格的束缚，缺乏自然生物那种形成可生长变化的动态空间的能力。他认为，弗兰克·盖里只是运用计算机产生新的静态形式，而轮船设计师却需要处理紊流、漂流和黏滞等流体力学问题，而后者的科学理性方法正是超越静态形式的形态塑造方式。他主张建筑应当成为像有机体一样生长的"生机勃勃的形式"（Animate Form）（图5-68和图5-69），并试图通过计算机建模将其构想与现实的工业制造方式结合起来。他指出，今天的建筑技术已经允许建筑师制订个性化和可变异的方案，而不是僵化、缺乏个性的体块，建筑师已经能够抛弃传统建筑的生硬躯壳，完成从"静态的被动空间"向"交互的主动空间"的转换，从而建构出具有连续不断的单一表皮的建筑。由林恩领衔的联合

图5-67 曼哈顿西岸线规划方案，纽约曼哈顿，1999年，建筑师：埃森曼

图5-68 胚胎学空间，建筑师：格雷格·林恩

图5-69 胚胎学空间，建筑师：格雷格·林恩

图5-70 世界贸易中心重建方案，美国纽约，2002年，建筑师：联合建筑师小组

图5-71 世界贸易中心重建方案，美国纽约，2002年，建筑师：联合建筑师小组

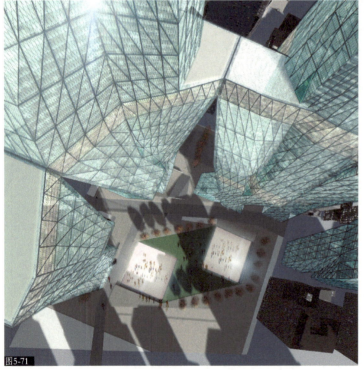

建筑师（United Architects）提交的纽约世界贸易中心重建方案（图5-70和图5-71），打破了高层建筑孤立塔楼的模式，五栋塔楼在244米高空相汇合，相互连接构成一个连续的空中曲线，其中有空中街道和花园，并形成了包围着下面原世贸中心双塔楼遗址的"教堂式"空间。

FOA是由一对夫妇建筑师——伊朗裔的艾·扎埃拉·波罗（Alejandro·Zaera Polo）和西班牙裔的费·穆萨维（Farshid Moussavi）组成。他们对传统建筑美学和建筑形态生成方式进行了大胆突破，他们认为："我们的世界不是规则的而是杂乱的；我们的宇宙不是封闭的而是扩张的；我们的景观有波浪、曲线、环和扭曲、折叠。而建筑就像一段音乐，关于空间和形式处理的音乐。"⑬他们从来没有试图把建筑变成符合传统形式美或虚张声势的壮观形态，基于这种复杂性美学观念，FOA形成了自

⑬ 王钊、张玉昆，FOA建筑事务所的探索与实践，时代建筑，200603：153~154

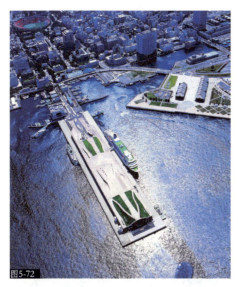

图5-72

己独特的设计方法。他们认为,把草图作为设计的开始具有很大的局限性,因为"当你画草图的时候,通常会依赖于脑海中的虚拟的记忆,但只有当你忘掉这些的时候,你才可能给自己一个惊喜"。⑭ FOA 依靠建筑本身要素进行创造,他们将基地的数据、建筑技术要求、委托人要求等一一输入计算机,试图通过解放自己的思想来探寻一种没有预设的状态,从而创造出与众不同的建筑形态。1995年设计、2002年落成的横滨客运码头(图5-72～图5-74),是一座让人耳目一新的建筑,它既没有墙也没有柱子,围合建筑空间的界面全部平滑连接,地面延伸后与天顶相连,进入建筑空

图5-73

图5-74

⑭ 王钊、张玉昆,FOA建筑事务所的探索与实践,时代建筑,200603: 153~154

图5-72 横滨客运码头,日本横滨,2002年,建筑师: FOA

图5-73 横滨客运码头,日本横滨,2002年,建筑师: FOA

图5-74 横滨客运码头,日本横滨,2002年,建筑师: FOA

间后，像是走进原始洞窟一样的魔幻空间，传统建筑中相互分离的各层平面，被不同路径构成的连续表面所取代。FOA设计的横滨客运码头只有表面，没有立面，各面分界线也难以确定，从室内可以不知不觉走到屋顶，又可以爬上一个人工缓坡，眺望横滨港湾的风景。曾经担任这次国际设计竞赛审查员的日本著名建筑师伊东丰雄赞许说，他们的设计方案"非常新鲜，我们虽然用电脑画图，基本上是从平面图和立面图来考虑，但是他们的方案，感觉到是随着电脑进入三次元的空间"。

五、结语

当代解构主义建筑以一种反美学、非美学方式对一切现存的美学原则进行全方位解构，虽然至今解构主义者还没有达成一个可以被明确描述的形式美法则，但是解构主义建筑师在其作品中表现出的"颠覆性"则是一种不谋而合的共同特征。无论是在古典主义时期还是在现代建筑运动时期，几乎没有一个建筑师会动摇对和谐、秩序、逻辑和完美的信念；纵观人类建筑历史，包括现代主义建筑在内各个历史时期的主流建筑，均注重逻辑清晰、强调数理秩序，建筑形式的生成或由功能、技术决定，或由多种几何形体组合，而解构主义的建筑形式生成推崇非逻辑性和非理性，强调偶然和机遇效果。与建筑历史上其他风格流派相比，当代解构主义建筑不仅以其天马行空的作品极大地丰富了建筑形态创作，更开辟了建筑美学的新疆界。作为解构主义建筑的最新发展，非线性建筑试图通过计算机技术来为异形建筑形态的生成建立科学理性规则，摆脱以欧几何学为基础的传统建筑形态和解构主义的非理性的形式主义，非线性建筑实践为当代建筑设计开辟了一条新的思路。

如果说正交、几何规则的建筑形态作为工业社会的标志，统治了整个20世纪的建筑世界；那么以解构、非线性建筑形态为代表的当代异形建筑作为信息社会的标志，必将引领21世纪建筑的最新时代潮流。

第六章
新地域主义与批判的地域主义
——现代性语境下的地域主义

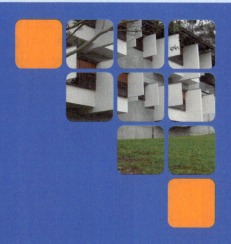

正统的现代主义建筑理论形成于20世纪20、30年代，荟萃了从18世纪60年代到20世纪初探求新建筑的理论与实践成果，它重视功能与经济的合理性，要求建筑形式服从功能、技术的忠实表现，主张建筑设计适应工业化生产方式，强调新材料、新技术的运用，倡导具有工业时代特征的机器美学精神。从二战结束到20世纪50、60年代，正统的现代主义建筑理论占据了国际建筑潮流的统治地位，并在世界范围内导致了"国际式"风格的盛行。虽然正统的现代主义理论较好地满足了二战结束后大规模重建的需要，但是其高度理性化的设计原则、激进地否定历史传统的单线进化史观、漠视地域自然与人文特征的普世主义世界观，在很大程度上导致了世界范围内跨越地理与人文界限的"国际式"风格的盛行，造成了城市面貌"千城一面"与建筑风格"千篇一律"的趋同化倾向，现代城市与建筑正在丧失弥足珍贵的地域与场所认同感。正如《北京宪章》所指出，"技术和生产方式的全球化带来了人与传统地域空间的分离，地域文化的多样性和特色逐渐衰微、消失；城市和建筑物的标准化和商品化致使建筑特色逐渐隐退，建筑文化和城市文化出现趋同现象和特色危机。"❶（图1–1）

20世纪60年代以后，西方国家完成了战后重建和经济复苏，随着社会文化心理的转变，人们开始对正统的现代主义建筑理论进行反思和批判，不断形成新的流派与倾向，地域主义就是其中具有重要影响力的一支。面对现代建筑技术的标准化、功能类型的同一化带来的建筑文化趋同化潮流，许多建筑师致力于现代技术、功能和现代审美观念的基础上，对地域性建筑文化进行新的诠释，这就是当代国际建筑潮流中的新地域主义（Neo-regionalism）潮流。

一、概念辨析：地域性、地域主义、新地域主义与批判的地域主义

地域、地区和地方，这三个词的中文字义稍有差别，但都对应于英文的"Region"一词，故本文中将它们界定为相同的概念，并统称为地域。关于"地域性"、"地域主义"和"新地域主义"以及"批判的地域主义"，是我们经常谈论、实际上却经常混淆的概念，就这几个概念的含义和异同试辨析如下。

1. 地域性

清华大学吴良镛教授对建筑的"地域性"（Regional）作了一般性定义："指最终产品的生产与产品的使用一般都在消费的地点上进行，房屋一经建造出来就不能移动，形成相对稳定的居住环境，这一环境又具有渐变和发展的特征。"❷这个定义包含了地域性的两个性质：

（1）空间上的固定性。

建筑是一种地点固定的工程形态，它建设于特定的地域、服务于当地的人们，因此建筑与地域的自然环境与社会环境相关联，而这种关联及其在建筑中的反映就是建筑的地域性。建筑的地域性包括两方面特征：一方面，它强调地域自然环境（地理、气候、资源等）的特殊性与一贯性；另一方面，它又强调文脉的延续性，即地域文化意识形态的特殊性与一贯性。

值得指出的是，由于地域的空间分界是相对的，因此地域性也具有相对性。如地域可以是一个城市，也可以是一个国家，地域性的范畴随着地理空间范围的变化而转换。如与西方建筑体系相比，作为"地域性"的中国传统建筑体系，木梁架结构是其突出的地域特征；但是作为中国的某个局部地域，与其他地域相比，这种结构形式就成为共性，而该地域建筑的某些典型特征就成为地域性。这表明地域性可以划分为不同层次，而这种层次来自于地理

---

❶ 引自《北京宪章》，国际建筑师协会第20届世界建筑师大会，1999年6月在北京通过
❷ 吴良镛，广义建筑学，北京：清华大学出版社，1989：27

空间的嵌套。

（2）时间上的发展性。

建筑反映社会环境的特征，而社会环境是历史的、不断发展的，因此建筑的地域性不是固定、静态的，而是随历史的发展、文化的演变而呈现出动态发展的趋势。这种性质一方面来自于时间维度的延续，另一方面也来自不同文化的碰撞与交流，真正的地域性不是排他的，而是异种文化冲突、交融的产物。

通过以上两个方面，可以为建筑的地域性做出如下定义：地域性是由于整个地域的自然、人文环境以及其全部历史作用而形成的建筑与环境特征，这一环境具有渐变、开放和发展的特性，而地域性建筑就是产生于这一环境、并能体现其基本特征的建筑。

2. 地域性、地域主义与全球化

如果说建筑的地域性是存在于特定地域的建筑的客观属性，那么地域主义（Regionalism）则表达了一种主观的价值取向。所谓地域主义，是指在建筑设计中主动适应和体现地域自然条件（如气候、地理条件）、文化特点（如传统生活方式、建造工艺和建筑形式等）的倾向。地域主义的产生与全球化进程息息相关，是全球化带来的建筑文化趋同化的逆反应。

在工业革命和资本主义全球扩张之前的前现代时期，人类社会处于封闭单一的自然、社会和经济条件下，地域性是不同国家、民族和地域建筑的天然属性。由于地域环境的千差万别，人类历史长河中孕育了丰富多彩、各具特色的地域文化，形成了埃及、西亚、印度与东南亚、美洲、中国、欧洲、伊斯兰等七个独立的建筑体系。其中，中国建筑、欧洲建筑、伊斯兰建筑延续时间最长，传播影响范围最广，被认为是世界三大建筑体系。此外，在各大建筑体系中，还形成了形形色色的地域性建筑支流（图6-1）。

作为一个历史进程，全球化并非仅仅是一个当代的社会现象，早在前现代时期，全球化就曾在不同形式、不同层次和程度上发生过。例如公元前后几个世纪的丝绸之路，出现了国际的商品贸易，促进了各种异质文化的交流与融合。古罗马帝国的领土扩张和中世纪的十字军东征，在某种程度上也属于政治、军事方面的全球化。在人类历史漫长的前现代时期，虽然存在着跨地域的文化交流，但是属于局部性而非全球性的。15世纪开始的地理大发现，廓清了世界各个地域之间的空间关系，随着欧洲列强把触角伸向世界的每个角落，一个相互关联的"全球"开始浮现。随着工业化进程的兴起、现代科技的进步以及交通与信息产业的发展，昔日封闭与隔绝的地域界限不断被消融，整个地球日益趋向一个相互依赖的整体——这就是今天席卷世界的全球化进程。作为历史上规模最大的同化运动，全球化在推动全人类从孤立走向融合、从封闭走向开放的同时，那些曾伴随人类发展的地域文化也逐渐在人们的视野中消失。正如保罗·里柯所言："普世化现象虽然是人类的一种进步，同时也构成一种微妙的破坏，不仅对传统文化如此……并且破坏了我暂且称之为伟大文明和文化的创造核心……我们的感觉是，这种单一的世界文明同时将以形成我们过去伟大文明的文化源泉为代价而发生一种侵蚀和磨损作用。……这种威胁还表现在它呈现于我们面前一种平庸无奇的文明。……看来似乎人类在'成批地'趋向一种消费者文化时，也'成批地'被阻挡在一个低级水平上。"[3]

正是作为对建筑文化全球化的反抗，出现了形形色色的地域复兴——地域主义建筑潮流。例如19世纪中叶，在英国这个最早实现工业化的国家，就形成了具有地域主义特征的浪漫主义与哥特复兴思潮，以反抗当时的"国际式"风格——西洋古典主义。日本明治维新之后，也出现了"洋风"与"和风"之间的"式样论争"。如果说现代建筑运动之前的地域复兴运动主要是针

图6-1　建筑之树，原载于弗莱彻著《比较法世界建筑史》一书的扉页，用来表明世界建筑的发展源流。但是图中中国传统建筑体系被边缘化，表现出强烈的西方中心主义倾向。

---

[3]　肯尼思·弗兰姆普敦著，张钦楠等译，现代建筑——一部批判的历史，北京：生活·读书·新知 三联书店，2004：354

对西洋古典主义的文化霸权，那么二战之后出现的地域主义，则是对"国际式"风格盛行的批判和反抗。

总之，地域性是古代建筑历史中普遍存在的现象，古代世界的建筑文化是多元的，当某种外来思潮占据强势地位并上升为专制性的普遍秩序时，地域主义就会出现并发展。地域主义的这种反中心主义的态度不仅揭示了地域主义产生的根源，同时也向人们提示了地域主义产生的时间：在工业社会的全球性扩张之前，建筑作为特定地域中的物质建构，地域性是其本质属性，建筑与其所处地域的自然与社会环境保持了一种朴素的和谐，并因地域环境的区隔形成了地域建筑文化的特征与差异，并不存在地域性与国际性之间的对立。只是随着近代欧洲的发展——一个占支配地位的欧洲文化霸权形成并导致地域文化解体之后，地域主义作为反对欧洲中心主义和文化趋同现象的文化策略才应运而生，并成为了一个重要的建筑潮流。

3. 新地域主义与批判的地域主义

早期的地域主义建筑实践，在很大程度上可以称之为"具象的"地域主义（Concrete Regionalism），其主要特征是，对传统地域建筑的风格与形式进行具象的模仿，这种具象的地域主义往往显露出与时代精神格格不入的保守性，同时也暴露了现代功能、结构与传统形式之间的矛盾。面对建筑技术、功能类型的同一化带来的建筑文化国际趋同化潮流，许多建筑师致力于在现代技术、功能的基础上，立足现代审美观念和生态意识等时代性精神，对地域性建筑遗产重新进行审视和新的演绎，拒绝对传统地域建筑进行风格与形式层面的模仿，他们在这一方向上进行的卓有成效的探索，构成了当代建筑思潮与流派中的一个重要趋向——新地域主义。

新地域主义可以称之为"抽象的"地域主义（Abstract Regionalism），它致力于传统文化内涵的发掘和场所精神的表现。

在当代新地域主义的理论与实践中，批判的地域主义（Critical Regionalism）是其中最有活力的一个分支。作为一种理论与实践探索，批判的地域主义出现的历史并不很长。1981年，希腊建筑学家亚历山大·仲尼斯（Alexei Tzonis）和丽安·勒法维（Liane Le Faivre），首先提出了"批判的地域主义"理论。1983年，弗兰姆普敦在他的《走向批判的地域主义》《批判的地域主义面面观》等论文中，正式将批判的地域主义作为一种设计思想进行了明确而清晰的阐述。在《现代建筑——一部批判的历史》一书中，弗兰姆普敦对批判的地域主义的建筑思想进行了概括总结，具体归纳为三个要点。

一是批判的地域主义虽然对正统的现代主义理论持批判的态度，但是拒绝抛弃现代建筑遗产中的现代性精神。

二是批判的地域主义强调发挥气候、光线、地形、地貌等特定场所因素在建筑中的建构作用。

三是批判的地域主义强调对材料的建构（Tectonic）和人的知觉体验，批判后现代主义的文化快餐化式的布景与道具式设计，反对当代建筑潮流中忽视人的具体感知的视觉至上倾向。

批判的地域主义的理论核心在于，对保守的地域复兴运动和全球化的"国际式"风格的双重批判。地域复兴运动是世界现代建筑历史的一个极其复杂的文化现象，虽然这种早期的地域主义是对建筑文化全球化的一种反抗，但是也有其无法超越的历史局限性。弗兰姆普敦在《现代建筑——一部批判的历史》书中一针见血地指出，"地域主义在过去的两个半世纪中的某个时期几乎在所有的国家中都主宰了建筑设计。对它的一般定义可以是：它维护个人和地方的建筑特征，反对全球性及抽象的特性。然而，地域主义又带有一定的含糊性。一方面，它与改革及解放运动相联系……另一方面，它却证明是一种有力的镇压和沙文主义的工具……"❹弗兰姆普敦的上述表述是意味深长的，首先，必须从早期地域

---

❹ 肯尼思·弗兰姆普敦著，原山等译，现代建筑——一部批判的历史，北京：中国建筑工业出版社，1988：396

主义的历史源流来理解他的这种批判,作为摆脱西方普世文化统治的努力,早期的地域主义兼具进步与保守的两面性:一方面它是民族觉醒运动的组成部分,另一方面它也曾被专制主义和沙文主义所利用,这种进步与保守的两面性在20世纪20、30年代兴起的"中国固有形式"建筑中得到了集中体现(图6-2和图6-3),这股传统建筑文化复兴潮流既是民族文化觉醒的象征,也反映了当时国民政府官方的保守主义意识形态;而20世纪20、30年代德国希特勒时期的古典复兴(图6-4)和日本的"帝冠式"建筑(图6-5),则成为极权主义、沙文主义和军国主义的文化工具。

批判的地域主义有别于历史上地域复兴的思想本质在于,既扬弃正统的现代主义思想和"国际式"风格,同时倡导对地域性要素进行现代性重构。在保持建筑文化多样性与地域建筑文化生命力方面,这种双重批判的态度保证了其蓬勃的活力,批判的地域主义成为新地域主义的一个强有力的理论与实践方向:一方面反对正统现代主义的技术至上和"国际式"风格普世化所造成的地域个性沦丧,致力于创造具有场

图6-2 "中国固有形式"代表作——南京中山陵全景

图6-3 中山陵祭堂外景,中国南京,1925—1929年,建筑师:吕彦直

图6-4 德意志第三帝国时期德国总理府,柏林,1938—1939年,建筑师:斯皮尔

图6-5 日本军国主义时期东京帝室博物馆,东京,1937年,建筑师:渡边仁

图6-6 总督府,印度新德里,1929年,建筑师:埃德温·勒廷斯

图6-7 总督府秘书处,印度新德里,1927年,建筑师:赫伯特·贝克

图6-8 总督府秘书处,印度新德里,1927年,建筑师:赫伯特·贝克

所感和归属感的人居环境;另一方面,它对于"陌生化"手法的关注、对场地自然环境的注重,也使批判的地域主义与历史上形形色色的地域复兴划清了界限,成为一种更贴近时代的现代地域主义。许多著名当代建筑师如墨西哥建筑师巴拉干(Luis Barragan,1902—1988年)、里卡多·列戈瑞达(Ricardo Legorreta)、葡萄牙建筑师阿尔瓦罗·西扎(Alvaro Siza)、挪威建筑师斯维尔·费恩(Sverre Fehn)、瑞士建筑师马里奥·博塔(Mario Botta)、澳大利亚建筑师格伦·马库特(Glen Murcutt)等,从不同的地域、不同的角度、不同的手法对批判的地域主义理论进行了出色的诠释。

二、地域主义建筑实践:从早期的地域主义到地域性现代主义

地域主义是一个具有相对性、历史性的概念,在不同历史语境中呈现出不同内涵,对地域主义的认知轮廓只有追随其历史演变的轨迹方可形成。

1. 早期的地域主义

对地域建筑文化的追求在18、19世纪的英国初见端倪,为了打破学院派古典主义的藩篱,出现了哥特复兴为代表的"浪漫的地域主义"潮流。19、20世纪世界各地兴起的形形色色的地域复兴运动,往往包含了错综复杂的政治与文化意义,一方面可以成为民族觉醒与独立的文化象征,另一方面也可能沦为官方政治意识形态的工具,甚至成为殖民地宗主国安抚殖民地民族情绪的一种文化策略。典型实例如30年代英国建筑师设计建造的印度新德里行政办公建筑群,形成了一种纪念性的英—印帝国风格。英国著名建筑师埃德温·勒廷斯(Edwin Lutyens,1869—1944年)设计的印度新德里总督府(图6-6),将西方古典主义与印度本土形式进行集仿,运用了莫卧儿时期的印度传统元素如拱形结构、挑檐和装饰亭(凉亭),而中央大穹隆则与佛教窣堵坡类似,勒廷斯将这些印度传统元素与巴洛克柱廊、拱门组合在一起,并添加了许多表现印度神话、象征和历史的装饰来迎合印度人的情感。另一位英国建筑师赫伯特·贝克(Herbert Baker,1862—1946年)设计的总督府秘书处大楼(图6-7和图6-8),加进了宽敞的柱廊、开敞的游廊、大挑檐、高窄窗、宽大遮阳的石挑檐和镂空的石屏等印度元素,它们

图6-9 罗比住宅,美国芝加哥,1908年,建筑师:赖特

既可承接微风又能避免眩光,而屋面上的亭子则打破了平屋顶水平线条的单调。作为摆脱某种普世文化霸权的努力,早期的地域主义通常是对传统地域建筑中建筑风格与形式的程式化模仿与再现,它们在排斥了西洋古典主义风格定式的同时,也脱离了时代和社会的现实。

2. 赖特的草原式住宅与有机建筑

20世纪上半叶,以美国本土建筑师赖特(Frank Lloyd Wright,1867—1959年)和芬兰建筑师阿尔瓦·阿尔托(Alvar Aalto,1898—1976年)为代表的地域性现代主义的探索,构成了现代建筑运动多元化的支流。第二次世界大战战后,勒·柯布西耶和路易斯·康又率先对正统的现代主义理论教条进行自我修正,这些探索不仅成为当代建筑多元化的前奏,同时也为当代新地域主义潮流的兴起奠定了基础。

草原式住宅(Prairie House)是赖特20世纪初开创的美国中西部地域性建筑风格。这些建筑分布在威斯康星州、伊利诺州和密执安州等地,大多坐落在地域宽阔、环境优美的郊外,这些建筑的平面布局从实际生活需要出发,建筑外观摆脱了折中主义的束缚,反映出内部空间关系,材料的自然本色得到了淋漓尽致的表达。建筑形态强调水平线条,坡度平缓的坡屋面与舒展深远的挑檐、层层叠叠的阳台和花台呈水平方向伸展,如同植物一样覆盖于地面,这种水平向伸展的建筑形态反映了美国中西部草原地区地貌特征。代表作如芝加哥的威利茨住宅(1902年)、伊利诺州橡树园的赫特利住宅(1902年)、伊利诺州河谷森林区的罗伯茨住宅(1907年)以及芝加哥的罗比住宅(1908年)(图6-9)。

20世纪30年代,赖特结合沙里文的有机建筑思想,提出了自己的有机建筑(Organic

图6-10 流水别墅，1930年，建筑师：赖特

图6-11 西塔里埃森，美国亚利桑那州斯科茨代尔，1938年，建筑师：赖特

图6-12 珊纳特赛罗镇中心主楼，芬兰，1952年，建筑师：阿尔瓦·阿尔托

Architecture）理论。他认为，建筑应该是自然的，应当成为自然的一部分，它属于基地条件和周围地形，就像动物归属于森林和它周围的环境一样。与把建筑的真实性建立在功能、技术基础之上的正统现代主义不同，赖特把建筑的真实性建立在与自然的和谐之中，他认为自然界是有机的，建筑师应当从自然中得到启示，房屋应当像植物一样，成为"地面上一个基本的和谐的要素，从属于自然环境，从地里长出来，迎着太阳。"流水别墅（1936年）和西塔里埃森（1938年）是赖特有机建筑理论的典范之作。位于宾夕法尼亚州匹兹堡郊区的流水别墅（图6-10），建筑形态可以视为山溪旁峭壁的自然延伸，钢筋混凝土挑台锚固在石墙和山石中，横向阳台、水平挑檐上下左右前后错叠，宽窄厚薄长短参差，毛石墙就地取材砌筑，构成了横竖交错的构图。西塔里埃森（图6-11）位于亚利桑那州斯科茨代尔附近荒凉的沙漠，这一片单层建筑群是供赖特和他的学生们半工半读的学园，其中包括工作室、作坊、赖特与学生们的住宅、起居室、文娱室等。这里气候炎热，雨水稀少，西塔里埃森的建造方式充分反映了地域气候特征，用水泥和当地石块浇筑成厚重的矮墙和墩子，上面用木料和帆布遮盖，粗糙的乱石墙体与没有油饰的木料和白色的帆布错综复杂地组织在一起，有的地方像石头堆砌的地堡，有的地方则像临时搭设的帐篷，建筑形态不拘形式、充满野趣，建筑物本身好像从沙漠中生长出来的植物。

3. 阿尔瓦·阿尔托的地域性现代主义

芬兰建筑师阿尔瓦·阿尔托的作品代表了现代主义建筑的地域性倾向，他的设计注意避免正统现代主义对功能、技术和经济理性过分偏执所导致的冷漠与刻板，在建筑布局上，阿尔托反对"不合人情的庞大体积"，注意将建筑体量化整为零，以获得亲切宜人的尺度。芬兰的珊纳特赛罗镇中心主楼（Townhall, Saynatsalo）（图6-12和图6-13）是阿尔托战后的代表作。珊纳特

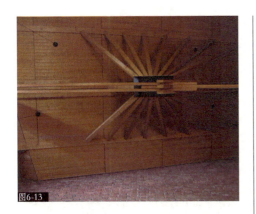

图6-13

一个庞大的圆锥筒体露出屋面，锥顶设置斜窗仿佛发电厂的冷却塔。他的这些"印度语汇"——伞状屋顶、遮阳板、水池等手法，都是从印度寺庙、宫殿和凉廊住宅等原型中提炼出来的。

5. 战后日本：有地域特征的现代主义

20世纪50年代中叶以后，以丹下健三为代表的日本建筑师积极探求有地域特征的现代主义建筑，丹下健三设计的香川县厅舍（图6-16）可谓这一方向的代表作。虽然有人因他把钢筋混凝土墙面与构件处理得粗糙沉重，而将其称为粗野主义，但是如果仔细观察，香川县厅舍从外廊水平栏板形式、露明钢筋混凝土梁头到结构柱上挑梁的双梁形式，都洋溢着浓郁的日本传统建筑气息。大谷幸夫设计的京都国际

图6-13 珊纳特赛罗镇中心主楼会议室，支撑屋顶木构架，芬兰，1952年，建筑师：阿尔瓦·阿尔托

赛罗镇是芬兰的一个约有3000人的半岛，镇中心主楼包括镇长办公室、各部门办公室、图书室、会议室和商店。阿尔托将主楼布置在坡地高处，镇长办公室与会议室位于主楼的最高处，围合成四合院，下层为商店，东南角与东北角错台阶作为出入口。珊纳特赛罗镇中心主楼巧妙地利用地形、高低错落、尺度宜人，在布局上使人逐步发现，在尺度上与人体配合，创造性地运用了砖、木等传统建筑材料，体现了北欧现代主义建筑对地域性与人情化的关注。

图6-14 高等法院，印度昌迪加尔，1956年，建筑师：勒·柯布西耶

图6-15 议会大厦，印度昌迪加尔，1955—1960年，建筑师：勒·柯布西耶

4. 现代主义与南亚次大陆的对话

1950年，勒·柯布西耶应邀规划设计印度旁遮普邦的新首府昌迪加尔。昌迪加尔的行政中心包括高等法院、议会大厦等政府建筑，柯布西耶从当地气候条件出发，运用了各种形式的遮阳板、空气隔热层、通透空间、水池降温等手法，最大限度地改善了炎热的气候条件，同时也创造出别具特色的建筑造型。昌迪加尔的高等法院（图6-14）充分考虑当地的气候条件，建筑前面布置了大片水池，建筑方位考虑夏季主导风向，使大部分房间获得了穿堂风。为了抵御炎热气候，建筑采取了"遮阳伞"式构图，建筑主体上部架设透空的钢筋混凝土顶篷，顶篷由11个连续拱壳组成，保证了通风、遮阳的双重需要；立面遮阳板大大小小的洞孔涂上红、黄、蓝、白的颜色，形成了丰富的色彩与立体构成效果。议会大厦（图6-15）的正面门廊出檐深远，也形成了一把"遮阳伞"，墙片支撑着向上翻卷的屋顶，圆形会场偏向一侧，顶部形成

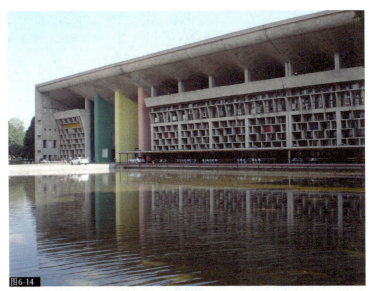

图6-14

图6-15

图6-16 香川县厅舍，1958年，建筑师：丹下健三

图6-17 京都国际会馆，1966年，建筑师：大谷幸夫

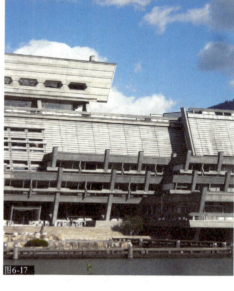

会馆（图6-17），也立足于日本传统建筑木构架的表达，梯形架构式的构思来源于日本的民居，建筑、结构与空间造型相统一，采用清水混凝土表面，会馆成为一个具有日本传统风采的现代建筑。

三、当代新地域主义建筑设计手法解析

地域建筑文化复兴，一方面是国际政治、经济与文化体系不平衡所引发的文化民族主义的产物；另一方面，全球文化交流的频繁、旅游观光业的发展也刺激了地域建筑文化的复苏，正是从这个意义上讲"越是民族的越是世界的"。当代新地域主义建筑设计实践立基现代性与地域性的融合，从拥有深厚传统文化积淀的亚洲、非洲和拉丁美洲国家，到欧洲、北美洲和澳洲的西方发达国家，已经成为一种世界性建筑潮流。新地域主义分布地域广泛，创作手法多样，抛开具体的地域特征，其典型设计手法归纳、地域传统的现代阐释；从地域气候特征出发，传统生态智慧的继承与发扬、对场地地形、地貌的回应、建筑的心灵体验等。

1. 地域传统的现代阐释

在当代新地域主义的建筑设计实践中，墨西哥现代主义建筑师路易斯·巴拉干取得了引人注目的成果。他从墨西哥土著村庄民居中吸收营养，借鉴了他们热烈奔放的色彩和高墙围绕的生活空间形态，同时受勒·柯布西耶的立体主义的影响，建筑体量由大块洗练的几何形体组成，覆盖着高亮度的、魔幻般的鲜艳色彩，并与水景结合成一体，他的代表作品有艾格斯托姆住宅（Egerstrom House at San Cristobal）（图6-18和图6-19）。墨西哥当代建筑

图6-18 艾格斯托姆住宅，1967—1968年，建筑师：L. 巴拉干

图6-19 艾格斯托姆住宅，1967—1968年，建筑师：L. 巴拉干

图6-20

师里卡多·列戈瑞达继承了巴拉干的衣钵,并把巴拉干的建筑风格从私人住宅推广到美术馆、旅馆、办公楼等更大尺度的公共建筑中,建筑作品采用简单明确的几何形体,施以明黄、粉红、赭石、紫色等明艳的色彩,并充分运用水体、实墙、光影等要素。他的代表作有墨西哥蒙特雷的现代艺术博物馆(1991年)、墨西哥蒙特雷的中央图书馆(1994年)、美国德克萨斯的圣地亚哥图书馆(图6-20~图6-22)等。

阿奎泰克托尼克(Arquitectonica,简称ARQ)是由一对夫妻建筑师创立的建筑师事务所,其中,劳琳达·斯皮尔(Laurinda Spear,1950年—)生于美国佛罗里达州

图6-20 圣地亚哥图书馆外观,美国德克萨斯州,1995年,建筑师:列戈瑞达

图6-21 圣地亚哥图书馆外观,美国德克萨斯州,1995年,建筑师:列戈瑞达

图6-22 圣地亚哥图书馆一角,美国德克萨斯州,1995年,建筑师:列戈瑞达

图6-21

图6-22

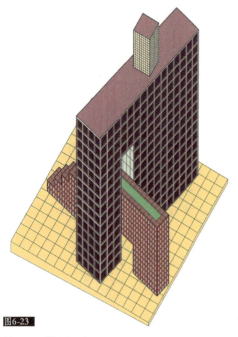

图6-23 "宫殿",美国迈阿密,1982年,建筑师:阿奎泰克托尼克

图6-24 "大西洋",美国迈阿密,1982年,建筑师:阿奎泰克托尼克

图6-25 "大西洋",美国迈阿密,1982年,建筑师:阿奎泰克托尼克

的迈阿密,她的丈夫柏纳多·福特·布莱斯卡(Barnardo Fort Brescia,1951年—)生于秘鲁的利马。他们都曾在荷兰建筑师瑞姆·库哈斯的事务所工作过多年。1977年,他们在迈阿密成立了ARQ,其作品具有色彩丰富、极具幻想的特征,被称为"热带国际式"风格(Tropical International Style),这种风格突出地反映在"宫殿"和"大西洋"这两幢建筑中。其中,"宫殿"是一幢迈阿密海滨公寓(图6-23),建筑外观犹如一张大拼贴画,一个阶梯形体量插入主体庞大的体量之中,而他们绘制的"宫殿"公寓的轴测图,就像瑞姆·库哈斯《癫狂的纽约》(Delirious New York)中所描绘的建筑一般。"大西洋"(图6-24和图6-25)是ARQ设计的另一幢海滨建筑,建筑师采用了纯粹的三原色,给这幢建筑带来了浓郁的热带风情。建筑体量的中部抽去了四层高的体块,形成了一个空中庭园,其中布置了游泳池、热带植物和红色螺旋楼梯,从而奠定了这幢建筑欢快、浓烈的热带基调。在庭园的斜下方,一个四层高的黄色三角形凸阳台面向大海,屋顶上则点缀了红色构件。ARQ的作品有着亮丽的色彩和极少主义的现代风格,其浓烈而奔放、轻松而愉悦的形象与佛罗里达海滨的热带浪漫情调相契合,从而也使这种"热带国际式"风格成为迈阿密的建筑特色。

澳大利亚建筑师格伦·马库特(Glen Murcutt),虽然是一位现代主义者,但是其作品却与这里的自然、土地有着密切的关系,其作品被形容是"密斯风格与澳大利亚本土性的完美结合"。他将价格低廉的瓦楞铁墙板、当地的木材、石头和混凝土,在特定的地点和时间转化为一件件非凡的建筑作品,其作品工艺简洁精湛,与这里

的阳光、月光、如诗如画的景观和谐共生。20世纪60年代以来,他主要从事住宅设计,这些设计包括Bingie Point的玛格尼住宅(图6-26)、Kempsey的Marie Short住宅(1975年)以及Glenorie的Ball-Eastway住宅(1983年)。他完成的第一件公共建筑作品是历时10年建造的悉尼附近的亚瑟和伊冯·博亚德教育中心(Authur and Yvonne Boyd Education Center)(图6-27和图6-28),它的场地非常优美,四周青山环抱,向前可以俯瞰宽广的河流,建筑师通过窗户、遮阳板和隔断,分解了建筑体量和尺度,如同刀片般伸出的构件具有很好的遮阳效果,但与传统的遮阳大相径庭,体现出公共建筑有别于私人住宅的特征,而其寂静沉默的内涵赋予这座教育建筑以修道院般的气质。

挪威建筑师斯韦尔·费恩(Sverre Fehn,1924年—)发展了具有北欧特征的现代主义,正是基于这一点人们把他

图6-26 玛格尼住宅,1984年,建筑师:格伦·马库特

图6-27 伊冯·博亚德教育中心,澳大利亚悉尼,1999年,建筑师:格伦·马库特

图6-28 伊冯·博亚德教育中心,澳大利亚悉尼,1999年,建筑师:格伦·马库特

图6-29 海德马克教堂博物馆，挪威哈玛尔，1979年，建筑师：斯韦尔·费恩

图6-30 冰川博物馆，挪威菲亚尔兰德，1991年，建筑师：斯韦尔·费恩

与阿尔瓦·阿尔托相提并论。他的作品融合了对光线、材料和自然风光的敏锐感知，1979年竣工的挪威哈玛尔市的海德马克（Hedmark）教堂博物馆（图6-29）是费恩的代表作，他精心运用了混凝土、玻璃等现代材料作为联接历史与现实的纽带，融进了中世纪主教宫的遗址，这种手法与卡罗·斯卡帕（Calro Scarpa）的卡斯泰维奇城堡博物馆（Museum of Castelvecchio, 1956—1964年）有异曲同工之处，正如费恩所说："只有现实才能把过去带进生活。"1991年竣工的挪威菲亚尔兰德的冰川博物馆（图6-30），采用棱角鲜明的体量穿插，抽象地表达了冰川的自然形态，而建筑体量上的窄缝则令人联想起冰河上的裂隙。

2. 从地域气候特征出发

气候是自然条件的重要因素，对于地域风俗、传统聚落的形成产生了巨大影响，许多地域性的建筑形式、空间类型乃至细部构造，都是人们长期以来适应和改善气候条件的产物。有的文化学家甚至提出了"气候决定论"的主张，弗兰姆普敦指出："在深层结构的层次上，气候条件决定了文化和它的表达方式、它的习俗、它的礼仪，在本源的意义上，气候乃是神话之源；因此，在印度和墨西哥文化中，开敞空间的玄学特性乃是伴随着它们所依赖的炎热气候，

图6-31

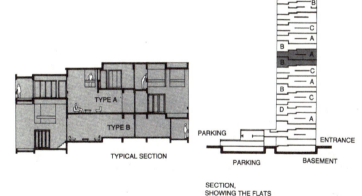

图6-32

图6-31 章嘉公寓，印度孟买，1983年，建筑师：柯里亚

图6-32 章嘉公寓平面剖面图，印度孟买，1983年，建筑师：柯里亚

正如英格丽·褒曼的电影，如果没有垂暮黯然的瑞士冬天，就很难以理解一样。"❺

在当代西方社会，现代科学技术进步已使建筑师能够依靠人工照明、人工通风和空调器等手段来控制光线、温度和湿度，但是由此产生的封闭式盒子建筑，不仅把人与自然环境彻底割裂，同时也加剧了生态与能源的危机。20世纪60年代，美国建筑学家奥戈雅（Victor Olgyay）提出了著名的"生物气候地域主义"理论，主张建筑设计应遵循气候—生物—技术—建筑的过程。20世纪50、60年代勒·柯布西耶和路易斯·康在南亚次大陆的现代主义建筑实践，影响了以多西（Balkrishna Doshi, 1927年— ）、柯里亚（Charles Correa, 1930年— ）和里瓦尔（Raj Rewal, 1934年— ）为代表的新一代印度建筑师，使他们走上了一条现代主义与地域传统相结合的新地域主义道路。他们不仅继承、发展了柯布西耶的昌迪加尔行政中心结合气候条件的设计方法，还创造出处理光线、遮阳和空气流通等气候因素的新手段。

印度有着多变的地形和气候，从北部高原的干燥、寒冷到南端海岸的酷热、潮湿，许多印度现代建筑师敏锐地捕捉到影响人们世代生活的气候因素，在建筑设计中解决气候问题的同时，形成了独特的建筑语汇。柯里亚提出了"形式服从气候"（Form follows climate）的口号，从印度乡土建筑中汲取营养，学习他们对炎热气候和日常生活的适应性。在住宅设计中，柯里亚发展出一种利用自然通风原理的"管形住宅"（Tube House），并将其应用到高层住宅设计中。孟买干城章嘉公寓（Kanchanjunga Apartments）（图6-31和图6-32），高84m，共28层，公寓借鉴了勒·柯布西耶的跃层式住宅布局和摩西·萨夫迪的"Habitat"住宅的构图手法，同时运用了他为适应热带气候而研创的"管形住宅"剖面模式，利用双层高阳台组织通风形成空气

---

❺ 戴路，印度建筑与外来建筑的对话——走向印度现代地域主义，天津大学硕士学位论文，2000: 52

图6-33 桑伽的事务所，印度艾哈迈达巴德，1981年，建筑师：多西

图6-34 桑伽的事务所，印度艾哈迈达巴德，1981年，建筑师：多西

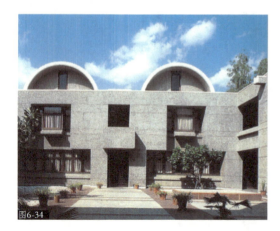

对流，建筑外观的混凝土表面处理则具有粗野主义的特征。多西擅长运用连续半圆筒拱的纪念性形体，这在他设计的桑伽的事务所（图6-33）和甘地劳工学院（图6-34）中得到充分体现。桑伽的事务所（Sangath, Architect's Studio）采用了长向筒拱作为建筑造型的母题，整组建筑围绕下沉式庭院布置，双层屋面形成了良好的遮阳和通风效果，工作室采用了半地下空间，可以产生阴凉舒适的隔热效果，拱形屋面则采用白色碎瓷贴面以反射阳光。

炎热的气候使印度的传统城市形成了一种特殊的肌理：狭窄而曲折的街道，可以防止风沙直入；街道两侧出挑的阳台，有效遮挡了阳光的辐射；天井与庭院既可以造成荫凉又具有良好的通风效果，屋顶平台既可以上人乘凉也形成了开敞的视野，这些为适应传统生活而形成的建筑原型，又被印度现代建筑师所广泛应用。柯里亚、里瓦尔和多西等人借鉴这些原型，在多年的工作中总结出一套建筑语汇：有绿荫的院子、绿草如茵的层层平台、有水的花园、长长的踏步、曲折的路线以及迷宫般的公共空间等，正是这些建筑要素构成了印度现代建筑鲜明的地域特征。艾哈迈达巴德的圣雄甘地纪念馆（图6-35和图6-36）是柯里亚的早期作品，艾哈迈达巴德是甘地早年生活的地方，也是其"和平进军"的出发地。柯里亚借鉴了当地村落布局，形成了自由随意的参观路线，同时运用当地瓦屋顶、砖墙、木门窗及石铺地面等要素，构建了一组组低矮的亭子，进而组成院落和展室。柯里亚在建筑构造中充分考虑到当地的炎热气候，屋顶的"三明治"式构造有利于散热反射阳光，各单元屋顶间的

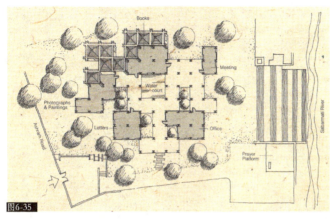

连接槽兼做横梁和排水用。与柯布西耶张扬的"新印度精神"截然不同，圣雄甘地纪念馆形态朴素、尺度宜人、环境幽静，处处昭示着平易近人的"甘地精神"。里瓦尔设计的印度中央教育技术学院的主体建筑（图6-37和图6-38），也采用庭院式布局。有一个很小的入口庭院和一个围绕大树布置的中心庭院相连通，院里有一个露天舞台，庭院周围的建筑逐步后退，使庭院向屋顶平台敞开，形成了建筑的开放性和公共性。

埃及建筑师哈桑·法赛（Hassan Fathy, 1900—1989年），对埃及传统土坯建筑进行了卓越的探索。风干土坯墙具有优良的保温隔热性能，适于埃及炎热而干燥的沙漠性气候。法赛在农村住宅建设中努力推广这种技术，并与居民一道工作，亲手教会村民运用土坯建造自己的住房，还将降低了造价50%。为适应沙漠的炎热气候，埃及传统村落形成了特殊的空间组织与肌理：狭窄而曲折的街道，可以防止风沙侵袭和遮荫，庭院的组织既可以制造荫凉又可以通风。在埃及卢克索附近建造的新古尔纳村（Village of New Gournia, 1945—1948年）（图6-39～图6-42）和20世纪60年代的新巴里斯城（New Baris

图6-35 圣雄甘地纪念馆平面图，印度艾哈迈达巴德，1958—1963年，建筑师：柯里亚

图6-36 圣雄甘地纪念馆水庭，印度艾哈迈达巴德，1958—1963年，建筑师：柯里亚

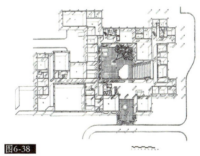

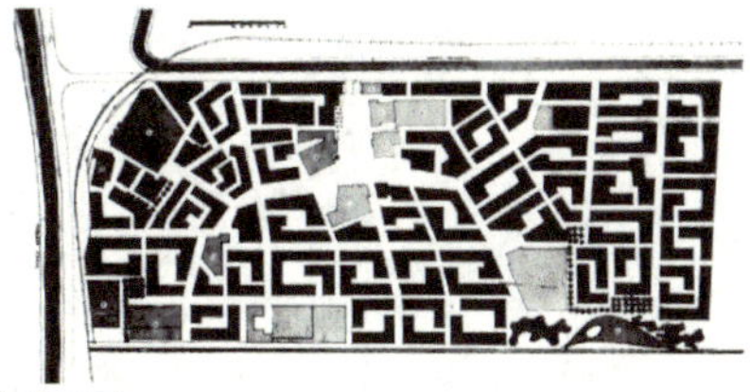

图6-37 中央教育技术学院，印度新德里，1975年，建筑师：里瓦尔

图6-38 中央教育技术学院轴测平面图，印度新德里，1975年，建筑师：里瓦尔

图6-39 迷宫般的聚落布局，新古尔纳村，埃及卢克索附近，1945—1948年，建筑师：法赛

图6-40 院落式建筑布局，新古尔纳村，埃及卢克索附近，1945—1948年，建筑师：法赛

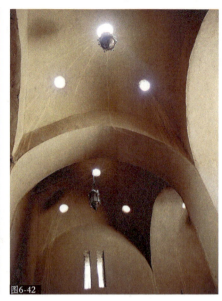

图6-41 新古尔纳村清真寺,埃及卢克索附近,1945—1948年,建筑师:法赛

图6-42 新古尔纳村清真寺室内,埃及卢克索附近,1945—1948年,建筑师:法赛

图6-43 新巴里斯城市场,埃及,1960年代,建筑师:法赛

图6-44 新巴里斯城市场通风窗,埃及,1960年代,建筑师:法赛

图6-45 法赛作品通风示意图

Town)(图6-43和图6-44)的总体布局中,法赛借鉴了传统聚落的街道肌理与空间组织手法,以狭小的内院组织居住空间,住宅之间以曲折的弄堂相联系。同时,他还对传统建筑的风塔、穹顶、通风窗等通风手段进行了改进和发展,并组织到建筑构图中(图6-45)。为了表彰法赛对农村低收入阶层住宅做出的杰出贡献,1983年,他被国际建筑师协会(UIA)授予金质奖章。

从地域气候特征出发,发掘传统地域性建筑中的生态智慧,运用地域性建筑材料和适宜性技术,创造新的结合气候的设计方法,不仅可以取得节能生态的效果,同时也为当代新地域主义建筑开辟了新的方向。

3. 对场地地形、地貌的回应

地形、地貌、地质和植被以及水文等场地自然要素,是建筑师在建筑设计中必须考虑的因素。建筑应当与场地周围的自

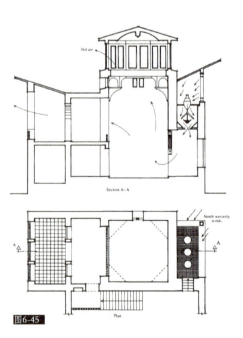

然环境和谐共生，但是并非被动的适应和保存原有自然景观，而是将建筑形态创造性地融入场地自然环境之中。建筑形态与场地之间的互动关系表现在两个方面：一方面，建筑所处的场地结构对建筑形态产生影响，如西藏的布达拉宫、赖特的草原式住宅等都与场地的环境景观相得益彰；另一方面，建筑形态也可以对原有场地结构起到完善与升华作用，如建在悬崖绝壁之上的北岳恒山的悬空寺（图6-46）、赖特设计的飞架瀑布之上的流水别墅等，这些建筑的形态大大强化了地形结构的特征。

美国建筑师安东尼·普雷多克（Atoine Predock）在西部新墨西哥州长大，他对美国西部开阔、荒凉、粗犷的自然环境有着

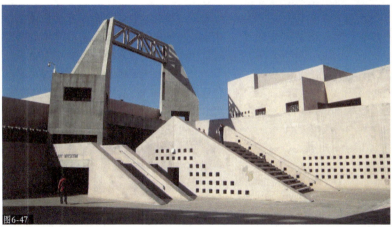

深刻的理解。1962年，他进入贝聿铭建筑事务所工作，从贝聿铭那里接触到了正统的现代主义手法，同时也积累了重要的实践经验。他虽然拒绝被称作地域主义建筑师，但是这位自称"沙漠之鼠"的建筑师，关注的焦点是如何将现代主义风格与美国西部独特的风土人情融为一体，正是从这一意义上讲，他与赖特一样，是一位典型的美国本土化建筑师。他喜欢那里的戈壁大漠，从那里的自然环境获取创作灵感，并转化为强有力的建筑形态。普雷多克擅长运用几何形体方法来反映地形、地貌，其作品中常常包含稳定的水平线与有力的锐角山形体量，这是他对当地自然景观的抽象与还原。在亚利桑那州立大学尼尔

逊艺术中心（图6-47和图6-48）的设计中，普雷多克将自然地貌以抽象的手法转化为建筑的混凝土台地、高墙、坡道与梯形的体量，呈尖塔状的山形构筑物则是对亚利桑那山脉形态的模拟，给人以雄浑有力、错综复杂的感觉。建筑泥浆色的外墙和要塞般的形体与周围的山体、乱石沙漠和仙人掌的景观连成一体，外墙上意外出现的钢构件又给建筑带上了粗鲁的现代特征。普雷多克作品的另一个特征就是形体中的"留空"手法，由于美国西部严酷的气候条件，他的建筑大部分是存在感强烈的实体形象，开窗较少且洞口深邃，在敦实有力的石窟状体量中，他会突然插入一个巨大的空洞，不仅打破了建筑的封闭感，

图6-46 北岳恒山的悬空寺

图6-47 亚利桑那州立大学尼尔逊艺术中心，亚利桑那州，1989年，建筑师：普雷多克

图6-48 亚利桑那州立大学尼尔逊艺术中心，亚利桑那州，1989年，建筑师：普雷多克

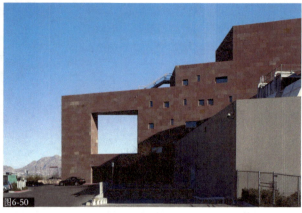

图6-49 中央图书馆与儿童博物馆,拉斯维加斯,1990年,建筑师:普雷多克

图6-50 中央图书馆与儿童博物馆,拉斯维加斯,1990年,建筑师:普雷多克

形成了强烈的虚实对比,更重要的是将蓝天引入,让其成为建筑的一部分,使建筑与自然更加浑然一体,这种形态也可以看作是对当地山脉中深邃峡谷的隐喻。拉斯维加斯中央图书馆与儿童博物馆(图6-49和图6-50)的中部被挖空,用构架表现了山峰、大地、天空之间的张力共存。作为一名关注地域场所精神的建筑师,他的作品整体造型厚重而稳固,色彩与表面处理自然而不加修饰,以求与周围荒凉贫瘠、广袤干旱的自然环境达到最大限度的和谐,突出表现了美国西南部的地域特征,被评论家迈克尔·韦伯称为"一位表现大地与光线、仪式与运动的建筑师"。

阿尔瓦罗·西扎(Alvaro Siza)是一位享有国际声誉的葡萄牙建筑师,他在正统的现代主义风格中掺入了葡萄牙的地中海因素,擅长运用极其简单的几何体和极少的几种常用材料,来创造雕塑般的建筑形象。在50多年的职业生涯中,他获得了密斯·凡·德·罗奖(1988年)、普利兹克奖(1992年)等诸多奖项,并有一百多项作品在世界各地建成。普利兹克奖评委会对他的评价是:"西扎的建筑囊括了对各种要素的尊重:对于其祖国葡萄牙传统的尊重、对于文脉的尊重(不论诸如里斯本的老街区,还是波尔图的沿岸布满礁石的海洋)、对于时代的尊重……西扎的建筑是对他和他的建筑正在经历的变革状态的回应。"❻

西扎认为建筑形式并不是对场所现存地形、地貌形态的模仿,而是应当以自己的建筑语言准确地再现场地主题和氛围,通过雕塑性的形态巧妙地融入环境,运用变幻的空间准确地诠释场所,求得建筑与自然、建筑与城市之间微妙的均衡。首先,西扎擅长将场地的地形、地貌特征转化为建筑形态与空间,这一点在西扎的早期作品帕尔梅拉的博阿·诺瓦餐厅(图6-51和图6-52)和附近的海洋游泳池(图6-53)

图6-51 博阿·诺瓦餐厅,西班牙帕尔梅拉,1963年,建筑师:西扎

图6-52 博阿·诺瓦餐厅,西班牙帕尔梅拉,1963年,建筑师:西扎

---

❻ 蔡凯臻、王建国编著,阿尔瓦罗·西扎,北京:中国建筑工业出版社,2005:3

表达的淋漓尽致。该建筑场地位于大西洋岸边一块充满岩石的海岬，建筑的平面、体量和屋顶形式源于对布满礁石海岸的细致研究：室外的引导路径由挡土墙、坡道、室外踏步与入口平台组成，既完成了从自然空间到建筑空间的过渡，也是对特定地形的回应；阳光下熠熠生辉的白色几何体块回应着海边嶙峋的岩石，水平延展、出檐深远的坡屋面寓示着大西洋的广阔辽远，而压扁的石膏抹灰的烟囱与单坡瓦顶蕴含着地中海建筑的普遍特征。离此不远的海洋游泳池更是从场地中抽象出的几何物体。整个建筑由一系列的平台、台阶、墙体和小路组成，游泳池的围合就依据岩石的自然形态及最小土方量的要求构筑而成，穿插在礁石之间绵亘的挡土墙、伸展的台阶以及随地势起伏的坡道完成了从海堤僵硬的直线向海洋流动的边界的过渡。在注重对场所精神深入挖掘的同时，西扎也保持了对材料建构的关注。他的建筑材料运用谦虚而朴素，最常用的建造材料是混凝土，而最常用的饰面做法则是白色石灰粉刷，在阳光充足、气候温暖的葡萄牙，白灰墙面有利于反射光线和热量，同时经济易得、便于施工，这种饰面做法也使他基于光线的空间塑造得到更好的体现。1996年落成的圣玛利亚教堂（Santa Maria Church）（图6-54和图6-55），是一个乡村教区中心，它位于城市中心一块坡地之上的台地。在这里，西扎再次发挥了阳光、白色和纯粹几何形的魔力。建筑外观以实墙为主，建筑内、外均涂以纯净的白色灰浆，在阳光照耀下，体面交界如刀劈斧裁般垂直挺拔，高达16m的平整白墙面涌动着轻纱般的光雾，严谨的几何体量和纯粹的白色突出了宗教建筑超凡脱俗的气质。该教堂内部空间也充满了宗教的神圣与高洁，10m高的超尺度大门透露出非凡的气魄，直线、弧线和体量组合则有一种诡异而难以捉摸的神韵，是对现代主义与巴洛克的精彩诠释与演绎。

马里奥·博塔坚信建筑不是制造出来的，而是从特定环境中生长出来的；但是，与其他地域主义者不同的是，博塔认为，建筑与场地的呼应并不是简单地融于自然环境之中，而应当是对自然的反抗与控制，他的地域主义思想体现出一种冲突与平衡的批判性思想，他认为建筑设计是场所的设计，是改变原有环境、创造新环境的活动，新建筑是新的转变过程的基点，正如他所指出："建筑给予我们的是建构场地的机会，而不仅仅是在场地上进行建构"。相对于西扎、普雷多克通过具体的建筑形态再现场所精神，博塔显然没有以有机形式去回应场地，而是通过方、圆这些纯粹的几

图6-53 海洋游泳池，西班牙帕尔梅拉，1966年，建筑师：西扎

图6-54 圣玛利亚教堂，1996年，建筑师：西扎

图6-55 圣玛利亚教堂细部，1996年，建筑师：西扎

图6-56 圣维塔莱河独家住宅，瑞士提契诺，1973年，建筑师：博塔

图6-57 塔玛若山顶小教堂，瑞士提契诺，1992—1996年，建筑师：博塔

图6-58 塔玛若山顶小教堂，瑞士提契诺，1992—1996年，建筑师：博塔

图6-59 塔玛若山顶小教堂，瑞士提契诺，1992—1996年，建筑师：博塔

何形式作为建筑基本要素，去创造一个与自然隔绝的世界。圣维塔莱河独家住宅（图6-56），这个小住宅位于卢加诺湖畔的坡地上，是一座不加装饰的混凝土塔楼，看上去像一座封闭的堡垒，与其说它与环境景观相协调，不如说是与之相对抗，它本身就是环境景观的创造者；而联系室内外的高架铁桥，与其说是与周围环境相联系，还不如说是加剧了与自然的对抗与隔绝。正是以这种方式，博塔表达了他的"建构场地"的思想。塔玛若山顶小教堂（图6-57～图6-59）也是博塔的"建构场地"思想的集中体现，场地位于一条现存道路尽端的突出山脊上，笔直而狭窄的石砌步行天桥通过巨大的弧拱与地面脱离，在空中一直延伸到小教堂的台阶状屋面上，回头沿着台阶状屋面拾阶而下，通过一个飞扶壁式双向单跑楼梯可以来到教堂的入口广场，圆柱体量的小教堂、以飞扶壁为原型的弧拱楼梯以及粗糙的石砌墙面，共同表达了对欧洲中世纪罗马风教堂的缅怀。教堂的屋顶是观景平台，光线透过层层跌落的屋面板间隙撒入教堂。在塔玛若山顶小教堂的空间序列中，设计者强调了场所和自然景观的结合，通过路径的分合、身体的行进、景观的迭换，为游客提供了不同视点、不同角度的观景场所。无论是在凌空而起的狭长小径中漫步，还是在教堂入口小广场驻足，游客可以远眺连绵的山脉，俯瞰脚下的山谷，仰望变幻的云彩，通过建构场地，博塔在原本空旷无物的山顶创造出了归属感极强的宗教仪式场所。

4. 建筑的心灵体验

丹麦建筑师拉斯姆森曾指出："建筑物并不是把平面图、剖面图加到立面图上便可形成，另外还需要许多其他物件才行……建筑乃是一种很特殊的功能性艺

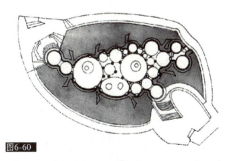

图6-60

图6-61

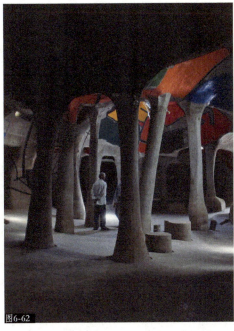

图6-62

图6-60　侯赛因—多西画廊平面图，1995年，建筑师：多西

图6-61　侯赛因—多西画廊屋顶采光孔，1995年，建筑师：多西

图6-62　侯赛因—多西画廊内景，1995年，建筑师：多西

术"，而"艺术是无法解释的，艺术必须加以体验。"[7] 体验建筑如同体验人生一样，必须脚踏实地，真切感受建筑的旋律、纹理、光影、声音、尺度和比例，从而获得一种精神享受。

许多建筑师凭借深厚的文化底蕴和神圣的宗教信念，赋予建筑作品以特定的地域文化内涵和强烈的心灵体验。在许多优秀的印度现代建筑中，人们也会感受到古老印度神庙中所体验的那种印度独有的文化气氛，这种精神体验的创造来自印度建筑师从对古老宗教建筑的观察与研究。

多西设计的侯赛因—多西画廊（Husain-Doshi Gufa）（图6-60～图6-62），建筑师采用了强烈的表现主义手法，塑造出一种既有洞穴意象、又隐喻了支提窟和窣堵坡的神秘场所。它采用了半地下布局和下沉式入口，并保留了场地微微起伏的地形轮廓，壳体结构和碎瓷表面仿佛印度乡间的湿婆（Shiva）神龛的穹顶，眼睛般向外凸起的窗洞给室内带来了神奇的光影，而画家本人在洞穴般墙壁上绘制的蛇形图案，更给画廊增添了宗教神秘气氛。柯里亚设计的印度博帕尔邦议会大厦（图

图6-63

图6-64

图6-63　博帕尔邦议会大厦，印度博帕尔，1996年，建筑师：柯里亚

图6-64　博帕尔邦议会大厦外观，印度博帕尔，1996年，建筑师：柯里亚

[7] 戴路，印度建筑与外来建筑的对话——走向印度现代地域主义，天津大学硕士学位论文（2000）：52

图6-65　尼赫鲁展览馆，印度新德里，1992年，建筑师：里瓦尔

图6-66　尼赫鲁展览馆内庭，印度新德里，1992年，建筑师：里瓦尔

图6-67　Farkasrrét殡仪馆，匈牙利，1975年，建筑师：伊姆雷·马科韦茨

图6-68　Farkasrrét殡仪馆，匈牙利，1975年，建筑师：伊姆雷·马科韦茨

图6-69　Paks的天主教堂内景，1990年，建筑师：伊姆雷·马科韦茨

6-63和图6-64）则是从印度教曼陀罗图案吸取了灵感，曼陀罗图案是一种古老宇宙模式，每个方块对应一个天体。该建筑采用了曼陀罗图案的九宫格平面布局，9个格分别由建筑或院落构成不同的含义，而中心院落是一切力量的源泉，它体现的是"无就是有"的道理。这个建立在宗教图案基础上的现代建筑，令人感到像迷宫一样神秘莫测。里瓦尔设计的尼赫鲁展览馆（图6-65和图6-66），则将现代意识与传统精神相结合，由于印度儿童把尼赫鲁当作可亲的"大叔"，建筑师设计了长满青草的护坡和通向屋顶的踏步，让孩子们爬上爬下。

伊姆雷·马科韦茨（Imre Makovecz）是当代匈牙利最著名的建筑师，他的设计总是令人感到意味深长，他采用树（有时只用枝干）、雄鹰、天使甚至钢盔作为外观造型的母题，在他的引领下形成了匈牙利浪漫主义和有机主义的复兴。他的建筑作品中最具影响力的当数Farkasrrét殡仪馆（6-67和图6-68），建筑采用木结构，剖面像人的胸部轮廓，并在人的心脏位置放了一具举行葬礼用的棺材。他设计的位于Paks的天主教堂（图6-69），螺旋状的尖塔意味着人的心脏从身体内部剖露出来，教堂的主体建筑则像一个怀孕妇女高高隆起的肚子，人们走出从教堂大门则象征由此获得重生。马科韦茨推崇美国有机主义建筑大师赖特和布鲁斯·高夫（Bruce Goff），他把土生土长的马札儿人和塞尔特

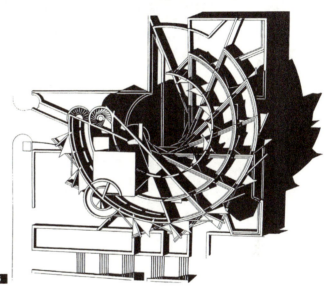

人的文化和信念深深融化到建筑中。他说："我们的建筑能够唤起人们对远古时期混沌一片的想象，你仿佛能听到先祖们喃喃的低语穿过厚厚的墙壁抵达你的耳中；头顶上的圆屋顶仿佛无边无际的苍穹；我们的祖先正从我们的意识中复活，激情澎湃地与我们对话。"[8]

法国著名旅游胜地尼奥（Niaux）洞穴（图6-70）位于650m高的悬崖边缘，其中遗留着公元前11000年的洞穴壁画，磁铁般地吸引着成千上万渴望了解史前艺术与史前文明的游客。由意大利建筑师马西米里亚诺·福克萨斯（Massimiliano Fuksas）设计、为接待游客而修建的洞穴入口和栈道悬挂于岩石边缘，28m高的入口形状怪异，像一个巨大的史前动物形象，成为这个独特构筑物的戏剧性焦点。巨大的钢龙骨外覆以钢板，钢板之间留出间隙，使游客能够饱览周围优美的自然风光，而钢板表面经过锈蚀和风化变得日益沧桑斑驳，将进一步融入周围的自然环境中（图6-71和图6-72）。以色列著名建筑师泽维·赫克（Zvi Hecker）设计的名为"漩涡"的住宅（图6-73和图6-74），位于以色列首都特拉维夫近郊的拉玛特甘城的一处缓坡上，建筑高8层，每层一户，采用了巴别塔式造型，建筑各层螺旋上升形成复杂的螺旋体。整个建筑展现了一个现代的、感性的、

图6-70 史前洞穴岩画，法国尼奥

图6-71 史前洞穴入口与栈道，法国尼奥，1993年，建筑师：马西米里亚诺·福克萨斯

图6-72 史前洞穴入口与栈道，法国尼奥，1993年，建筑师：马西米里亚诺·福克萨斯

图6-73 "漩涡"住宅屋顶平面图，以色列特拉维夫，1989年，建筑师：泽维·赫克

---

[8] 凯斯特·兰坦伯里等著，邓庆坦等译，国际著名建筑大师·建筑思想·代表作品，济南：山东科学技术出版社，2006：140

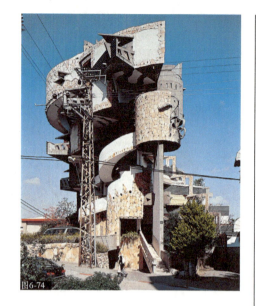

图6-74 "漩涡"住宅外观，以色列特拉维夫，1989年，建筑师：泽维·赫克

具有伊斯兰个性的集合体。赫克这样解释他的"漩涡"设计思想："我喜欢自然的特别是生命器官的有机形态"，"螺旋状是自然界生物的根本，而且它象征着一种无限中连续的可能"。建筑外墙贴面处理也体现了阿拉伯建筑的镶嵌传统，粗糙的混凝土表面、茶色金属、黏贴的镜片以及红色石板等，这些不同材料的拼贴给建筑蒙上了梦幻般的混乱格调。

四、结语

建筑文化具有地域性，地域性是建筑文化的基本属性之一，当今世界文化总的趋势一方面是全球化和国际化，另一方面则是多元化和本土化。在全球一体化进程中，各个国家、地域间的文化交流越来越密切，但这绝不意味着各种文化之间的差异会逐渐消除、甚至形成一种全球一致的文化。相反，不仅文化的多样性会长期存在，而且还将继续向多样化方向发展。文化全球化作为与经济全球化并存的现象，绝不是文化的同质化，它展示的是多元文化交流、沟通和融合的丰富多彩的景象，此所谓和而不同。文化的多样性不能成为保护落后文化、拒绝先进文化的理由，文化多样性是进步和发展的产物，不是简单地保留现状，更不是复旧，在文化全球化的态势下，本土地域文化的发展在于综合创新。

自改革开放以来，随着国民经济的持续高速增长，中国进入了大规模快速城市化阶段，在经济利益的驱动下，许多地方忽视了对传统城市风貌和建筑文化遗产的保护，不顾当地的自然环境与文化传统，盲目照搬欧美国家的城市规划与建筑设计手法，造成了地域文脉的丧失和建筑风格、城市面貌的高度趋同化。如何在城市建设中保持与地域自然、人文环境的联系，创作富有地域认同感的城市建筑环境，成为摆在中国建筑师面前的一项重大课题与挑战。进入20世纪90年代，"地域性"和"地域主义"已经取代"民族性"与"民族形式"，成为研讨中国当代建筑文化的一个关键词，这一话语模式的转变并非是学术名词的更换，而是中国建筑界对历次传统建筑文化复兴批判反思的产物，与国际建筑界中批判的地域主义产生的语境十分相似：无论是20世纪上半叶的"中国固有形式"还是新中国成立后的"社会主义内容、民族形式"，在产生根源上都与政治和官方意识形态相纠缠，在设计手法上则侧重对传统官式大屋顶和其他形式特征的具象模仿。因此，中国当代地域性建筑的创造必须超越历史上的传统复兴，做到地域性与现代性相结合、传统的继承与时代的发展相结合，才能创造出具有地域特征的现代建筑文化和现代性的地域建筑学，才能真正推动中国地域建筑文化的进步与繁荣。

第七章
当代高技派建筑
——走向技术与情感的共生

当代建筑思潮流派中的"高技派"(High Tech)，是指在建筑形态和空间上通过表现先进科学技术特征、以求最大限度发挥先进建筑技术审美价值的建筑流派。高技派建筑师在处理功能、技术和形式三个建筑基本要素的关系上，把建筑结构、设备等技术因素与建筑形式画上等号，先进技术作为高科技时代的形式和装饰，在建筑形态和室内设计中被刻意表现。

必须指出，当代建筑中的"高技派"与"高技术"是两个不同范畴的概念。建筑中高技术是一个随着时代不断发展的范畴，而当代建筑中的所谓高技术是指在当代出现的、以高度工业技术、信息技术为基础的全新的建筑结构、建筑材料、建筑设备以及全新的建筑施工技术。高技派作为一种建筑流派，主要是从美学角度划分的。虽然高技派建筑师都大量运用最先进的技术手段，但是该流派区别于其他流派的最主要特征是对技术美学的崇尚，即通过对先进的建筑结构、建筑材料、建筑设备和施工工艺的刻意表露来传达对当代科技文明的礼赞。

一、欧洲现代建筑运动：技术美学的孕育与诞生

虽然建筑与绘画、雕塑等都同属于艺术，但是与其他艺术门类相比，建筑有其显著特点，即建筑是一门技术与艺术相结合的综合学科。回溯东、西方建筑历史，虽然古代社会低下的生产力和技术水平限制了建筑的发展，砖石、木材等天然建材有限的抗拉、抗压性能制约了建筑高度和建筑跨度的伸展，但是历史上许多伟大的建筑仍然采用了当时最高超的工程技术，如古埃及的金字塔和古巴比伦的空中花园至今仍被视为工程技术的奇迹。纵观西方古代建筑历史，每一次建筑风格的重大更迭，结构技术进步都发挥了决定性作用：古罗马建筑中拱券与天然混凝土技术发挥了关键作用，而支撑起中世纪哥特式教堂巨大垂直空间的则是骨架券结构。然而，在西方古典建筑美学中，包括建筑结构在内的建筑技术始终没有取得独立的审美地位，建筑师长期醉心于形式构图和外观装饰的推敲，建筑技术只是实现建筑师艺术构思的形而下的手段。技术美学作为一种体现工业时代精神的崭新美学维度，是西方工业革命后建筑科技飞跃发展和建筑审美观念现代化变迁的产物。

历史唯物主义告诉我们，物质决定意识，而技术美学思想是现代工业革命、科技革命的巨大物质成果在人类审美意识领域的反映。关于大工业生产对人类心灵的巨大冲击，马克思在《1884年经济学哲学手稿》中曾经作过深刻的论述，他写道："我们看到，工业的历史和工业的已经产生的对象性的存在，是一本打开了的关于人的本质力量的书，是感性地摆在我们面前的人的心理学。"社会存在决定社会意识，工业产品和科学技术的创造使人类的审美领域大大拓展，火车、汽车、飞机成为工业社会的审美对象，钢桥、水坝、摩天大楼成为艺术家讴歌赞颂的对象。进入20世纪，欧洲现代建筑的先驱者们已经敏锐地感触到马克思所说的工业的"对象性存在"给整个社会审美心理带来的巨大变异！

1909年，意大利未来主义的开创者马里内蒂(Filippo Tommaso Marinetti)在《未来主义的创立宣言》中狂热地宣称，"当今美丽的世界已经由于出现了一种新的美的形式而更加丰富多彩。这新的美的形式就是：速度的美。……一辆像炮弹一样呼啸而过的汽车之美，远远超过萨摩德拉斯的胜利女神像。"他宣称要破坏博物馆、图书馆，呼吁用现代工业和科技文明来代替一切西方古典文明。在1914年发表的《未来主义建筑宣言》中，未来主义建筑师圣埃利亚(Antonio Sant' Elia, 1888—1916年)明确地提出：未来的建筑要像一个大机器，电梯不应该再被掩藏起来，而应该名正言顺地以钢铁和玻璃的面貌暴露在建筑立面上（图7-1）。

20世纪20年代欧洲兴起的现代建筑运动全面奠定了技术美学的思想基础。工业化大生产和现代科技的形象表达，成为经典现代主义设计的重心之一，现代建筑

运动的先驱者强调设计与工业化大生产相联系，主张设计从实用功能出发，发挥现代结构和材料自身的审美潜力，反对因袭传统和多余装饰。格罗皮乌斯的建筑观念具有鲜明的技术美学特征，他认为"美的观念随着思想和技术的进步而改变"，"在建筑表现中不能抹杀现代建筑技术，建筑表现要应用前所未有的形象"。现代建筑运动的另一位杰出人物密斯·凡·德·罗则是一名狂热的技术至上主义者，他强调建筑设计要忠实地表现结构和建造过程，提出"我们不考虑形式问题，只管建造问题。形式不是我们工作的目的，它只是结果。""当技术完成它的使命的时候，它就升华为艺术"❶。如果说密斯探索了钢和玻璃在建筑中的诗意表现，从而开启了追求技术精美的重要趋向；那么，勒·柯布西耶则将技术美学思想提高到了机器美学的新高度。1923年，柯布西耶在他的名著《走向新建筑》（Vers Une Architecture）中，提出了激进的机器美学思想。他在书中热情讴歌了现代科技和工业的成就，将大跨度的钢铁桥梁、谷仓、轮船、汽车和飞机作为时代精神的象征和机器美学的榜样（图7-2）。正是在这本书中，柯布西耶给住宅下了一个振聋发聩的定义——"住房是居住的机器"，"如果从我们头脑中清除所有关于房屋的固有概念，而用批判的、客观的观点观察问题，我们就会得到：房屋机器——大规模生产房屋的概念"。❷ 在书中，柯布西耶全面阐述了机器美学的含义：首先，建筑应像机器一样高效，强调建筑使用功能和建筑形态之间的逻辑关系，反对附加装饰；其次，建筑应像机器那样可以进行大规模标准化生产，强调建筑和工业化生产之间的关系；再次，建筑可以像机器那样放置在任何地方，强调建筑形式的普遍适应性。

总之，在20世纪20、30年代，现代建筑运动先驱者们通过建筑实践和理论探索，已经全面奠定了当代高技派建筑的技术美学基础。

图7-1　未来主义建筑狂想，1914年，圣·伊利亚

二、"阿基格拉姆"与"新陈代谢"派：高技派的前奏

作为一个当代建筑流派，高技派继承了现代主义的技术美学思想，并将其发展到了极致。当代高技派的形成，可以追溯到20世纪60年代英国的"阿基格拉姆"和日本的"新陈代谢"派。

"阿基格拉姆"（Archigram）又称建筑电讯派，得名于戴维·格林（David Greene）于60年代早期创立的同名杂志《建筑电讯》（Architecture Telegram）。这个由伦敦一些建筑学校学生和年轻建筑师组成的小团体，成立于1961年，1974年宣告解体。主要成员有彼得·库克（Peter Cook）、

图7-2　飞机的技术美学魅力，勒·柯布西耶，《走向新建筑》

---

❶ 罗小未，外国近现代建筑史（第二版），北京：中国建筑工业出版社，2004：86
❷ 勒·柯布西耶著，吴景祥译，走向新建筑，北京：中国建筑工业出版社，1981：180

图7-3 "行走式城市",1964年,建筑师:阿基格拉姆

图7-4 "插入式城市",1964年,建筑师:阿基格拉姆

图7-5 "空中城市",1962年,建筑师:矶崎新

图7-3

赫隆(Ron Herron)丹尼斯·克朗普顿(Dennis Crompton)、米歇尔·韦伯(Michael Webb)、沃伦·乔克(Warren Chalk)及戴维·格林。阿基格拉姆成员来自不同的职业背景,也没有明确统一的纲领,只是用一些电报式的词句来表明成员们对建筑学的颠覆性设想。他们把"流通和运动"、"消费性和变动性"当代生活体验的基本特征,并把这些概念引入建筑学,强调建筑本身最终将被建筑设备所代替,因此可以被看成是"非建筑"(Non Architecture)或"建筑之外"(Beyond Architecture)。他们对未来高科技时代的城市进行了乌托邦式的畅想,主要作品有1964年赫隆设计的"行走式城市"(图7-3),这是一种模拟生物形态的金属巨型构筑物,内部可以满足城市生活的所有需要,通过巨大的插入式管道(常被误认为腿)提供人们的日常所需,也可以从一地移动至他地。同年,彼得·库克设计了"插入式城市"(图7-4),建筑由交通和市政设施构成网状构架,在构架插座上可以随时由起重设备拔掉或插入建筑单元。阿基格拉姆探讨了高科技和高度工业时代城市建筑形象蜕变的可能性,虽然这个组织存在时间并不长,但是他们的建筑狂想却对许多国家的新生代建筑师产生了广泛影响,作为阿基格拉姆喜爱的手法,建筑外观故意暴露设备管道的手法也被皮亚诺和罗杰斯运用到蓬皮杜文化艺术中心(1977年)设计中。

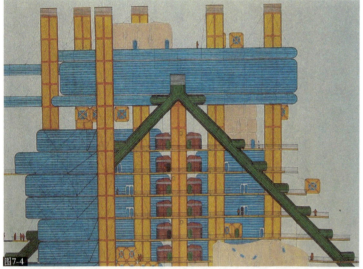
图7-4

图7-5

日本的"新陈代谢"派(Metabolism)缘起于1960年东京召开的世界设计会议,代表人物有建筑师菊竹清训、大高正人、桢文彦、黑川纪章、矶崎新以及评论家川添登。该学派借用"新陈代谢"这一生物学用语,提出了保持建筑主体结构,取换单位部件的"可更换舱体"设想,以适应建筑的变化。代表性作品有矶崎新的"空中城市"(City in the Air)(图7-5),该方案构想在既存的城市上空建造城市,不破

坏地上的已有环境，不大面积占有地面空间，从而实现新城与旧城的共存。矶崎新模仿树的形态，让建筑在地面生根，在空中伸展、繁茂，利用现代技术对未来可能出现的"空中城市"形态进行了大胆尝试。1972年建造、黑川纪章设计的东京中银舱体大楼（图7-6～图7-8）是"新陈代谢"派的代表作，两个混凝土筒体作为固定的服务性塔楼，内设电梯、机械设备和楼梯等设备，140个开有圆窗洞的洗衣机般造型的舱体悬挂在两个服务性塔楼上，内部有计算机、音响设备、浴室和卫生间等标准配置，舱体可以根据需要进行更换和增减，当然，大楼落成后这些可拆卸的舱体从未被取换过。

三、当代高技派建筑大师及其经典作品

早期高技派的建筑实践主要集中以英国为中心蜚声国际建筑界的几位建筑大师，如英国的诺曼·福斯特（Norman Forster）、理查德·罗杰斯（Richard Rogers）、尼古拉斯·格雷姆肖（Nicholas Grimshaw）以及意大利的伦佐·皮亚诺（Renzo Piano）。继罗杰斯与皮亚诺合作设计的巴黎蓬皮杜文化艺术中心（1977年）落成之后，又相继诞生了香港的汇丰银行（诺曼·福斯特，1986年）、伦敦劳埃德保险公司大厦（理查德·罗杰斯，1986年）等高技派的经典作品。这些作品大都具有如下特征：灵活的平面、暴露的结构、插入的服务系统以及对机械设备的刻意暴露，这些经典作品的落成不仅使技术美学成为公众关注的焦

图7-6 施工中的中银舱体大楼，日本东京，1972年，建筑师：黑川纪章

图7-7 中银舱体大楼，日本东京，1972年，建筑师：黑川纪章

图7-8 中银舱体大楼室内，日本东京，1972年，建筑师：黑川纪章

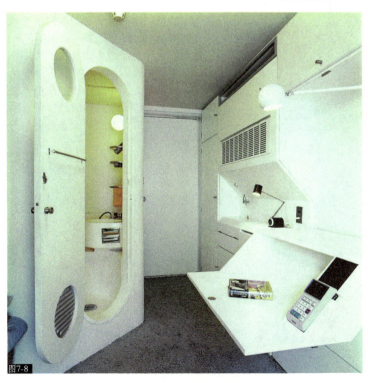

图7-9 蓬皮杜文化艺术中心，法国巴黎，1977年，建筑师：理查德·罗杰斯、伦佐·皮亚诺

图7-10 蓬皮杜文化艺术中心局部，法国巴黎，1977年，建筑师：理查德·罗杰斯、伦佐·皮亚诺

点，同时也使得以英国为大本营的高技派逐渐发展成熟，跨出英国成为一个具有国际影响的当代建筑流派。下面对这四位高技派建筑大师及其经典作品进行简要的介绍。

1. 理查德·罗杰斯

罗杰斯1933年出生于意大利佛罗伦萨，先后在伦敦建筑协会学校（Architectural Association School）和耶鲁大学学习建筑。1963年，他创立"四人工作室"，成员是两对建筑师夫妻——罗杰斯和他的妻子苏·罗杰斯以及诺曼·福斯特和他的妻子温迪·福斯特。他们对于当时占据统治地位的"国际式"风格的千篇一律强烈不满，也不赞同后现代主义的古典复兴、折中主义和装饰主义，他们对于以钢、钢结构为代表的工业材料、工业结构和构造情有独钟，主张以最新科学技术作为建筑设计的核心，以体现工业化时代和工业化生产对于建筑形式的客观要求。

罗杰斯获得国际性声誉是从他与皮亚诺合作设计的蓬皮杜文化艺术中心（Center Georges Pompidou）（图7-9～图7-11）开始的。该建筑使用了德国人马克斯·门格林豪森（Max Mengeringhausen）发明的由标准构件、金属接头和金属管组成的"MERO"结构系统，金属管构架之间距离为13 m，形成跨度达48 m的没有任何支撑的自由空间，创造出巨大的可供展览和表演的通用室内空间。整个建筑由标准金属构件装配而成，外观钢架林立、管道纵横，玻璃筒包裹的自动扶梯悬挂在建筑外部，所有设备管道暴露无遗，并根据功能分别饰以各种鲜艳的色彩。这个设备"翻肠倒肚"、外观像一个化工厂的"文化"建筑来到拥有卢浮宫、巴黎圣母院等一大批传统建筑的历史名城巴黎，像当年的艾菲尔铁塔一样激起了法国公众和舆论的轩然大波，但是最终为富于文化多元包容力的巴黎人所接受和喜爱，并成为现代巴黎的象征。1977年，罗杰斯中断与皮亚诺的合作关系，独立开业并把设计事务所迁到伦敦。1979年获得了职业生涯中第二个重大项目委托——伦敦的劳埃德保险公司大厦，更加夸张地运用了高技派的经典手法，并将其事业推向了一个新的高度。

2. 诺曼·福斯特

诺曼·福斯特是另一位具有国际影响的高技派建筑大师，1935年出生于英格兰的曼彻斯特。他从曼彻斯特大学建筑与都

图7-11 蓬皮杜文化艺术中心施工现场，法国巴黎，1977年，建筑师：理查德·罗杰斯、伦佐·皮亚诺

第七章 当代高技派建筑——走向技术与情感的共生

图7-12

图7-13

市规划系毕业后赴美国耶鲁大学深造，并结识了罗杰斯，他们成为挚友和一度事业上的伙伴。福斯特是当今世界最为著名的建筑师之一，1983年获颁英国皇家建筑师协会（RIBA）金奖，1990年受封爵士，1999年获得有建筑诺贝尔奖之称的普利兹克奖。

1981年，福斯特受委托设计香港汇丰银行总部大厦（图7-12），他运用典型的高技派风格，塑造了一个巨大的技术美学宣言。汇丰银行位于在香港最重要的商业地段中环，面海背山，大楼外观像一个巨大的机器人，采用钢框架悬挂结构体系，整个建筑悬挂在钢铁桁架上，前后三跨，建筑沿高度分成5段，每段由两层高的桁架连接，成为楼层的悬挂支撑点。从地面到顶部，前后三跨也采取了不同的高度，分别为28层、35层、41层，这种富于变化的高度处理形成了生动的建筑外观和东、西侧立面。在处理建筑开放空间与私密空间的关系上，建筑师采用从上到下逐渐过渡的手法，一条公共步行街从大楼底部穿越，人们可以由此乘自动扶梯进入银行大厅（半公共空间）和10层高的中庭。3部高速电梯在大楼内穿梭不停，层与层之间设有自动扶梯，顶层则是银行首脑的私人办公室。整个建筑物共耗资10亿美元，是公认的20世纪下半叶世界最杰出的建筑之一。1998年投入运营的香港新国际机场（图7-13～图7-15）是福斯特的又一力作。新机场是为了解决位于九龙

图7-12 汇丰银行总部大厦，中国香港，1981年，建筑师：诺曼·福斯特

图7-13 香港新国际机场，中国香港，1998年，建筑师：诺曼·福斯特

图7-14

图7-15

图7-14 香港新国际机场室内，中国香港，1998年，建筑师：诺曼·福斯特

图7-15 香港新国际机场室内，中国香港，1998年，建筑师：诺曼·福斯特

图7-16 滑铁卢国际枢纽，英国伦敦，1993年，建筑师：格雷姆肖

岛的启德机场不敷需求而兴建的。新机场位于大屿山以北、市中心以西的赤鱲角——一个6 km×3.5 km的人工岛上。香港新国际机场是世界最大的空港，宽阔的跑道可以起降世界上最大的商业飞机，同时还拥有世界上最长的通往机场的双层公路。香港新国际机场的建筑平面和形态宛若一只巨鸟，也有人说像一架着陆的飞机，轻盈飘逸的形象令人难忘。建筑结构体系由筒拱屋顶纵横组合而成，这些筒拱屋顶由树状的钢结构支撑骨架、对角线钢格网状屋架与三角形屋面覆盖材料组合而成，福斯特借鉴了他早期设计的伦敦斯坦斯德机场（Stanstead Airport, 1991年）的手法，把所有的管道设施、照明系统和其他辅助设施都安装在地板、梁柱和特殊出气口中，从而大大解放了建筑的室内空间。虽然新国际机场的建筑形态具有强烈的有机性，但是建筑设计却秉承了标准化的设计思想，各个结构部分在工厂进行前期预制，在现场进行组装。以组成拱形的钢格网状屋架为例，整个15万m²的屋顶被划分为122个钢网壳分别预制，最后只需要将制作好的网架运输到施工现场，分别在网架之间、网架与底部的树状钢梁之间进行焊接即可，这种标准化生产方式不仅节省预算、缩短了施工工期，也为日后的维护与改扩建提供了极大的便利。

3. 尼古拉斯·格雷姆肖

尼古拉斯·格雷姆肖，1939年出生于英国伦敦，1962年毕业于爱丁堡大学建筑艺术学院，同年进入伦敦的建筑协会学校（Architectural Association School）深造。1965年完成学业后，进入英国建筑师泰瑞·法雷尔（Terry Farrell）的事务所工作。然而，格雷姆肖对技术美学执着的追求与法雷尔灵活多变的风格产生了分歧，最终两位建筑师分道扬镳，法雷尔成为英国后现代主义的代表人物。1980年，格雷姆肖在伦敦开设了自己的事务所。格雷姆肖的作品像有机体的皮肤和骨骼一样，是对建筑结构和表皮赤裸裸地表现，没有任何修饰和美化，具有典型的英国式高技派风范。1993年落成的伦敦滑铁卢国际铁路枢纽（Waterloo International Railway Terminal）（图7-16），既是格雷姆肖的代表作，也是给他带来最高声誉的作品。建筑的屋顶构

架为三铰拱,每个三铰拱中间的铰链偏向一侧,形成了一个400m长、跨度从35m到55m不等的封闭体,非对称的跨度为室内高架铁轨的铺设提供了可能。三铰拱的基本结构形式为弓形拱架,拱架间拉索纵横交错,拱架由一根根锥形钢管连接而成,钢管外表涂有鲜明的蓝色,形成极富表现力的结构骨架与空间效果。

4. 伦佐·皮亚诺

伦佐·皮亚诺,1937年出生于热那亚一个建筑商家庭,1964年毕业于米兰理工学院。1964—1970年主要在米兰从事建筑设计。1970年起他开始了与罗杰斯的合作,成立了皮亚诺·罗杰斯(Piano & Rogers)建筑设计事务所,并成功地完成了蓬皮杜中心的建筑设计工作。稍后他开始了与彼德·雷斯(Peter Rice)的合作,1977年,成立了皮亚诺·雷斯(Piano & Rice)建筑设计事务所。1980年以后,他的事务所改称伦佐·皮亚诺建筑工作室(Renzo Piano Building Workshop),并在巴黎和热那亚设立常驻办公机构。1998年,皮亚诺荣获普利兹克建筑奖。

1994年落成的日本关西国际航空港(图7-17和图7-18)是皮亚诺的代表作。该航空港建造在大阪海湾距陆地5km的一个4km×1.25km的矩形人工岛上,这是日本第一个24h运营、年吞吐量约2500万旅客的海上机场,总投资约1万亿日元。空港工程浩大、选址特殊,因此被称为20世纪最大的工程。皮亚诺运用了空气动力学原理,有轨车站的玻璃顶、候机楼入口雨篷乃至候机楼的大跨度屋顶,均按照建筑中空气循环的自然路径进行设计,呈波浪状地韵律起伏,最后与延伸到两翼的1.5km长登机廊的屋顶曲线自然地连成一体。同时建筑内部设有两条"绿色峡谷",给候机

图7-17 国际航空港,日本关西,1994年,建筑师:皮亚诺

图7-18 国际航空港,日本关西,1994年,建筑师:皮亚诺

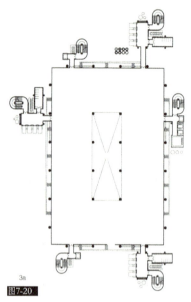

图7-19 劳埃德大厦，英国伦敦，1986年，建筑师：罗杰斯

图7-20 劳埃德大厦平面图，英国伦敦，1986年，建筑师：罗杰斯

图7-21 劳埃德大厦内景，英国伦敦，1986年，建筑师：罗杰斯

图7-22 雷诺公司产品配送中心，英国威尔特郡斯温顿，1983年，建筑师：诺曼·福斯特

图7-23 雷诺公司产品配送中心细部，英国威尔特郡斯温顿，1983年，建筑师：诺曼·福斯特

楼带来了阳光、绿化等自然气息，庞大的技术形象中充满了真正的人情味，同时也创造了一个生态平衡的整体，正如皮亚诺所指出，这个设计在技术与自然、机器与人、未来与传统之间建立起成熟的全新的平衡。

四、当代高技派设计手法解析

技术美学和功能主义是上个世纪现代建筑运动的两个思想支柱，当代高技派建筑继承了前者并进行了极端化发展，其典型设计手法包括，工业化装配式建造与工业技术特征表达、技术精美的追求、建筑结构形象的雕塑化等。

1. 工业化装配式建造与工业技术特征的表达

表达高度工业技术特征是高技派的经典性设计手法，具体表现为暴露内部结构构造和各种设备管道，把本应当隐匿的结构和构造节点、机械设备刻意显露出来，袒露的设备管道和交通设施使得建筑犹如一架高效运行的机器，而裸露的动力循环系统如同有机体的经络。典型实例如罗杰斯设计的伦敦劳埃德保险公司大厦（图7-19～图7-21），该建筑位于伦敦的金融中心，基地狭窄。建筑师运用了区分服务空间与被服务空间的布局手法，把楼梯间、卫生间和电梯作为服务空间布置在主楼外侧，形成了六个不锈钢塔楼，丰富了街道的天际线，同时产生了与强调垂直构图的哥特式教堂相仿的丰富的造型效果。该建筑刻意暴露结构、使用不锈钢、铝和其他合金材料，建筑表面布满管线，擦窗机仿佛脚手架一样耸立在屋顶，而整个建筑则像一个正在施工中的化工厂。福斯特为雷诺公司设计的产品配送中心（图7-22和图7-23），建筑师采用了巨型悬挂结构，在基地上布置了

图7-24 "Habitat"住宅综合体，1967年，蒙特利尔世界博览会，建筑师：摩西·萨夫迪

一系列标准单元，从悬挂结构的支撑桅杆的中心顶点计算跨度都为24m，支撑点高度为16m，一期工程完成了42个标准单元，每一个结构单元由四个角点的悬挂桅杆的钢索从中部将拱形钢架悬挂，这些悬挂桅杆及拉索被漆成黄色，表现了这一工业化结构体系强烈的力量感和美感。

高技派致力于可快速灵活装配拆卸、重量轻、用材量少的建筑体系的研究，并对各种新型建筑材料和空间结构进行了探讨。加拿大籍以色列裔建筑师摩西·萨夫迪（Moshe Safdie, 1938— ）认为，通过引进标准化技术与工业化生产线，完全可以像亨利·福特把汽车带入大众市场那样制造出低成本住宅。他设计的1967年蒙特利尔世界博览会的"Habitat"住宅综合体（图7-24），其设计目标是开发出一个可以批量生产的经济住宅模型，最初的方案要求建造3000个混凝土预制单元，最后只建造了354个单元，形成了158套公寓。建筑师用这些预制单元堆积了一个交错重叠的空间细胞状金字塔结构，每一户都拥有独立的出入口和屋顶花园。该项目探索了工业技术应用于建筑生产的可能性，

然而，这种建筑体系的造价极其昂贵，以至于1967年的"Habitat"已经成为一个高薪阶层居住的高档社区，而并非像当初设想的那样服务于低收入阶层。

如果说萨夫迪的工业化生产的盒子住宅，使用较为传统的混凝土材料；那么罗杰斯、拉菲尔·维诺里（Rafael Vinoly）等高技派建筑师则是采用了钢材、铝材和塑料等现代材料，更为大胆地运用了装配技术。Zip-Up住宅（1971年）（图7-25）是罗杰斯为杜邦公司发起的"今天的房子"设

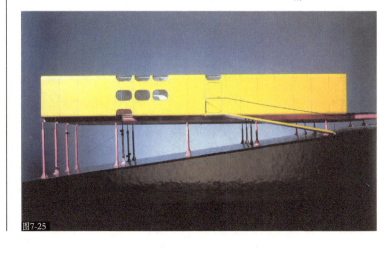

图7-25 Zip-Up住宅模型，1971年，建筑师：罗杰斯

图7-26　PA科技中心，美国新泽西州，1985年，建筑师：罗杰斯

图7-27　PA科技中心平面、剖面图，美国新泽西州，1985年，建筑师：罗杰斯

图7-28　世界贸易中心重建方案，美国纽约，2002年，建筑师：拉菲尔·维诺里，Think Team

图7-29　世界贸易中心重建方案，美国纽约，2002年，建筑师：拉菲尔·维诺里，Think Team

图7-30　世界贸易中心重建方案，美国纽约，2002年，建筑师：拉菲尔·维诺里，Think Team

计竞赛而构思的概念住宅，该住宅采用了飞机和高速列车的表皮承重结构，墙、楼板和屋顶围合成了一个环状的壳，表皮外层为绝缘铝板，以高性能PVC材料为核芯，跨度达10m，整个建筑可以随意组装成各种形态，也可以随意移动。Zip-Up概念住宅虽然受到广泛关注，但它的意义如同"概念车"一样，只能是一种想法，大量推广的可能性很小。美国新泽西州的PA科技中心（图7-26和图7-27）是罗杰斯在美国设计的一个成功的实验室建筑，该中心为一个单层钢结构建筑，建筑以中央线性骨架为轴可以无限增长，同时还可以根据实际需要改变房间的分隔和用途。它包括开放实验室、办公区、会议室以及设备管理用房，布置在跨度为22.8m、边长为8m的单元空间内，用一个80m的长廊串联。由美籍乌拉圭裔建筑师拉菲尔·维诺里领衔的Think Team建筑师组合于2002年提交的纽约世界贸易中心重建方案（图7-28～图7-30），也是一个采用工业化装配式建造方式的概念设计，该方案运用了保持建筑主体结构固定、单位部件可更换的"舱体"构想，两个中空的钢结构框架构成双塔形象，高架在原有纽约世界贸易中心的双塔位置，保持了双塔基础遗址的完整，而新增加的功能设施则可以根据需要随时填充到开放的结构框架中。

2. 追求技术精美的倾向

追求建筑表皮、结构和构造节点的精美是当代高技派的另一个重要倾向，玻璃幕墙工艺的最新发展集中体现了高技派对技术精美的追求。玻璃幕墙是由玻璃窗发展起来的，经过了明框、半隐框和隐框几个阶段，已经进入玻璃肋和点支式璃幕墙的新阶段。

玻璃肋构造方式是通过在玻璃墙面中增加垂直于墙面的短尺寸玻璃肋来保证玻璃幕墙的稳定性。这种方式的特点在于从幕墙中取消用于支撑的金属框架，形成完全由玻璃组成的连续的透明墙面。由于完全取消了金属框架的存在，因此玻璃墙面变得完全透明化，令人体会到玻璃空间中

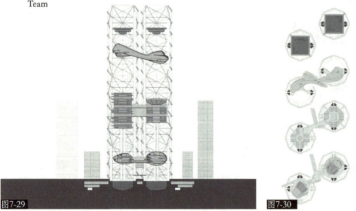

前所未有的开放感（图 7-31～图 7-33），人们可以毫无阻隔地欣赏到室外的景色，有效地实现了室内、外空间的交融。玻璃肋构造方式形象简洁、构造单纯，在当代建筑设计中得到广泛的应用。但是由于构造方式安全性的局限，玻璃肋幕墙在高度上受到限制，使得它无法在高度较大的建筑空间中应用。由玻璃面板、点支撑装置和支撑结构组成的玻璃幕墙称为点支式玻璃幕墙（图 7-34 和图 7-35）。点支式玻

图7-31　玻璃肋支承玻璃幕墙
图7-32　玻璃肋支承玻璃幕墙细部
图7-33　玻璃肋支承玻璃幕墙细部
图7-34　柔性张拉结构点支式玻璃幕墙，4频道电视台门厅，英国伦敦
图7-35　柔性张拉结构点支式玻璃幕墙，4频道电视台门厅，英国伦敦

第七章　当代高技派建筑——走向技术与情感的共生

图7-36 公共图书馆,西班牙Usera,2003年,建筑师:Abalos & Herreros

图7-37 爱玛仕旗舰店,日本东京,建筑师:伦佐·皮亚诺与阿鲁普事务所

璃幕墙改变了玻璃在框中安放的传统模式,取消明、暗框,采用钢爪柔性连接模式,以金属肋作为抗风支撑。为了追求大跨度、增加通透性,可以对玻璃后的支撑结构选用各种结构体系,如网架、钢管桁架、拉杆式桁架等,不仅适应了玻璃幕墙的抗风受力要求,还可以满足主体结构的变形和抗震要求。

追求建筑表皮的同一化,也是高技派的追求技术精美的重要表现。追求建筑表皮的线条、形体的简洁流畅、表面的顺滑同一,体现了把建筑、家具等传统手工艺产品等同于轿车、飞行器等工业科技产品的追求高度技术美学的倾向。其基本特征是弱化乃至取消建筑立面的虚实变化,转而追求建筑表皮材料、质感的同一性,以展示现代材料质感的光滑流畅和现代工艺的高超精湛。Abalos & Herreros设计的西班牙Usera公共图书馆(图7-36),是一个坐落在低矮基座上的单纯几何体,建筑表面顺滑同一,表现了金属、玻璃和抛光石材等现代材料以及节点的施工工艺精美,在这座建筑上几何的精确与细部的精美交映生辉。伦佐·皮亚诺与英国阿鲁普事务所(ARUP)为爱玛仕(Hermes)合作设计的日本东京旗舰店(图7-37),将追求技术精美的风格发挥到了极至。皮亚诺把爱玛仕旗舰店设计成了一幢巨大的、外表面全部包裹着玻璃砖的11层立方体。整个建筑朝向街道的表面总共有大约2 600m^{2}的玻璃砖,是世界上应用玻璃砖面积最大的建筑。半透明的墙体创造了兼有私密性和开放性的内部空间。白天,笼罩着玻璃砖面纱的建筑立面闪动着光芒,从建筑内部向外望去,外面嘈杂的街景被玻璃砖衰减为静默而精妙的剪影;在夜晚,建筑则变成一只巨大的自发光晶体。这幢建筑施工历时3年完成,总造价大约170亿日元,约合1.4亿美元,充分体现了爱玛仕品牌"奢华的简约"的风格。

3. 建筑结构形象的雕塑化

雕塑性的建筑结构表达,是现代主义建筑的重要创作手法。早在20世纪60年代,现代主义建筑大师们就以极具表现力的粗混凝土、悬索结构等方法,创作出一系列激动人心的建筑形象,广泛运用于世界博览会、体育场馆、航空港等建筑,代表作如1964年落成的日本建筑师丹下健三设计东京代代木国立室内综合竞技场（图7-38），15 000座的主馆平面由两个错开的半圆形组成。体育馆屋顶采用了悬索结构，主馆的两个入口矗立着两根钢筋混凝土筒形支柱，支柱之间用吊索相连。吊索下的数十根钢缆从体育馆的长轴方向引向观众席的四周，吊索的开口处作为顶部采光。观众席上部的天棚曲面犹如篷幕，从长轴方向垂向四周，天棚上舒展的钢缆曲线、柔和的顶部采光使体育馆内部空间显得格外高亢、开阔，体现出体育建筑的性格特征，而悬索结构的屋面造型还令人感受到日本传统建筑屋顶的意象。

进入20世纪70年代，表现建筑结构形象的倾向从早期追求浑厚的雕塑效果，转向探求轻盈的动势，从表现混凝土的粗糙质感转向钢、合金和膜结构等更具科技含量的新结构形式。代表作如德国建筑师冈特·本尼契（Günter Behnisch）和结构工程师佛莱·奥托（Frei Otto）为1972年慕尼黑奥运会设计的奥林匹克体育中心（图7-39），采用网索钢缆编织的半透明帐篷结构，每一网格为75cm×75cm，网索镶嵌浅灰棕色丙烯塑料玻璃，用氟丁橡胶卡将玻璃卡在铝框中，内部空间光线充足柔和。本尼契将奥运会主要比赛场馆包容在连绵的帐篷式悬空顶篷之下，以蜿蜒的奥林匹克湖为背景，以横空出世的气势将体育场馆与自然景观融为一体，为激烈的比赛带来了大自然的温馨。

当代西班牙建筑师圣地亚哥·卡拉特拉瓦（Santiago Calatrava），在建筑结构的雕塑性表现上取得了杰出的成就。卡拉特拉瓦1951年出生于西班牙的巴伦西亚，毕业于当地的建筑学院建筑学专业，后入瑞士苏黎世大学土木系学习结构工程，并于1981年获得技术科学博士学位，其博士学位论文课题为"结构的可折叠性"。毕业后他留居瑞士开业，继续致力于折叠结构与仿生结构的探索。与那些仅精通建筑学专业的大师相比，卡拉特拉瓦是一位集建筑师、结构工程师和机械工程师于一身的建筑大师，在他的手中，结构工程与机械

技术超越了单纯的技术手段，成为创造完美建筑形态得心应手的工具。可动的建筑、建筑动态的表达和仿生学是卡拉特拉瓦建筑设计作品的基本特征。

自古至今建筑的主体和结构都是静态的，因而建筑有"凝固的音乐"之称。作为现代建筑运动序曲诞生于20世纪初的意大利未来主义，就对运动的美感赞赏有加。其奠基人马里内蒂在《未来主义宣言》中

图7-38 代代木国立室内综合竞技场，日本东京，1964年，建筑师：丹下健三

图7-39 奥林匹克体育中心，德国慕尼黑，1972年，建筑师：冈特·本尼契

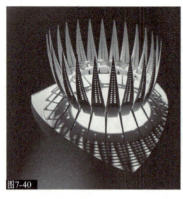

图7-40　可开闭建筑模型，建筑师：卡拉特拉瓦

图7-41　可开闭建筑模型，建筑师：卡拉特拉瓦

图7-42　科威特馆，1992年，西班牙塞维利亚国际博览会，建筑师：卡拉特拉瓦

图7-43　密尔沃基美术馆，美国密尔沃基，2000年，建筑师：卡拉特拉瓦

图7-44　密尔沃基美术馆，美国密尔沃基，2000年，建筑师：卡拉特拉瓦

宣称，"一辆汽车吼叫着，就像踏在机关枪上奔跑，它们比萨摩色雷斯的胜利女神塑像更美，因为前者体现了速度、力量和运动"。卡拉特拉瓦对于可动建筑更是着迷不已，运动对他而言是建筑结构构思的原点，他断言，"建筑决不是静止的，相反，倒应该说建筑是运动的物体。"（图7-40和图7-41）他为1992年西班牙塞维利亚国际博览会设计的科威特馆（图7-42），屋顶是可自由启闭的结构，模拟了动物关节的自由运动，夜间屋顶肋架敞开，平台上便可以进行露天的各种活动。卡拉特拉瓦设计，2000年建成的密尔沃基美术馆（Milwaukee Art Museum）（图7-43和图7-44），位于美国的密执安湖畔，建筑师沿着大道的方向建起了一条跨度达73m的拉索引桥，笔直地正对着美术馆的主要入口，把人们的视线直接引导到了新建筑上，用拉索支撑的桥在桥头构成了传统的垂直塔门，给建筑入口划出了一个醒目的画框。更为奇妙的是，卡拉特拉瓦把两层门厅后中庭空间上的遮阳百页直接串在桅杆上，如同一片片纤细的羽毛，在日升日落时光流转中，随着光线的变化不断调整角度。

如果说上述作品可以视为可动建筑的探索，那么，卡拉特拉瓦的更多作品可以称之为将运动结晶化的结构表现主义作品。卡拉特拉瓦设计，1994年落成的法国里昂新机场铁路枢纽（图7-45和图7-46）是里昂机场系统一个组成部分，该机场除了航站楼之外，还连接了法国TGV高速铁路系统。黑色钢铁骨架的放射状外形犹如一匹展翅的雄鹰，伸展的翼翅以柔美的弧形散落在周围草坪上。卡拉特拉瓦的结构表现主义设计的另一个重要特征是结构形式以自然形态为依据，树木、花卉、生物以及人体骨骼，经过他的设计提炼，变成了有机的建筑与桥梁结构。例如，他为1998年里斯本世界博览会设计的东方火车站（图7-47和图7-48），充分表现了他

图7-45　里昂新机场铁路枢纽，法国里昂，1994年，建筑师：卡拉特拉瓦

图7-46　里昂新机场铁路枢纽，法国里昂，1994年，建筑师：卡拉特拉瓦

图7-47　东方火车站，1998年里斯本世界博览会，建筑师：卡拉特拉瓦

图7-48　东方火车站，1998年里斯本世界博览会，建筑师：卡拉特拉瓦

图7-49　特纳里夫音乐厅，西班牙加那利群岛，2003年，建筑师：卡拉特拉瓦

的有机造型观念：混凝土立柱仿佛从地下生长，支撑着钢和玻璃制成的蝉翼般精巧的站台雨篷，在表达现代结构美学的同时，卡拉特拉瓦又传达了中世纪哥特式教堂的束柱和骨架券意向，也可以视为表现主义（Expressionism）的作品。卡拉特拉瓦设计的西班牙加那利群岛的特纳里夫音乐厅（2003年）（图7-49），建筑顶部波浪形态的高度接近60m，其梦幻般的形态使建筑在周围环境中脱颖而出，就像悉尼歌剧

图7-50 扭转大厦，瑞典马尔摩，2005年，建筑师：卡拉特拉瓦

图7-51 扭转大厦，瑞典马尔摩，2005年，建筑师：卡拉特拉瓦

院成为澳洲的象征一样，也注定将成为加那利群岛的标志。瑞典马尔摩的扭转大厦（HSB Turning Torso，2005年）（图7-50和图7-51），是一幢办公与住宅建筑，位于马尔摩的海岸地区，面向松德海峡，共54层。从一层到屋顶共扭转了90°，每间公寓都拥有充足的自然光，这栋大楼拥有33种不同户型、共147间公寓。

五、当代高技派新趋势：高技术与情感、生态的共生

正统的现代主义秉持技术至上主义观念，相信单纯凭借技术手段就可以解决人类的全部问题，于是技术文明取代了民族与地域文化，人的情感和心理需要的多样性也被忽视。高技派作为正统现代主义技术至上主义衣钵的继承人，不可避免地带有正统现代主义的某些先天不足。伴随着对正统现代主义建筑理论的批判，围绕着高技派作品的争论与批评也从来没有停止，批评者认为，高技派一味炫耀技术的至高无上，导致了高技派建筑的冰冷刻板、缺乏人情味；同时由于盲目使用和追求高新技术，带来的高额成本和高能耗更成为高技派建筑的重大缺陷。

当今高技派建筑出现于20世纪60年代，成长于70年代至80年代初，而从80年代中后期至今已经进入了比较成熟的阶段。一些高技派建筑师得到了世界各国大量的设计委托，但是真正反映出高技派建筑走向成熟的并不仅仅在于这些表面现象，而在于高技派建筑本身风格的转变。进入20世纪90年代，高技派建筑师修正了技术崇拜和技术至上主义的设计方向，将设计出发点从单纯的技术表现转向文脉、场所、地域和生态环境，表现出人文精神的回归和对生态与可持续发展的关注，高技派建筑再度焕发出新的生命力。

1. 从"在城市中表演"到"为城市而存在"

在处理建筑与城市文脉关系这一敏感问题上，早期的高技派建筑表现出一种高傲自得、唯我独尊的性格。20世纪70、80年代落成的三幢最重要的高技派建筑——巴黎蓬皮杜中心、伦敦劳埃德保险公司大厦和香港汇丰银行，充分反映出高技派建筑师缺乏对城市空间的关注、将建筑凌驾于城市环境之上的技术至上主义观念。例如蓬皮杜文化艺术中心占据了巴黎市中心一个街区的一半，前面空出一片铺装的广场，这种简单的布局方式与周围历史形成的传统街区大相径庭，它那暴露结构与设备的外观更是与周围街区格格不入。以蓬皮杜

图7-52

图7-54

图7-53

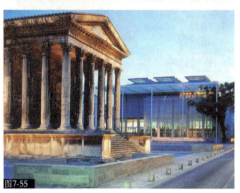

图7-55

文化艺术中心为代表的高技派建筑，忽略了城市空间的创造与城市文脉的存在，成为一座凌驾于城市之上，"在城市中表演"的建筑。

现代城市新、老建筑的协调问题主要反映在两个方面：一是城市日益膨胀，不断出现的新建筑与原有旧建筑和历史街区之间的关系；二是城市传统中心面临衰败，无力重建的老建筑的改造与没落地区的复兴问题。对于这两个问题，当代高技派建筑师用实际作品做出了积极的解答，调整了以往冷漠、孤立的城市观念，表现出对现代城市问题的关注。英国伦敦的霍斯菲利街是一个衰落的社区，理查德·罗杰斯设计的伦敦4频道电视台大楼（图7-52～图7-54）的建成使它获得了新生。4频道电视台大楼展开了充满欢迎姿态的入口，并在查德威克街的街角处围合成一个铺装广场。透明玻璃门厅里人们忙碌的活动和上上下下的露明电梯给沉闷的街区带来了勃勃生机，建筑端部高耸的楼梯间大大丰富了建筑和街道的轮廓线。4频道电视台大楼通过有条不紊的功能安排、灵活高效的空间布置、尺度宜人的细部处理，给这个混乱陈旧的街区注入了新的活力，成为高技术与高情感相融合的典范。

福斯特设计的位于法国古城尼姆市的卡里艺术馆（图7-55和图7-56），坐落在有名的古罗马遗迹卡里神庙（Maison Carree）旁边，如何保持城市特有的文脉，成为摆在建筑师面前的一道难题。福斯特在仔细分析建筑周围环境后，采取了如下

图7-52 4频道电视台，英国伦敦，1990—1994年，建筑师：理查德·罗杰斯

图7-53 4频道电视台，英国伦敦，1990—1994年，建筑师：理查德·罗杰斯

图7-54 4频道电视台露明电梯，英国伦敦，1990—1994年，建筑师：理查德·罗杰斯

图7-55 卡里艺术馆，法国尼姆，1993年，建筑师：诺曼·福斯特

图7-56 卡里艺术馆,法国尼姆,1993年,建筑师:诺曼·福斯特

图7-57 阿拉伯世界研究中心,法国巴黎,1981—1987年,建筑师:让·努维尔

图7-58 阿拉伯世界研究中心南向墙面,法国巴黎,1981—1987年,建筑师:让·努维尔

图7-59 阿拉伯世界研究中心快门式窗装置,法国巴黎,1981—1987年,建筑师:让·努维尔

设计策略:首先,福斯特将建筑设计为地下五层,地上四层,使建筑降低到不与周围环境相冲突的高度之内。其次,建筑师将新建筑设计为白色,并安放在一个大的基座之上,并且将建筑朝向神庙的立面之前加上了一个极富韵律感的柱廊,从而与古罗马神庙在台基、柱廊和色彩等形式要素上取得了共鸣。福斯特还对新老建筑共处的街区进行了整体规划,在古罗马神庙遗留下来的柱础之间,布置了简洁的坐凳,再加上随意摆放的咖啡座,整个室外空间处处显露出浓浓的人情味。从建成后的整体效果看,新老建筑之间达到了水乳交融的境界,堪称历史街区中插建新建筑的精彩之作。

除了上述国际知名的高技派建筑大师,法国建筑师让·努维尔(Jean Nouvel)、美籍乌拉圭裔建筑师拉菲尔·维诺里等也创作了一批高技术美学与城市文脉相结合的佳作。让·努维尔设计的巴黎阿拉伯世界研究中心(1981—1987年【图7-57~图7-59),把阿拉伯文化与现代科技融为一体,是科技与艺术的完美结合。建筑分为两个部分,半月形部分顺应塞纳河弯曲的河岸

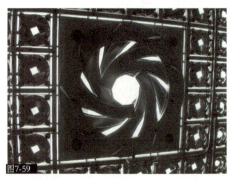

线，平直部分则呼应城市规则的道路网格，中间有一个贯通顶部的露天中庭。在南面的双层玻璃墙内，建筑师植入了27 000个仿照相机光圈形式的铝制"快门"。这些构件通过光电单元与计算机相连，如同照相机的镜头一样，孔径随着室外光线的强弱而变化，从而自动调节室内光线的强度。这些构件的旋转形图案又与伊斯兰装饰艺术构图非常类似，具有强烈的阿拉伯传统文化的象征性。

拉菲尔·维诺里设计，1993年落成的东京国际会议中心（图7-60～图7-62），以出色地解决了场地环境的挑战而引起了国际建筑界的关注。在1988年举行的国际方案征集中，维诺里的方案从来自50个国家的395个方案中脱颖而出。这个项目的用地和内容都异常复杂，基地东临东京新干线11m高的高架轨道，为了顺应铁路转弯形成的弧线，建筑师巧妙地布置了一个梭形大玻璃厅，然后在用地西侧从大到小、从北向南依次布置了四个会议厅，中间是围合的庭院，地下是大展厅。梭形玻璃大厅全长约210m，最宽的地方约30m，高度为57.5m，朝向内侧的全为玻璃，朝向外侧新干线轨道方向的4、5、6层为会议室，7层是餐厅。如果说这个梭形玻璃大厅是整个建筑的灵魂，那么玻璃大厅结构设计则是整个建筑设计成功的关键所在。为了最大限度地体现玻璃墙面的透明度，结构工程师改变了投标方案的结构设计，巨型钢屋架由原来设在玻璃幕墙内的框架体系支撑改为由大厅两端的两根梭形变截面巨柱支撑，柱间距约124m，两端挑出长度约40m。巨柱由双重钢管组成，双重钢管之间以高强混凝土填充。如此大胆的结构设计使得建筑空间具有最大限度的开敞感、通透感和轻盈感。东京国际会议中心一经落成便在国际建筑界引起轰动效应，建筑师对结构体系的深刻理解力和对结构造型的执著追求，也是该建筑取得成功不可或缺的重要因素。

2. 从产品—形式到场所—形式：场所精神的表现

弗兰姆普敦曾经按照建筑师的创作意图把建筑形式分为两大类：一种是"产品—形式"，另一种是"场所—形式"。前者把建筑作为工业产品，强调像对待汽车、飞机等产品一样地对待建筑，较少甚至拒绝考虑场所因素，后者则强调建筑与所处的场所的紧密结合。

高技派建筑大师罗杰斯的早期作品更倾向于"产品—形式"，他为伦敦设计的劳埃德大厦像一台塔吊似的耸立。从20世

图7-60 国际会议中心，日本东京，1993年，建筑师：拉菲尔·维诺里

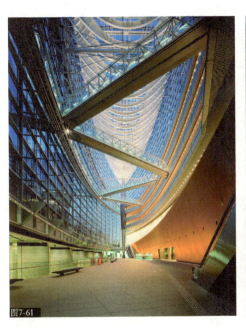

图7-61 国际会议中心梭形大厅室内，日本东京，1993年，建筑师：拉菲尔·维诺里

图7-62 国际会议中心梭形大厅室内，日本东京，1993年，建筑师：拉菲尔·维诺里

图7-63 法院，法国波尔多，1993—1997年，建筑师：罗杰斯

图7-64 法院，法国波尔多，1993—1997年，建筑师：罗杰斯

图7-65 曼尼尔博物馆，美国休斯顿，1987年，建筑师：伦佐·皮亚诺

纪90年代起，罗杰斯开始走上"场所—形式"的设计道路。罗杰斯设计的波尔多法院（1993—1997年）（图7-63和图7-64），位于波尔多旧城中心，场地靠近教堂和市政厅，处于一个相当敏感的历史地段，罗杰斯的设计成功地将新、老建筑环境有机地联系起来。波尔多法院有厚重的石头基座，西侧临街面为方形体量，内有办公室，东侧是坐落在基座上的巨大框架，框架内为七个不规则的体块—七个法庭，透明的玻璃通道将七个法庭连接在一起，象征着公正、公开的法律秩序。建筑中间的水池是护城河的延伸，从而将新建筑与周围的城市环境密切联系起来。

与罗杰斯相比，皮亚诺更早地开始关注高技术与自然环境和场所的结合。在谈到日本关西机场的设计时，皮亚诺宣称："任何地方都会有其精神，就连关西国际机场这样一无场地，二无岛屿，一无所有的较为抽象的地方也不例外。我们仍然用了一个下午的时间和P. 莱斯一道乘小船勘察现场，构想着设计的创意、小岛的轮廓以及建筑的尺度。这种地形学研究的方法所包含的用地形态研究的内容与建筑研究的内容同样丰富。当所有材料汇集到一起后，对场所的感觉便基本形成了。"❸ 位于休斯顿的曼尼尔博物馆（1987年）（图7-65和图7-66）是皮亚诺为数不多在美国落成的作品。在分析了博物馆的特性及其与周围环境的关系后，皮亚诺得出两点结论：第一，周围环境优美，绿草如茵、树木环绕，因此建筑必须融入环境；第二，建筑单体设计的重点在于屋顶，经过反复试验，从采光调节、阳光辐射、结构和细部构件四个方面构思出了整个屋面的构造。屋面挡板的造型就像天然树叶那样轻柔、完美，屋面挡板将室外自然光经过两次反射巧妙地投入室内，既解决了博物馆设计中棘手的自然采光问题，同时也防止了直射光线对于陈列物品的伤害。

3. 对生态与可持续发展的关注

早期的高技建筑师沉醉于前所未有的大跨度、灵活空间和先进的设备，他们往往牺牲了自然通风、采光而代之以人工技术。20世纪70年代全球范围内爆发的能源与环境危机，导致了人们对工业文明的深刻反思，人们首次认识到，人类赖以生存的地球资源与环境是有限而脆弱的，如

---

❸ 肯尼思弗兰姆普敦，千年七题：一个不适时的宣言，1999年世界建筑师大会主题报告

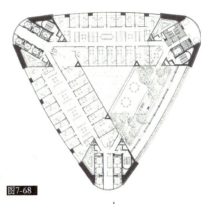
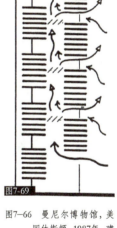

果继续无节制地开发与破坏，后果将是毁灭性的。早期高技派建筑在节能、环保等方面存在着明显不足与缺陷，这也使得高技派建筑与建筑师站到了一个关乎前途的十字路口——要么墨守原先的技术至上主义理路，要么改变自身以适应后工业时代高技术与环境效益相结合的要求。从20世纪90年代开始，高技派建筑师的探索方向和建筑风格发生了明显的转变：从技术至上的炫耀性表达转向追求技术与人的共生、技术与自然的共生，高技派建筑师成为生态环境时代真正的时代先锋。

探索建筑环境的可持续发展是当代高技派建筑中最有活力的倾向，其主旨是运用新技术、新材料和尖端科技手段来解决生态问题，提高能源和资源的利用效率，减少不可再生资源的消耗，充分利用太阳能、风能等自然可再生能源，结合不同地区的气候条件，创造理想的人居建筑环境。这些生态因素的融入使高技派建筑获得了全新的发展方向，当年以高技派著称的建筑大师如福斯特、罗杰斯、皮亚诺以及格雷姆肖等都在生态建筑方面进行了卓有成效的探索。

高技派代表人物英国建筑师福斯特也转向高技术与生态学的结合，将自然环境（绿化、流水等）引入建筑空间，在现代建筑技术的标志——钢和玻璃结构体系形成的纯净空间中，加入软质景观——植被、树木等自然元素，并且通过围护结构的技术处理，如双层生态表皮来实现自然通风与自然光线照明。1994年福斯特事务所设计的德国法兰克福商业银行总部大楼（图7-67～图7-69），成功地将自然景观引入超高层集中式办公建筑中，使城市高密度的生活方式与自然生态环境相融合。法兰克福商业银行总部大楼被称为世界上第一座"生态型"超高层建筑，这幢60层的塔楼由六片剪力墙支撑，平面的每个角部设两片，从而提供了16.5m净跨的无柱办公空间，电梯厅、楼梯间、升降机和洗手间等辅助空间则布置在建筑的三个角部。塔楼平面是一个具有柔和曲线的三角形，它由三个平面区域围绕中庭构成，中庭呈垂直方向贯穿整幢建筑，三个平面区域中的两个为办公空间，而第三个则是一个四层高的空中花园，空中花园环绕着中庭螺旋上升，分布在三个方向的不同标高上，成为塔楼的进风口和出风口，有效地组织了办公空间的自然通风。据测算，这幢建筑的自然通风量可达到60%，同时还提供了自然采光和绿化，所有的办公空间均可以透过中庭看到空中花园和室外风景。2004年落成、福斯特设计的伦敦瑞士再保险总部大厦（图7-70和图7-71），也是一幢精心设计的智能环保型高层建筑，塔楼50

图7-66　曼尼尔博物馆，美国休斯顿，1987年，建筑师：伦佐·皮亚诺

图7-67　法兰克福商业银行，德国法兰克福，1994年，建筑师：诺曼·福斯特

图7-68　法兰克福商业银行标准层平面图，德国法兰克福，1994年，建筑师：诺曼·福斯特

图7-69　法兰克福商业银行剖面示意图，德国法兰克福，1994年，建筑师：诺曼·福斯特

图7-70 瑞士再保险总部大厦，英国伦敦，2004年，建筑师：诺曼·福斯特

图7-71 瑞士再保险总部大厦夜景，英国伦敦，2004年，建筑师：诺曼·福斯特

层，高度为 179.8 m。生态与环境友好是这个松果形大厦设计的出发点，首先与法兰克福商业银行总部大楼的布局相似，该建筑每层平面布置有六个三角形的内庭空间，各层之间螺旋形错动，形成了扭转的通风内庭，不仅解决了自然通风问题，还为办公区域提供了交流、休憩的场所。其次，该建筑塔楼的曲线形态是由空气动力学决定的，经过电脑模拟和风洞试验证明，这种形态可以对气流产生引导和组织作用，而气流可以被通风内庭幕墙上的可开启窗扇所"捕获"，从而实现自然通风。该建筑表皮玻璃有两种颜色，浅色部分为固定扇，深色部分有可开启的上悬窗，形成了六条深色的螺旋上升曲线，标示出六条引导气流的通风内庭，明确地体现了建筑内部空间的逻辑。该大厦的幕墙系统也包括两个部分：办公区域幕墙和内庭区域幕墙，前者由双层玻璃外层幕墙和单层玻璃内层幕墙构成，在内、外层之间是通风空道，并设有遮阳片。螺旋上升的通风内庭区域幕墙则由可开启的双层玻璃板组成，采用灰色着色玻璃和高性能镀层来有效地减少阳光照射。瑞士再保险公司总部大厦虽然不是伦敦最高的建筑，但它却是独特的，独特的不仅是外形，而是它的设计理念——自然观与环保概念，其能

耗只有常规高层办公大楼的一半，在大厦中工作的人们享受着新鲜空气和泰晤士河风光。这栋大厦被公认为未来建筑设计的典范，并成为伦敦21世纪的新地标。2004年，它获得皇家建筑学院颁发的英国建筑界最高荣誉斯特林大奖（Stirling Prize）。

六、结语

从1851年兴建的伦敦世界博览会水晶宫到20世纪20年代现代建筑运动的兴起，一部现代建筑历史就是技术美学从孕育、萌芽到成熟的历程。纵观整个现代建筑历史，不同的思潮流派在对待技术与形式之间关系上存在着截然不同的观念：折中主义否认技术的审美价值，要求新技术、新材料服务于旧形式；而正统现代主义则信奉技术至上主义，把建筑技术与建筑形式之间画上了等号，正如密斯所指出："当技术实现了它的真正使命，它就升华为艺术。"在与形形色色的传统复兴和折中主义思潮的斗争中，反映工业社会和工业化大生产需要的技术美学，成为现代主义最重要的思想武器，也代表了最先进的生产力和时代精神。20世纪70、80年代兴起的高技派建筑，则把正统现代主义的技术至上主义发展到了极致，在先进的结构、设备和工业化施工工艺与建筑形式之间画上了等号，成为高科技时代的形式与装饰，高技派对高新技术的运用已经异化为一种技术崇拜和时尚的炫耀。

然而，技术终究是手段而不是目的，体现对人的关怀、实现人类社会的可持续发展，才是技术的真正使命和终极目标。当代高技派的最新发展，否定了正统现代主义激进的技术观，修正了早期高技派的种种偏颇，从高技术的炫耀性表达转向探求技术与人、技术与自然的共生。当代高技派的最新探索表现出对历史文脉、地域场所的人文关怀，以及对生态与可持续发展的责任与使命感，在21世纪的今天，高技派建筑师作为先进生产力和科学技术的代表，再一次站在时代的前沿！

第八章
绿色的呼唤
——走向生态建筑

18世纪末在西欧兴起的工业革命之后，工业化运动在全球范围内引发了一场征服自然的物质革命。这场革命虽然带来了巨大的物质财富和社会福利，但是，人类物质活动规模的扩大已经造成了严重的生态后果：酸雨、温室效应、臭氧层破坏、全球气候变暖、土地荒漠化……，人类不断扩大的物质活动在加速物种灭绝的同时，也严重威胁着人类的生存环境，全球有限的自然资源日趋枯竭，水资源严重短缺，这一切已经到了威胁人类生存与发展的程度。

建筑是人类生存与发展的主要物质与空间载体，同时也是大量消耗各种自然资源的产业，与其他人工产品相比，建筑应对不可再生资源消耗和环境恶化承担更多的责任。研究表明，在欧洲建设活动引起的环境负担占总环境负担的15%～45%，制造和运输建筑材料所消耗的能源占总能耗的10%，整个欧洲所消耗的能源大约一半用于建筑的运行，这些能源大部分来自于日益减少、不可再生的石油，这种能源消费模式已不可能长久维持。从世界范围看，整个建筑活动所消耗的能源占总能耗的50%，占自然资源总消耗量的40%；建筑活动也是最主要的污染源，大约一半的温室效应气体来自与建筑材料的生产运输、建筑施工以及日常运营相关的能源消耗，建筑活动造成的废弃物占人类产生的垃圾总量的40%。❶人类对大自然的过度索取，造成了当今社会严重的生态、资源和环境危机。面对严峻的挑战，生态与可持续发展意识已经成为一种全球性共识，运用生态科技创造真正意义的生态建筑（Ecology Architecture），成为当代建筑的一个重要发展方向。

一、生态建筑观念的历史演进

1. 传统文化中的生态哲理

中国古代哲学强调人与自然之间内在的有机联系，蕴含着素朴的生态智慧，其中"天人合一"思想就是这种认识的概括和总结。这里的"天"是囊括一切的自然，是客体；"人"是与天地共生的主体，"天人合一"是主体融入客体，形成二者的和谐统一。道家思想主张顺应天道、自然无为。《老子》曰："人法地，地法天，天法道，道法自然。"认为人来源于自然并统一于自然，人只有遵循自然的法则才能求得发展。中国位于亚洲东部，地势西高东低，山脉走向以东西、东北至西南方向最为普遍，大的河流自西向东横贯东西，冬季干冷的寒风从西北的西伯利亚和蒙古高原吹来，4月到9月受东南方向海洋上吹来暖湿气流影响。历史上的堪舆家根据中国的自然地理条件，提出了最好的聚落选址模式：西、北面有较高的山，以挡住冬季干燥的寒风；东、南面有开阔的平地，以获得充足的日照阳光，在开敞的平地上有河流穿过，以供人和动植物用水，还可起到交通运输、调节气候、创造景观的效用（图8-1）。对于中国传统文化的人与自然共生的哲学观，英国学者李约瑟曾指出，再没有其他地方表现的像中国人那样热心于体现他们的伟大思想——"人不能离开自然"的原则。

虽然与自然和谐相处是中国传统建筑价值观的重要组成部分，但是人类历史上的任何建设活动，总是不同程度地带来资源的消耗、加剧环境的破坏。中国传统建筑文化追求"虽由人做，宛自天开"的"天人合一"境界，但是带来的却是对森林植被的大规模毁灭性破坏。唐代大诗人杜牧《阿房宫赋》中一咏三叹的"阿房出，蜀山兀"，正是中国传统木构建筑体系对自然破坏的真实写照。只是由于前工业社会的农业文明对自然的破坏力相对弱小，环境危机并没有显露出来。工业革命之后，伴随着工业社会的科技进步与经济高速增长，人类社会对自然的索取与破坏能力极大增强，最终导致了今天严重威胁人类生存与发展的环境与生态危机。

2. 现代主义城市规划理论中的生态思想

建筑与自然的和谐相处是人类的不懈追求，早在19世纪末20世纪初，工业化

图8-1　中国传统聚落选址与自然的关系

❶　冷御寒，建筑外围护结构，北京：中国建筑工业出版社，2005：252~253

图8-2 Over the city by railway,古斯塔夫·多雷绘制,1872年

图8-3 19世纪的英国伯明翰

与城市化迅速发展所引发的社会危机与生态危机,就已经引起欧美社会有识之士的关注,最终导致了现代主义规划理论的诞生。

工业革命使英国成为第一个走上工业化道路的国家,与工业化相伴而生的则是城市化进程加速发展。1830年的英国城市人口已经超过50%,成为世界上第一个进入城市化社会的国家。高速发展的工业化和快速无序的城市化,与资本主义社会尖锐的基本矛盾相交织,造成早期资本主义严重的城市病:农村人口大量涌入城市,工人阶级居住条件急剧恶化,造成了环境污染、交通拥堵、贫民窟丛生、卫生状况恶化、瘟疫流行等触目惊心的社会问题。(图8-2和图8-3)

资本主义工业化带来的城市问题已经成为摆在有良知的政治家和建筑师面前的严峻挑战,现代城市规划的先驱者们不约而同地试图依靠先进、便捷、安全的城市交通系统,打破城市的圈层式扩张模式,把城乡作为完整的体系进行统筹考虑,使城市居民能够方便地"回到自然中去"。1898年,英国政治家霍华德(Ebenezer Howard,1850—1928年)出版了《明天:通往真正改革的和平之路》(Tomorrow: A Peaceful Path to Real Reform)一书,提出了小型的、兼具城市和乡村优点、融于大自然的"田园城市"(Garden City)(图8-4和图8-5)模式。每个田园城市人口规模约为32000人,田园城市用地有明确的规划分区:市中心规划为公园,沿公园周边布置市政厅、剧场、音乐厅、医院、图书馆等公共建筑,在外围地区布置

图8-4 "田园城市",1898年,霍华德

图8-5 "田园城市"局部,1898年,霍华德

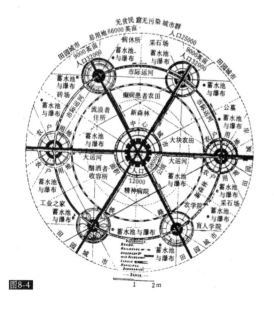
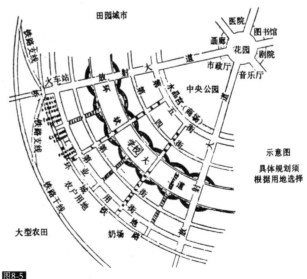

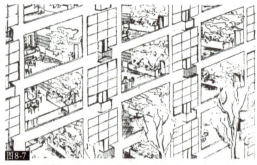

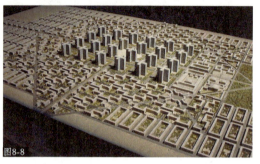

图8-6 纽约中央公园，1858年，奥姆斯特德

图8-7 别墅大楼，1922年，建筑师：勒·柯布西耶

图8-8 光明城市，1933年，勒·柯布西耶

各种工厂、仓库和市场。仓库面向城市外围的环形铁路，环形铁路线再与城市附近的过境铁路线相连。美国园林学家奥姆斯特德（Frederick Law Olmsted，1822—1903年）是景观建筑学（Landscape Architecture）的开创者，他认为大城市违反了大自然的规律，城市空间是衰落和不健康的地方，因此应当采用将自然风光带进城市的方法进行补救。1858年，他设计了纽约中央公园（Central Park）（图8-6），成为现代城市公园的先驱。城市公园运动的兴起，促进了城市公园绿地系统的发展。苏格兰学者盖迪斯（Patrick Geddes，1854—1932年）于1915年在《进化中的城市》一书中提出生态学区域论观点。美国城市理论家芒福德（Lewis Mumford）进一步提出地区城市概念，力图实现大中小城市的结合、城市与乡村的结合、人工环境与自然环境的结合。总之，这些现代城市规划的先驱者们从不同的角度对城市问题进行研究，其探索与实践促进了现代城市规划学科的诞生和发展。

3. 现代建筑运动的生态化探索

20世纪20年代兴起的现代建筑运动，积极运用工业革命带来的工业化与技术革命成果，把科学理性精神与高度的社会责任感相结合，与现代城市规划的先驱者们一样，为解决工业革命带来的现代社会的环境与生态危机，进行了不懈的探索。现代建筑运动中提出的许多重要主张，如勒·柯布西耶的多米诺体系（Les Maisons Domino），密斯的钢结构骨架的玻璃盒子，不仅体现了技术与效能至上的机械论，同时也显示出对自然环境与人文环境的漠视。但是不可否认，在现代建筑运动的先驱者们本着高度的社会责任感，积极探寻建筑与自然的和谐共处，只是这些生态思想的火花被更激进的功能主义与机器美学主张所掩盖。例如格罗皮乌斯曾宣布，他的建筑要给德国工人阶级带来起码每天6h的日照。1926年，柯布西耶提出了"新建筑五点"，目的是把"绿色、阳光和空气"引入建筑。作为大城市的积极倡导者，柯布西耶满腔热情地运用现代技术构筑与自然结合的理想城市空间。1922年，柯布西耶设计了别墅大楼（图8-7），将120幢别墅布置在这幢五层大楼中，每幢别墅均为两层，有自己的花园，使居住者在高密度城市空间中感受自然的存在。1933年，柯布西耶提出"光明城市"（The Radidant City）规划（图8-8和图8-9），采用高层低密度和底层架空的手法，取代传统的街坊组团，减少建筑占地面积，扩大城市绿色开敞空间，沟通城市居民同自然环境的联系，同时运用屋顶花园恢复被建筑占去的地面绿地。20世纪50年代，在柯布西耶职业生涯的后期，他从正统的现代主义转向对地域性的关注，在印度旁遮普邦首府昌迪加尔的行政中心、莎旦住宅（Shodhan casa）（图8-10）等建筑的设计中，他从当地自然气候条件出发，运用伞状屋顶、立面遮阳板、屋顶露台、大面积水池等适应炎热气候条件的建筑形态，体现了对地域自然气候的尊重。

4. 有机建筑理论

20世纪30年代，出于对自然的热爱和对工业社会的厌恶，现代建筑大师赖特提出了"有机建筑"理论（Organic Architecture）。他把建筑视为"有生命的有机体"，他认为，建筑应该是自然的，应当成为自然的一部分，它属于基地条件和周围地形，就像动物归属于森林和它周围的环境一样。他强调一座房屋的形态应当像植物一样成为大地和谐有机的要素。此外，美国建筑师布鲁斯·高夫（Bruce Goff，1904—1982年）、匈牙利建筑师伊姆雷·马科韦茨（Imre Makovecz）等也对有机建筑形态进行了探索。这些建筑师尊重自然环境、忠于材料本性的建筑思想对当代生态建筑的发展产生了积极影响。但是，有机建筑作为人类追求与自然和谐相处的建筑理想的延续，由于缺乏科学的生态建筑观念和生态技术的支持，最终流于建筑形式层面对自然形态的主观模仿。

总之，20世纪20年代兴起的现代建筑运动，积极利用现代科技和大工业生产能力，来解决早期工业化带来的社会危机与生态环境危机，现代建筑运动先驱者为改善人类的基本生存条件做出了卓有成效的贡献，如格罗皮乌斯对住宅日照间距的研究，而20世纪50年代巴西建筑师卢西奥·科斯塔（Lucio Costa）规划的巴西首都巴西利亚，其绿地面积达到了人均72m²。但是面对两次世界大战造成的战后重建和房荒，现代主义建筑师们无暇顾及建筑的生态与可持续发展问题，就生态学意义而言，他们改善人居环境状况的努力是非常表面化和孤立的，缺少系统的生态科学指导，更由于信奉人类中心主义，片面强调征服自然，丁丁尺加推土机式的规划与建设方式，不仅加剧了人与自然的疏离与对抗，同时正在加速破坏人类赖以生存与发展的生态基础，经历了世界范围的现代建筑运动，人类社会的总体生存环境不仅没有得到改善，相反却随着经济高速增长和大规模建设而日益恶化。

二、当代建筑生态理论概述

生态建筑理论是生态与可持续发展思想在建筑学领域的体现，是对包括现代建筑运动在内整个人类建筑历史深刻反思的产物。现代主义建筑理论以工业化大生产为基础，以满足人的单方面功能需求和降低生产成本为基本目标，忽视了建筑全生命周期的资源消耗和环境效益。生态建筑理论在追求经济和功能的合理性同时，

图8-9 光明城市，1933年，勒·柯布西耶

图8-10 莎旦住宅，印度昌迪加尔，1951—1954年，建筑师：勒·柯布西耶

图8-11　2006年5月12日，奥地利维也纳，欧盟与拉美、加勒比海国家首脑峰会上，"绿色和平"组织成员身穿比基尼泳装在现场拉起布条进行抗议。

增加了资源与环境两个重要参数，使建筑设计从单纯追求功能与经济效益目标转变为"功能——经济"和"环境——资源"并重的双重目标。如果说20世纪上半叶的现代建筑运动第一次将社会经济现实作为建筑设计的出发点，将社会进步与平等作为建筑设计的崇高目标；那么，当代生态建筑则将人类社会与自然界之间的和谐共生作为设计出发点，将一个地区的局部利益与整个世界的整体利益结合起来，将我们这一代的即时利益与整个人类的长远利益结合起来，公正合理地与他人和后代分享我们这个地球有限的资源。正是就这个意义而言，生态建筑有别于历史上任何建筑风格与流派，是继20世纪上半叶现代建筑运动之后又一次建筑观念与伦理的革命。

1. 可持续发展观：人类社会全新的发展战略

以往由于对物质财富的崇尚与追求，许多国家和地区的决策者把"发展"片面地理解为国民生产总值（GNP）或国民经济总收入的增长，似乎有了经济增长就有了一切。在这种狭隘的发展观指导下，人们把自然当成即用即取、即用即弃的仓库，无限度地挥霍自然资源，破坏自然环境，将人类带入了与自然界尖锐对立和全面对抗的歧途。进入20世纪下半叶，环境与生态的危机越来越严重，只用修修补补的方式根本不可能解决人类面临的环境问题，人类社会已到了一个必须选择新的发展战略的转折关头。美国海洋生物学家雷切尔·卡逊（Rachel Carson，1907—1964年）调查了化学杀虫剂对环境造成的危害，1962年出版了《寂静的春天》（Silent Spring），生动地描写了人类生存环境受到严重污染的景象。1970年，研讨全球问题的国际智囊组织——罗马俱乐部（Club of Rome），提交了一份名为《增长的极限》的报告，给处于消费享乐主义与经济高速增长迷梦中的世人敲响了警钟。1974年，被后人尊称为"可持续发展先知"的英国经济学家舒马赫（E. F. Schumacher）发表了《小是美好的》（Small is Beautiful）一书，反对使用高能耗的技术，提倡利用可再生能源的适宜技术。

随着全球范围内生态意识的普遍觉醒，可持续发展观念应运而生并成为时代主旋律。1970年4月22日，美国2000多万人举行了人类有史以来第一次规模宏大的群众性环保活动，自此该日被定为世界"地球日"。1972年，联合国在瑞典斯德哥尔摩召开第一次人类环境会议，发表《人类环境宣言》，提出"只有一个地球"的口号，呼吁世界各国政府和人民为维护和改善人类环境而努力。1987年，世界环境和发展委员会发表了《我们共同的未来》宣言，第一次提出了可持续发展思想，指出"可持续发展是既满足当前人类的需要，又不危害其子孙后代为满足他们的要求而进行发展的能力"，提出可持续发展包括生态、经济和社会发展三个方面，强调人类发展既要遵循经济规律，又要遵循社会规律和生态规律。全球性生态环境保护运动从20世纪60年代兴起，从70年代开始不断壮大，从80年代开始，环境保护运动开始走向政治化，欧美各国相继成立的"绿党"成为活跃在西方政治舞台上的一支重要力量（图8-11）。

可持续发展思想推动了建筑设计观念的进步，建筑的生态化作为实现人类社会可持续发展的重要环节，成为建筑师和社会关注的焦点。1993年，联合国召开"环境与发展"大会，会议通过了《21世纪行动议程》，提出了向所有人提供合适住房、土地持续利用、提供综合的环境基础设施、发展可持续利用的资源与交通系统、减轻自然与人为灾害等规划设计目标。1993年6月，国际建协在芝加哥召开第18次大会，大会主题为"为了可持续未来的设计"，大会通过的《芝加哥宣言》向全球建筑师发出呼吁：经济发展虽然是社会现代化的基础，但绝不是社会现代化的全部内容，人类必须学会在保护生态环境的基础上规划、设计和建设。宣言要求把环境与社会的可持续发展作为建筑师职业与社会责任的核心，加强环境保护与资源利用技术的研究和应用。《芝加哥宣言》还呼吁，促进资源的再生与继续利用，改变大规模耗费物质和能源的城市建设方式，建立适应不同自然条件和文化传统的多样化、高低技术相结合的适宜性技术体系。1996年3月，来自欧洲11个国家的30位著名建筑师，包括伦佐·皮亚诺、理查德·罗杰斯、托马斯·赫尔佐格（Thomas Herzog）等，共同签署了《在建筑和城市规划中应用太阳能的欧洲宪章》（European Charter Solar Energy in Architecture and Urban Planning），《宪章》提出了有关具体规划设计的极有启发性的建议，并指明了建筑师在未来人类社会中应承担的社会责任。1999年，国际建协第20次世界建筑师大会在北京召开，大会通过的《北京宪章》全面阐述了与"21世纪建筑"有关的社会、经济和环境协调发展的重大问题，重新界定了人与自然的关系，确立了"以环境为中心"的发展思想。

2. 从生态学到生态建筑学：生态建筑学的形成

生态学是研究包括微生物、植物、动物以及人类在内的生物界与其生存环境之间相互关系的科学。1869年，生态学（Ecology）概念由德国生物学家赫克尔（Ernst Heinrich Haechel）首次提出。赫克尔把生态学定义为：研究有机体及其环境之间相互关系的科学。生态学研究的基本对象包括：生物与生物之间的相互关系，生物与环境之间的相互关系。20世纪60年代，美籍意大利建筑师保罗·索勒里（Paolo Soleri）首先提出了生态建筑学的概念，把生态学（Ecology）和建筑学（Architecture）两词合并为生态建筑学（Arcology）。1969年，生物学家约翰·托德（John Told）和环境学家南茜·托德（Nancy Told）合著的《从生态城市到活的机器：生态设计原则》一书，从更宏观的角度探讨了城市规划、建筑设计与生态学相结合的问题，提出许多生态设计原则和技术措施，其中包括：生命世界是所有设计的母体（Matrix）；设计必须遵从而不是违背生命规律；设计必须体现生物地方性；建设必须基于可再生的能源、

资源；设计应有助于整个生物系统、体现可持续性；设计应同周围自然环境协同发展；设计和建设应有助于我们的星球恢复原有的良好环境；设计应遵从神圣的生态系统等。❷

1976年，德国生态建筑运动的先驱者安东·史耐德（Anton Schneider）成立了建筑生物与生态学会（Institute for Building Biology and Ecology），强调使用天然建筑材料、利用自然通风、采光和取暖，倡导一种有益于人类健康与生态效益的温和的建筑艺术。20世纪80年代中期，英国科学家拉乌洛克（James Lovelock）出版了著作《盖娅：地球生命的新视点》（Gaia：A New Look Life on Earth），该书将地球及其生命系统描述为古希腊大地女神——盖娅（Gaia），将地球和各种生命系统视为具备生命特征的实体，主张人类只是自然的有机组成部分而不是统治者，提出了利用洁净能源、使用绿色建材、运用自然通风与采光、防止大气、水体和土壤污染、保持历史文脉等主张。进入20世纪90年代，随着生态与可持续发展思想的深入人心，建筑学、城市规划学、景观建筑学等学科也进行了可持续人类聚居环境建设的研究。1991年，生态建筑学家、新西兰奥克兰大学建筑系教授布兰达·威尔（Brenda Vale）与罗伯特·威尔（Robert Vale）夫妇合著的《绿色建筑——为可持续发展而设计》问世，提出了一系列生态建筑的设计原则，包括节约能源、设计结合气候、材料与能源的循环利用、尊重用户、尊重场地环境、整体的设计观等。1994年，德国的丹尼尔斯（Klaus Daniels）出版的著作《生态建筑技术》（The Technology of Ecological Building），结合实例讲解了生态建筑的基本原理及各项技术。1995年，美国加利福尼亚大学教授西姆（Sim Van der Ryn）和考沃（Stuart Cowan）合著的《生态设计》（Ecological Design）一书，被誉为整合建筑学、景观学、城市学和建筑技术科学等领域的一次革命性尝试，该书提出了五点

---

❷ 夏海山，城市建筑的生态转型与整体设计，南京：东南大学出版社，2006：66～67

生态设计原则和方法：设计成果来自环境、生态开支作为评价标准、设计结合自然、公众参与设计、为自然增辉等。❸

3. 生态建筑学：全方位的生态建筑观

当代的生态建筑观念是一种整体的生态环境观念，其目标是尽可能减少一切不可再生资源和能源的消耗，减少对生态环境的负效应，有益于使用者和他人身心健康，同时有利于促进城市经济与文化发展。今天，生态建筑观念已经在空间——时间两个维度上大大的拓展，这种"空间"和"时间"的全方位审视构成了生态建筑学的完整内涵。

首先，生态建筑学把建筑学与生物学和生态学相结合，在空间维度上引进了生态系统的观念，把建筑系统作为自然生态系统的有机组成部分，从而将建筑生态化的视野从建筑单体、建筑群体和城市扩展到对整体生态环境的全面审视。

1935年，英国生态学家坦斯利（A.G.Tansley）首次提出"生态系统"（Ecosystem）概念，它把生物及其非生物环境看成是互相影响、彼此依存的统一整体。生态系统理论是现代生态学研究的核心，也是运用生态学理论进行建筑设计的基础。与以往把建筑环境视为单纯的物质实体和几何性空间概念不同，生态建筑学把城市和建筑视为生态系统的有机组成部分，以人工环境为主的建筑环境不仅包括建筑、街道、广场等物质环境（无机环境），还包括空间内的生物环境（人、动、植物等有机环境）。就生态系统理论而言，建筑环境同样具备自然生态系统的许多特征，有着相对稳定的生态功能和生态过程，并与周围自然环境发生着各种联系。将建筑视为生态系统有机组成部分，有助于设计者了解环境要素之间以及与外部要素之间的相互关系。20世纪70年代，美国著名景观建筑师伊安·麦克哈格（Ian Mcharg，1920—2001年），将生态系统理论引进景观规划领域，将景观作为一个涵盖地质、地形、水文、土地利用、植物、野生动物和气候等要素的有机整体。在1971年出版的《设计结合自然》（Design With Nature）一书中，麦克哈格提出，"生态建筑学的目的就是应用生态学的原理，结合复合人工生态系统的特点，创造整体有序、协调共生的良性生态环境。"麦克哈格提出，对每一项不同地段的设计，都应当做出单独的场地生态环境评价，主要考虑以下几项内容：生态系统的生态价值、生态系统的作用过程、生态系统的限制条件和生态系统原有的自然机制等。

总之，通过将生态系统理论引进建筑学，进一步廓清了生态建筑学的研究对象——即由人、建筑、自然环境和社会环境组成的人工生态系统。而生态建筑学的目标就是，在这一人工生态系统中，通过合理组织建筑内外空间的各种物态因素，使物质、能源在建筑生态系统内部有序循环转换，从而获得一种高效、低耗、无废、无污的生态平衡的建筑环境。

其次，生态建筑也是一个动态的历时性概念，生态建筑学引进了建筑"全生命周期"概念，即从规划、设计、施工、运行到拆除、报废所形成的一个完整寿命周期，全过程地考察建筑环境的生态性能。"全生命周期"概念要求，设计师在项目可行性论证、环境影响评估、环境策略制订和规划设计中，统筹考虑从建筑材料生产、建筑本体施工、建成后运营到拆除整个过程的资源、能源消耗和废弃物排放，同时必须兼顾建筑拆除时材料的可回收性、垃圾处理等问题。

总之，生态建筑学代表了21世纪建筑学的发展方向，生态建筑学的目标是，在为人们提供健康、适用、高效的使用空间的前提下，采用一种一体化的环境策略，沿建筑项目整个生命周期，注意节能降耗，避免环境污染，全面降低对人类和环境的风险。

三、生态建筑形态与生态建筑策略

生态建筑（Ecology Architecture）也称绿色建筑（Green Building）、可持续建筑（Sustainable Architecture）。生态建筑

---

❸ 夏海山，城市建筑的生态转型与整体设计，南京：东南大学出版社，2006：66～67

形态与其他建筑思潮流派不同,它没有标志性的风格,也没有晦涩的哲学阐释,而是呈现出开放性、多样性的特征。当代生态建筑形态朝着"重技化"和"自然化"两个方向演变,随着生态技术与建筑设计的日益整合,这种"重技化"倾向使当代生态建筑形态呈理性化趋势;同时,由于生态建筑形态往往采用"仿生"、"拟态"等手法来契合自然,因此与传统建筑形态相比,生态建筑形态将变得更加温和、更加自然化。

1. 生物气候建筑设计:设计结合气候

结合自然气候的建筑设计,是探索生态化栖居环境的主要方式之一。英国建筑学家勃罗德彭特(Geoffrey Broadbent)指出,建筑最基本的功能是人与自然之间进行调节的气候过滤器。从本质上讲,建筑是人类适应气候环境条件的自然产物,全球各个地域多样性的气候条件,孕育形成了丰富多彩的建筑形态。传统的建筑设计对气候的适应是建立在感性经验的基础上,而美国建筑学家奥戈雅(Victor Olgyay)的研究使建筑对气候的适应与调节更具有科学性,对于当代生态建筑理论与实践具有重要的指导意义。

1963年,奥戈雅在《设计结合气候:建筑地域主义的生物气候研究》(Design with Climate: Bioclimatic Approach to Architectural Regionalism)一书中,提出了"生物气候地域主义"设计理论。他认为,空调的人体生物舒适标准忽视了人们对温度、湿度变化的具体感知,并不是最舒适的。他主张,建筑设计必须从调查场地的各种气候条件出发,评价每一气候条件对人体生物舒适度的影响,采用生态技术手段解决气候与人体舒适之间的矛盾,并通过这一途径寻求最优化的建筑设计方案。奥戈雅的设计方法基于如下两个出发点:一是特定地域环境下的人体生物舒适要求;二是特定地段的气候条件,他主张以自然的而不是机械空调的方式满足人们的生物舒适感。根据奥戈雅的理论,结合气候的建筑设计程序为:收集设计地段的气候条件,

图8-12

如温度、相对湿度、日照强度、风力和风向等地域气候因素;以每年的数据为基础,将气候资料列成表格,制成一套标明气候要素年分布情况的图表;根据图表分析判断通风、蒸发、散热、日照等方面满足舒适要求的需要量;在上述调查分析的基础上,对于各种设计要素如建筑形式、朝向、开口位置、尺寸、遮阳设施以及玻璃面积等进行设计。

(1)通过技术手段改善建筑热环境。托马斯·赫尔佐格可以称为德国建筑界的神童,他于1941年生于慕尼黑,1965年毕业于慕尼黑工业大学,获得工学硕士学位,后赴罗马大学进行"充气结构"研究并获得博士学位。迄今为止,他获得了包括罗马奖、密斯·凡·德·罗奖、德国钢结构建筑奖在内的多个奖项和荣誉。1993年,年仅32岁即担任慕尼黑工业大学教授,成为当时德国最年轻的教授。他长期致力于建筑墙体和表皮构造的研究,被公认为太阳能和生态建筑领域的开拓者。

赫尔佐格为2000年德国汉诺威世界博览会设计的 DMAG Hall 26(图8-12～图8-15),通过自然通风节省了一半的能源消耗,充分表达了博览会的三个主题:人类、自然和技术。建筑形体由三个前后排列的展览大厅组成,前一个展厅的帐篷式屋顶垂落到后一个展厅的墙体上。建筑剖面主要根据以下两个因素形成:一是张拉结构

图8-12 DMAG Hall 26,2000年德国汉诺威世界博览会,1995—1996年,建筑师:托马斯·赫尔佐格

图8-13

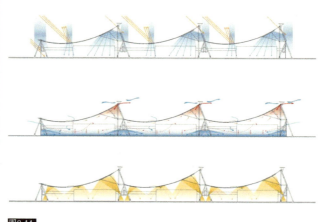

图8-14

图8-13 DMAG Hall 26，2000年德国汉诺威世界博览会，1995—1996年，建筑师：托马斯·赫尔佐格

图8-14 DMAG Hall 26通风分析图

屋顶，二是展厅微气候的控制和采光需要。展览大厅的平面尺度为220m×116m，平面布局分为展览区域和交通服务区域，前者宽阔、无柱，可以灵活布展，通过巨大的北向玻璃窗接受自然光，后者为大厅周边的6个独立立方体，其中包括3个餐饮中心、卫生间以及其他技术服务空间。由于展厅要求的地面荷载最大达到了10t，而通过结构计算，在这样的荷载条件下，在地面开设满足自然通风所需的开口将使造价大幅度增加。赫尔佐格的解决方案是：让新鲜空气通过高度为4.7m的大通风口进入大厅，并利用沿服务区的透明管道进行补充，气流向下均匀地分配于整个地面范围，空气被产生于大厅中的热量（来自人体、机械设备、照明等）逐渐加热而上升，浑浊的热空气通过屋脊上连续的开口排出，

这些开口可以根据风向开敞到不同的角度，以确保产生有效的空气吸力，并通过安装在开口上的水平带状构件得到加强，从而产生空气循环的"文丘里效应"，最大限度地提供了自然通风。此外，可再生的原生材料也运用在建筑中，约20 000屋面选择轻质的木材作为屋面板，较好地提高了屋面装配的高效性。赫尔佐格为2000年汉诺威世界博览会设计的另一个项目——Expo-Dach（图8-16），是博览会入口的永久性屋盖，由十支20m高的木伞结构分别支撑着面积达40m的屋盖，该建筑成功地把技术、美学以及功能融合在一起，形成了独特的建筑风格。

赫尔佐格设计的温德堡青年旅社（图8-17～图8-19）是一个通过建筑墙体的构造技术措施改善室内热环境的成功范例。

图8-15

图8-16

图8-15 DMAG Hall 26屋面施工现场

图8-16 Expo-Dach，2000年德国汉诺威世界博览会，1995—1996年，建筑师：托马斯·赫尔佐格

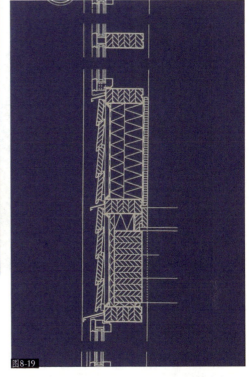

该建筑位于德国东部萨克森州的一个小型社区，社区中心有一个修道院，包括一系列宗教建筑和一个青年教育学院，温德堡青年旅社是教育学院的客房配套设施。在平面功能布局上，该建筑将短时间使用的次要房间如楼梯间和辅助用房布置在建筑的北侧，朝南向阳一侧布置卧室和休息区，中部的交通走廊自然形成温度阻尼区，从而减少了客房部分的热量散失，使客房维持较为舒适的温度。除了合理的平面布局，该建筑的主要技术特色体现在南向立面墙体的构造技术设计上，为了存储热量、减少室内温度变化幅度，一方面主体围护结构采用了重质的热稳定性材料，另一方面除门窗外，南侧向阳的墙体使用了透明保温材料（Transparent Insulated Material，简称TIM），并与实墙复合形成透明隔热墙。透明隔热墙体的具体构造方法是：在内侧承重结构部分采用深色材料，外层采用透明玻璃允许太阳光直接射入，中间设置半透明保温材料及空腔，太阳光通过玻璃及半透明保温材料直接照射到内侧深色墙面上，以充分获取阳光的热量，这种复合墙体极大地降低了外墙的传热系数，具有很好的保温性能，而且内侧砖墙良好的蓄热性能还能防止客房温度波动过大，并通过夜间向室内散热解决了部分采暖问题。据测试，在外部温度仅8℃时，室内在无暖气状态下温度可达到20℃。在北向立面设计上，由于楼梯间、卫生间等辅助用房对温度要求不高，因此墙材采用大面积的木材，开小条窗，利用木材较低的传热性能最大限度地减少建筑内部热量损失。温德堡青年旅社通过复合墙体系统保证了围护结构良好的保温性能，使室内保持了较为舒适的温度环境。此外，整个建筑的通风换气处理也颇具特点，其做法是在南向窗户上部开通风口，结合机械辅助通风设施，将室内浑浊的热空气导入北侧立面的通风烟道排出室外，保证了室内空气的新鲜度。

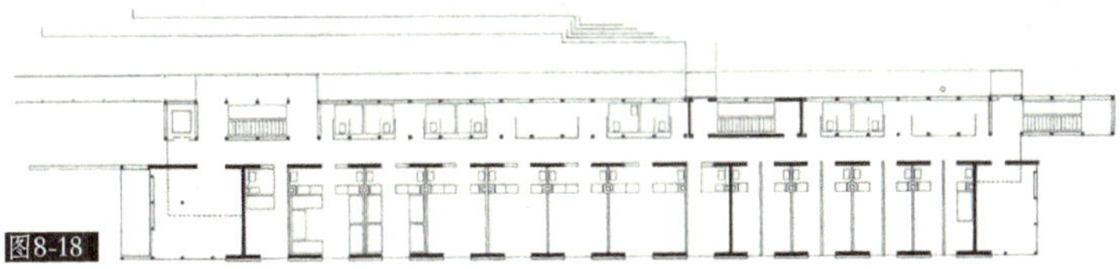

（2）生物气候摩天大楼。传统的高层建筑往往是标准层在垂直方向的简单叠加，虽然通过在建筑底层设置中庭空间可以点缀少量的自然景观，但是整体上还是与自然环境脱节，成为依靠人工空调和人工照明、不能"呼吸"的高度人工化环境。正

图8-17 文德堡青年旅社，德国萨克森州文德堡，建筑师：托马斯·赫尔佐格

图8-18 文德堡青年旅社平面图

图8-19 文德堡青年旅社南向透明隔热墙

图8-20 梅那拉·梅西尼加大厦,马来西亚吉隆坡,1992年,建筑师:杨经文

图8-21 奈良塔楼,东京,1994年,建筑师:杨经文

图8-22 北欧国家使馆群遮阳,德国柏林,1999年,建筑师:伯格与帕尔基宁建筑事务所

如马来西亚建筑师杨经文(Ken Yeang)所指出,上个世纪的高层建筑都是高能耗、高污染的怪物,如果我们建筑师不强调自己的社会责任感,这个新世纪我们的城市将被淹没在大量高能耗、高污染、无内涵的构筑物中。

杨经文的"生物气候摩天大楼"(Bioclimatic Skyscrapers)理论和实践给高层建筑设计带来了全新的观念,对于实现建筑的生态化具有积极的意义。他结合马来西亚的湿热气候,把生态气候学的方法引进高层建筑设计中,并融合高新科技提出了一套生态建筑的设计方法论。其主要手法有:在高层建筑表面和中间的开敞空间进行绿化以减轻太阳辐射,同时使人们获得接触自然的机会;在建筑体量中插入通风空隙,加强空气对流,节省能耗;将交通和辅助用房置于建筑东西侧面,可以获得直接采光与通风。这些布局手法使杨经文的作品摆脱了单调乏味的"国际式"高层建筑造型,呈现出富于变化甚至奇特的造型特点。梅那拉·梅西尼加大厦(Menara Mesiniaga Building)(图8-20)在适应热带气候方面,最引人注目的特征是沿15层塔楼螺旋状布置的"空中庭园",为人们提供了阴凉的室外休息场所和自然通风。该建筑还突破了传统封闭式高层办公建筑的设计模式,交通服务设施布置在东侧以阻挡早晨太阳直射,电梯厅、楼梯间和卫生间完全依靠自然采光和通风。东京奈良塔楼(Tokyo Nara Tower)(图8-21),是一个80层高、适应地域气候特点的超高层塔楼方案,也是一项实验性生态建筑探索,其最大特点是垂直造园,即在竖向塔楼外壁进行螺旋状造园,通过盘旋上升的建筑剖面,创造出一系列层高2~3倍于标准层高的空间来布置空中庭园,庭园种植的花草树木起到净化空气、调节气温和隔绝噪声的作用。此外,杨经文对这座高达400m塔楼的垂直花园、外墙和玻璃的维护也进行了创新性设计,引进高科技手段,在建筑外围设置螺旋状轨道,多功能"遥控机械手"(机器人)可以沿轨道盘旋行走,由"机械手"对垂直花园、外墙和玻璃进行维护,这一设计也体现出英国高技派传统的影响。

(3)建筑构件遮阳。遮阳构件是典型的生态建筑细部形态语言,当代建筑的遮阳形式丰富多样,既有横向或纵向的遮阳格板(片),也有角度可自动调节的百叶帘(图8-22)。杨经文从马来西亚炎热的气候条件出发,擅长利用建筑设计手段来调节建筑小气候。他的三层高的私人住宅

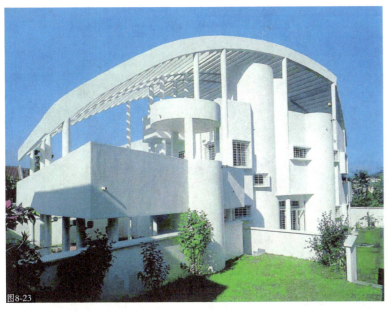

Roof-Roof（图8-23），通过白色遮阳屋盖的庇护，建筑主体避免了日晒和雨淋，这个遮阳屋盖也成为建筑的气候调节器。德国柏林的GSW公司总部大厦（图8-24和图8-25），建筑形体呈弧线型，西立面采用双层表皮玻璃幕墙。两层玻璃幕墙之间安装的彩色遮阳百叶，塑造了色彩绚烂的立面效果。两层玻璃幕墙表皮之间的空腔夹层宽1m，内置彩色铝合金遮阳百叶，可以通过手动或自动控制，也可以折叠成一定角度，遮阳百叶完全展开可以遮挡整个西立面。色调深浅各异、开合角度错落的遮阳百叶，使得大楼西立面成为城市上空一幅五彩缤纷的图画。此外，运用建筑形体出挑也可以形成建筑的"自遮阳"，从而创造出与众不同的建筑形态。典型实例如诺曼·福斯特设计的伦敦新市政厅（London City Hall）（图8-26），其外观犹如一个倾斜的卵形，竖立于伦敦泰晤士河滨。主体结构为钢网架，外覆玻璃，既轻盈又通体透明。建筑师将建筑体量向南倾斜，借助上层的出挑来遮挡阳光，这种奇特的外观并非出自建筑师的标新立异，而是经过精确计算可以获得最佳节能效果的形态。

2. 基于资源的建筑学转型：设计结合可再生资源

2002年在德国柏林召开的国际建协（UIA）第21届世界建筑师大会，以"资源与建筑"（Resource Architecture）为主

图8-23 Roof-Roof住宅，马来西亚吉隆坡，1984年，建筑师：杨经文

图8-24 GSW公司总部大厦，德国柏林，2001年，建筑师：索布鲁赫与胡顿

图8-25 GSW公司总部大厦局部，德国柏林，2001年，建筑师：索布鲁赫与胡顿

图8-26 伦敦新市政厅，2002年，建筑师：诺曼·福斯特

图8-27　家用太阳能光伏发电系统

图8-28　家用太阳能光伏发电系统屋顶

题。大会指出：建筑学和城市规划首要面临的问题是，一方面当今世界原材料和能源的严重短缺，另一方面资源的浪费又随处可见。生态设计先驱西姆（Sim Van Der Ryn）指出，由于不可再生能源的紧缺以及利用这些能源所造成的严重环境问题，因此未来的建筑师必须要适应在"在有限资源"条件下进行设计，建筑设计中充分考虑"和谐地利用其他形式的能量，并且将这种利用体现在建筑环境的形式设计中"。总之，在生态设计中必须关注资源的合理利用，特别是自然界不可再生资源的合理利用，节约常规能源，尽可能多地有效利用可再生、无污染的天然资源，如太阳能、风能等。

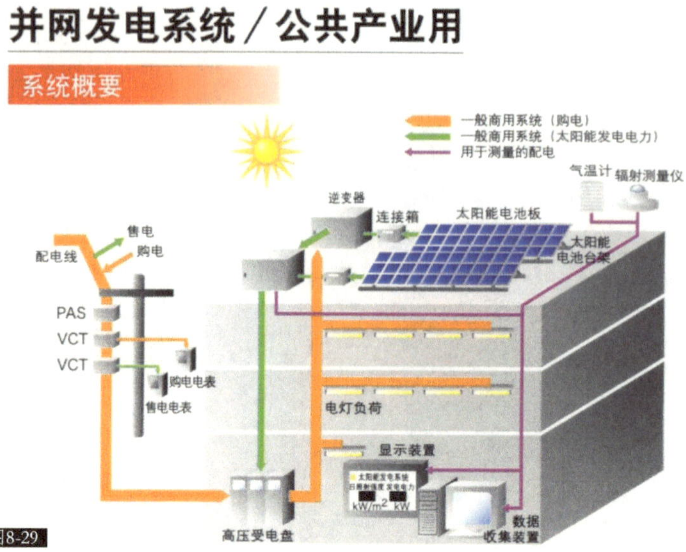

图8-29　家用太阳能光伏并网发电系统

图8-29

（1）太阳能光电屋顶。能源问题特别是清洁可再生能源的开发利用，是世界各国研究的热点，太阳能发电和太阳能热能的开发利用更是引起各国的高度重视。现代生态建筑技术可以将太阳能发电、热能利用与建筑外墙材料、屋面材料和结构构件进行一体化整合，形成一种崭新的建筑材料和外围护结构。如太阳能光电屋顶（图8-27～图8-29），是由太阳能瓦板、空气间隔层、屋顶保温层和结构层构成的复合屋顶。太阳能光电瓦板是由太阳能光电池与屋顶瓦板相结合形成的一体化产品，它由安全玻璃或不锈钢薄板作基层，并用有机聚合物将太阳能光电池包裹起来。这种瓦既能防水，又能抵御撞击，且有多种规格尺寸。在建筑的朝阳屋面安装太阳能光电瓦板，既可得到电能，同时也可得到热能。为了防止屋顶过热，在光电瓦板下留有空气间隔层，并设热回收装置，以产生热水和供暖。住宅屋顶安装的太阳能光电瓦板，所产生的电力不仅可以满足住宅自身需要，为人们提供热水和为房屋供热，还可以将多余的电力送入公共电网。

（2）风能利用。空气的流动中蕴涵着丰富的能量，自然界中风能资源极其巨大（图8-30）。据世界气象组织估计，整个地球上可以利用的风能为$2×10^7MW$，为地球上可资利用水能总量的10倍。依据流体动力学原理可以设计性能优越、工作稳定的风能建筑（图8-31），也可以通过风洞

图8-30 新疆地区风力发电
图8-31 运用流体动力学原理设计性能优越、工作稳定的风能建筑
图8-32 风能建筑实现风力发电，并可以成为标志性建筑和观光景点
图8-33 风能建筑内部的空间形态
图8-34 日本馆，2000年德国汉诺威世界博览会，2000年，建筑师：坂茂

模拟和计算机分析，优化空间各个部分自然通风的效率，选择更适合气候的建筑形态。风能建筑不仅能够实现风力发电，还能以其崭新的建筑形态成为旅游观光的新景点（图8-32和图8-33）。

（3）可再生材料应用。可再生材料的应用也是当代生态建筑实践的重要发展方向。2000年德国汉诺威世界博览会日本馆，由日本建筑师坂茂（Shigeru Ban）（图8-34）设计，全部采用再生纸管和纸板建造。夜晚望去，就像一个横卧在展区的巨大波浪形黄色灯笼。其屋顶是一个40m长、12.5cm厚的纸质曲面构造。在设计日本馆之前，坂茂因在神户设计的纸教堂而一举成名。在1995年日本阪神大地震中，原教堂因地震而毁坏，他采用椭圆形平面，由58根5m高的纸柱支撑和围合，每根纸柱可以负载80人的重量。此后，他继续运用纸材为神户无家可归者设计了避难所（图8-35）。此外，坂茂还设计了位于日本北海道大馆的Atsushi Imai体育馆（图8-36），该建筑没有采用让他一举成名的纸结构，而是运用了木夹板圆拱顶。

图8-35 无家可归者避难所，日本神户，1995年，建筑师：坂茂
图8-36 Atsushi Imai体育馆，北海道大馆，2003年，建筑师：坂茂

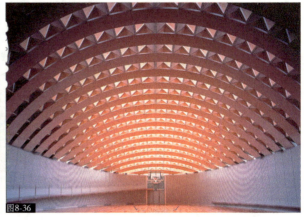

图8-37 "太阳跟踪住宅",德国,1994年,建筑师:Rolf Disch

图8-38 双层表皮的玻璃幕墙剖面图

图8-39 双层表皮的玻璃幕墙外观

3. 高技术:生态技术探索的先锋

"高技派"以高科技本身作为表现主题,发展了以暴露结构、设备为代表的极端技术美学手法,20世纪90年代之后,高技派建筑大师纷纷转向生态建筑,如理查德·罗杰斯、伦佐·皮亚诺、诺曼·福斯特、尼古拉·格雷姆肖、麦克尔·霍普金斯,他们积极运用新技术、新材料和尖端科技手段来解决生态问题,其作品被称为"高技术生态建筑"。高技术生态建筑的主要特征是:注重技术的精确性和高效性,通过精心设计的建筑细部提高能源和资源的利用效率,减少不可再生资源的消耗;提高建筑设计的科技含量和技术集成度,将环境工程、光电技术、空气动力学、流体力学等整合到建筑设计中;设计过程也突破常规做法,引进计算机模拟与实验,如利用计算机模拟建成后建筑的能源流入、流出情况、对空气流动进行风洞、空气动力学实验等;从技术层面上讲,高技术生态建筑摆脱了通过厚重的保温墙体、蓄热体减少能耗的被动式手段,转向主动式的能源收集,如德国的"太阳跟踪住宅",为了充分利用太阳能,把住宅设计成向日葵一样,始终朝向太阳。建筑基座中有六根柱子支撑的环行轨道,六个驱动器能在9h内将住宅旋转180°,始终对准太阳,夜晚又回到初始位置(图8-37),这座建筑是高技术生态建筑在主动式太阳能利用方面的典型实例。

自从密斯等老一代现代主义建筑师发展了高层建筑玻璃表皮以来,玻璃幕墙一直是一种最为流行的高层外墙形式。然而,20世纪70年代世界能源危机之后,人们普遍认识到玻璃幕墙在能源消耗方面的严重缺陷,一栋设计不良的玻璃幕墙建筑的全年空调耗电量,是一般混凝土外墙大楼的四倍。鉴于高层建筑表皮对于建筑节能的重要意义,欧洲建筑师在高层建筑的生态表皮方面进行了有益的尝试,从而发展出"双层/多层幕墙系统"。应用最多的双层表皮玻璃幕墙(图8-38和图8-39)的一般构造是:外层幕墙采用固定的夹层玻璃,上下设有进出风口,可电动开闭和调节开启率;内层幕墙作为室内外真正的分界,一般采用双层保温隔热玻璃窗扇,通常每两扇可设一个可开启扇。两层幕墙之间通道宽度多在0.5~1.5m之间,每层设有可供行走的金属格栅,还可以在格栅表面覆盖钢化玻璃作为楼板。通道内设有手动或电动升降、可调节角度的百叶帘。在冬季,外层幕墙的进出风口和内层幕墙的窗扇都保持关闭,这时通道就形成了一个缓冲层,其中的气流速度远低于室外,而温度则高于室外,从而减少了内层幕墙的向外传热量。在夏季,外层幕墙的进出风口保持开启,百叶帘在白天大部分时间都降下来,通道内空气被晒热的百叶显著加热,形成了明显的垂直温度梯度,从而产生稳定的热压通风。另外,有风时在建筑表面不均匀分布的风压也是自然通风的主要动力。

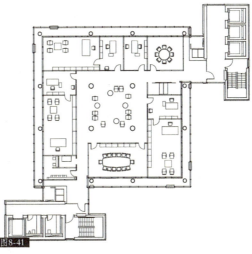
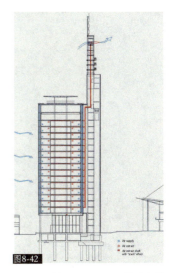

图8-40 DMAG管理大楼外观，德国汉诺威，1997—1999年，建筑师：托马斯·赫尔佐格

图8-41 DMAG管理大楼平面图，德国汉诺威，1997—1999年，建筑师：托马斯·赫尔佐格

图8-42 DMAG管理大楼剖面图，德国汉诺威，1997—1999年，建筑师：托马斯·赫尔佐格

托马斯·赫尔佐格为2000年汉诺威世界博览会设计的DMAG管理大楼（图8-40），采用了双层表皮立面系统，利用太阳能和风能控制室内热环境和通风，实现了低能耗条件下的高舒适度。该建筑平面布局由一个24m×24m的中央工作区和两个偏向一侧的交通核组成，后者还包括辅助设施（图8-41和图8-42）。这种布局为这座20层建筑提供了空间使用上的灵活性，各层可以根据需要开敞办公，也可分隔或组合为办公单元（图8-43）。双层表皮立面系统由内、外表皮和中间夹层空间组成，外层玻璃幕墙发挥了对外界不利气候因素的屏障作用，能够阻挡高层建筑周围的高速气流，保证建筑内部空间稳定的自然通风。外层玻璃幕墙采用精细的铝合金框架和高透明度白玻璃，使用者可以观赏到真实的户外景色。内层表皮不受外界气候影响，采用了亲自然的木质材料和大面积推拉窗。内层落地推拉窗开启后，使用者可以获得来自两层立面之间夹层的自然通风。中间宽度为1.2m的夹层空间起到热缓冲体的作用，既可以提高围护结构的保温性能，又能避免内表面因阳光直射而产生的过热。在中间夹层安装的遮阳板不仅具备外遮阳的高效性，而且便于维护和清理。DMAG管理大楼的双层表皮系统，以其良好的通风性能带走了幕墙内产生的多余热量，同时实现了大进深办公空间与外界的空气交换，保证了室内空气的新鲜度。在冬季，大楼通过关闭大部分通风口，发挥双层表皮幕墙良好的保温性能，保存室内热量、减少采暖能耗。同时，由于人们活动以及机械设备产生大量热量，办公区内空气温度较高，在热压作用下热空气呈上升趋势，加上外界风压作用，室内热空气聚集在顶棚处，通过设置在大楼一角的通风塔排出室外，形成了良好的"烟囱效应"，在引入室外新鲜空气、排除室内污浊空气的同时，降低了室内温度，最大限度地减少了制冷能耗，通风塔也创造了独特的建筑形体特征。

图8-43 DMAG管理大楼双层表皮，德国汉诺威，1997—1999年，建筑师：托马斯·赫尔佐格

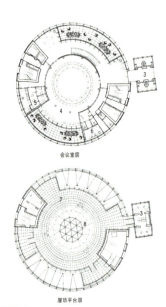

图8-44　RWE总部大楼外观，德国埃森，1997年，建筑师：英格豪恩·欧文迪克事务所

图8-45　RWE总部大楼平面图，德国埃森，1997年，建筑师：英格豪恩·欧文迪克事务所

图8-46　RWE总部大楼细部，德国埃森，1997年，建筑师：英格豪恩·欧文迪克事务所

位于德国埃森的RWE总部大楼高31层（图8-44～图8-46），由英格豪恩·欧文迪克事务所（Ingenhoven Overdiek & Partners）于1991年设计，1997年建成。该建筑平面呈圆形，办公室布置在外围，辅助用房放在中间。在提供相同使用面积的前提下，圆形的周长最小，有利于节能、自然通风和采光。该建筑的最大特征就是双层表皮，采用了迄今为止最为精密复杂的智能幕墙系统。外层幕墙采用了10mm厚的高透钢化玻璃，内层幕墙采用了通高的水平推拉隔热玻璃门，为安全起见，平时最多只能开启13.5cm，而维护清洁时可以整个打开。50cm宽的通道内装有铝百叶帘，靠上下两个位于楼板前面的通风单元通风，被称为"鱼嘴"的锥形通风单元前面有15cm高的通风缝。为防止气流短路，每两个相邻通道为一组，进出风口按对角线布置。除了自然通风，建筑内还装有置换通风系统和冷辐射梁以满足夏季和冬季的需要。混凝土楼板包有一层穿孔金属板，可以起到蓄热作用。

4. 适宜技术：多层次生态技术体系的建构

人类建筑历史上的每次重大变革始终是与物质技术进步紧密相连，生态建筑要实现其生态目标，也必须依靠生态技术的支撑。生态技术的选择是生态建筑设计的关键。首先，生态建筑采用哪个层次的技术，不是一个单纯的技术问题，而是受到现实经济条件的制约。其次，在选择技术时，要从地域气候与自然资源条件出发，遵循因地制宜的原则。就技术的层次性而言，生态技术又可以分为简单技术、常规技术和高新技术三类，一般而言，简单技术属于普及技术，常规技术属于推广型技术，而高新技术则属于研发型技术。

作为"高技派"发源地的欧洲发达国家，与发展中国家在经济和技术发展水平上存在巨大差距，前者拥有雄厚的经济和技术实力，而后者却不得不为生存温饱而奋斗。因此，必须要因地制宜、采取多层次的生态技术策略，综合利用新技术、中间技术和传统技术，来解决人居环境的建设问题。其中，高技术在建筑学发展中起了重要推动作用，代表了未来建筑的发展方向，但是存在着成本造价昂贵、施工运行维护技术要求高等缺陷；而传统地域性技术是千百年建筑实践经验的积累，它植根于当地特定的社会、经济和文化基础之上，具有低造价、易施工、便于维护的特点。但是传统地域性技术主要依靠人力和简单的机械，存在着生产技术落后、生产效率

低下的缺点。因此，应当积极将国际先进技术与具体国情相结合，根据当地的经济、技术和资源等条件，对多种技术加以综合利用，创造出符合地域特点的适宜技术。在适宜技术的探索中，许多建筑师已做出了积极尝试，这些尝试主要集中在以下三个方面。

（1）地域性技术的合理利用。以柯里亚为代表的印度本土建筑师，根据印度能源匮乏和机械技术昂贵、而劳动力资源丰富、价格便宜的国情，在设计过程中积极借鉴传统的建筑技术方案，发展了诸如敞廊、管式住宅、露天空间等设计原型，从而达到了节省造价和能源的目的，同时也创造出符合传统生活模式的积极空间，使传统得到了再生（图6-37和图6-38）。

（2）地域技术与高技术结合。传统的地方材料与建造工艺具有节约能源、省时省材的优点，但是与多种多样的现代材料和现代化施工手段相比，存在着极大的缺陷，因而处于被淘汰的境况。只有改进传统地域技术，使之与当代高新技术相结合，才能使传统技术获得再生。如何通过地域技术的现代化和高技术的本土化来产生新的适宜性生态技术，成为摆在建筑师面前的重要课题。伦佐·皮亚诺为西南太平洋岛国新喀里多尼亚设计的芝贝欧文化中心（Tjibaou Cultural Center）（图8-47和图8-48），成功地将地域性技术与高科技手

图8-47 芝贝欧文化中心，新喀里多尼亚，1991—1999年，建筑师：伦佐·皮亚诺

图8-48 芝贝欧文化中心细部，新喀里多尼亚，1991—1999年，建筑师：伦佐·皮亚诺

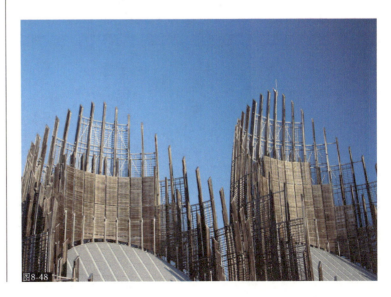

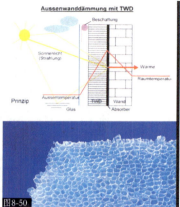

图8-49 北极熊皮肤构造
图8-50 透明外保温材料TWD详细构造

段结合起来，创造了新的地域性生态技术和全新的建筑形态。文化中心以一条与半岛地形相呼应的弧线道路组织空间，一侧串联着包括旅馆和露天剧场在内大小不等的方形空间，而另一侧自由地散落着3组圆形体量的"棚屋"，分别容纳画廊、图书馆、多媒体中心等各种功能。这些"棚屋"的双层编织表皮借鉴了当地传统建筑的木肋架结构，并与现代钢结构相结合，弯曲的木肋之间用不锈钢丝精细地编织，从而创造出传统与现代完美结合的全新构造形式。这些"棚屋"的双层编织立面既可以抵御飓风，又可利用海风在上部形成的压力抽取下部空气，起到了通风作用，木肋之间的百叶还可以起到调节室内光线的作用。当"阿立兹"（Alize，当地堪纳克人对信风的称呼）通过那些板条覆盖的建筑表皮时，会发出一阵阵的低沉的轰鸣，似乎在昭示着人们，在不可阻挡的高科技时代人类依然能够诗意地栖居。

（3）创造新型地域性技术。针对不同地域的自然环境条件、创造适合具体地域条件的新型材料，是探求地域性适宜技术的重要途径。如受生活在严寒地区的北极熊皮肤构造的启发（图8-49），建筑科技工作者研发了只允许热量从外到内单向流动的透明外保温材料（TWD，Transluzent Wärner Dämmung）（图8-50）。北极熊白毛下覆盖着黑色皮肤，黑色皮肤易于吸收太阳辐射，浓密的体毛有效地阻止了散失热量的微空气对流，因此北极有限的阳光可以被高效地吸收，而北极熊体内的长波辐射却无法逸出，即使在零下20℃，北极熊仍可保持35℃的体温。依此原理，人们制成一种两面为浮法玻璃、中间填充半透明材料的复合保温材料，将其放在黑色墙面外面，阳光透过半透明材料，被黑色墙面吸收热量，将辐射热传导至室内，这种外墙便成为吸热构件。这种复合保温材料与传统材料相去甚远，反映着高科技材料的技术特征，但是它与地域自然环境相适应，从而探索了新型地域性材料的全新表达方式。

5. 建筑形态融入自然：建筑形态与自然的共生

将建筑形态与地形、地貌、植被等自然环境有机融合，使建筑形态成为自然环境的一部分，实现建筑形态与自然的共生，也是当代生态建筑形态创造的重要倾向。荷兰代尔夫特大学新图书馆（图8-51和图

图8-51 代尔夫特大学新图书馆，荷兰，1998年，建筑师：麦坎诺

8-52）将大部分建筑体量予以隐藏，最大限度地削弱建筑形态自身的存在，以减少建筑工程对生态秩序的破坏，体现了一种"大自然、小建筑"的设计理念。该图书馆由荷兰麦坎诺（Mecanoo）建筑师事务所设计，1998年向读者开放。图书馆的外在建筑形态被弱化为一个长满青草的坡面屋顶、一片供学生们漫步、休憩的草地和一个生态化的建筑表皮。一个由钢和玻璃构成的锥体穿透了坡面屋顶，锥体中包含一个小型阅读空间。这个草皮覆盖的坡面屋顶具有强大的绝热功能，使屋顶下面的书库空间获得了恒定的温度，从而实现了建筑形态与生态的共生。

2000年德国汉诺威世界博览会荷兰馆（图8-53），由荷兰著名建筑师组合MVRDV设计。建筑形态反映了荷兰国土面积狭小、生存环境高度人工化、高密度的现实。该建筑远远看去像一个去掉了表皮的大厦，所有内部空间暴露无遗。其内部从下至上依次为六个主题空间，即"沙丘""花圃""根""森林""剧场"和"屋顶花园"。人们可以由四周的楼梯逐层爬至顶层，也可乘电梯直至顶层，再顺阶而下进行参观。其中最引人注目的是第一层的"沙丘"风光和第四层"森林"。前者是由混凝土浇筑的建筑基础，混凝土表面粗糙的肌理隐喻了荷兰人围海造田后艰苦的生存环境；后者则是一片人造森林，柱子全部由原木组成，这片人造森林与一层的"沙丘"形成强烈的对比，象征了人们辛勤建造的美丽家园。

6. 生态城市与生态社区：生态型城市形态的探索

工业革命以来，针对早期资本主义社会的严重城市病，从政治家、社会改革家到建筑师都提出了各自的设想，基本思路可以概括为城市分散主义和集中主义两种。前者最有代表性的是霍华德的"田园城市"，试图通过限制人口规模来解决城市的拥挤问题，并使城市与外部大自然保持充分的接触；而以勒·柯布西耶为代表的现代建筑运动先驱者，反对霍华德的城市分散主义，主张运用现代科技手段、全新的规划和建造方式来建设现代化大城市，表现出对现代化大城市前景的信心。在当代生态城市的理论探索中也同样出现了分散主义和集中主义两种倾向。前者认为摩天大楼和巨型建筑的存在本身就是反生态的，应当从城市中消失；而后者积极探索通过提高城市建筑与人口密度来提高城市的生态合理性，减少土地资源和能源的消耗，他们认为建筑与人口高密度的城市比低密度乃至分散化的郊区，更具有生态的合理性，城市人口越密集，交通造成的能量消耗呈几何下降态势，而分散化的城市建筑布局意味着交通距离的加大和能量消耗的剧增。

许多建筑学家从城市生态化的角度，

图8-52 代尔夫特大学新图书馆内景，荷兰，1998年，建筑师：麦坎诺

图8-53 荷兰馆，2000年德国汉诺威世界博览会

图8-54 阿科桑底城模型，美国亚利桑那州，1971年，建筑师：保罗·索勒里

探索未来城市高密度集聚发展的可能性。保罗·索勒里通过对有机生命体结构本质的理解，总结出"缩微化——复杂性——持续性"（Miniaturization-Complexity-Duration）的原则，并以此作为其生态建筑学的理论基础。索勒里认为，地球上成功进化的有机体都具有紧凑性（Compact）、三维度（Three-Dimension）、自维持（Self-Contained）和复杂性（Complexity）特征，他认为城市发展应当与自然界生物进化一样，遵循"复杂性——缩微化"规律。在《未来城市》（The City of the Future）一书中，索勒里指出："我们所面对的难题是：城市扩张的局面正在改变地球，将农场变为停车场，仅仅将人、货物以及服务运输到城市的扩展部分，就已经浪费了无数的时间和能源。我们解决方法是城市的内向爆炸，而不是外向爆炸。"❹ 他认为，理想的生态城市应该是高度综合并具有一定的高度和密度，以求最大限度地容纳居住人口，将居民安置在最为生态化的缩微环境之中，最大限度地利用太阳能，将对不可再生能源的依赖程度减到最小。按照索勒里的设计，一个符合城市生态学理论的城市，在容纳相同城市人口的前提下，只需占用常规意义城市2%的土地面积。城市内部以步行为主要交通方式，只把汽车作为城外使用的交通工具，这样产生的缩微化城市使得人类对空间和资源的利用变得更为经济。基于这一理论，索勒里于1971年开始兴建美国亚利桑那州的阿科桑底城，在城中建造了大尺度的太阳能温室，不仅生产食品而且担负冬季采暖和夏季制冷的能源供应，城内还设计了高效率的人流循环和资源循环系统（图8-54）。阿科桑底城的经验推动了索勒里的"两个太阳的城市生态学"理论：一个太阳是物质的，是生命、能量的源泉；另一个太阳表示人类的精神和不断进化的意识。20世纪90年代，该理论孕育了巨构建筑（Hyper Building）的城市模式（图8-55），巨构建筑是一座高约1000m的塔楼，建筑面积约1000万m^2，占地约$1km^2$，可以容纳10万人口。巨构建筑实际上就是一个城市，总使用面

---

❹ 周曦、李湛东，生态设计新论，南京：东南大学出版社，2003：48

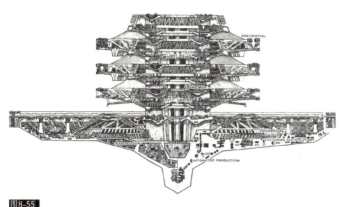
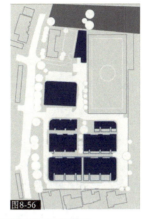

图8-55 保罗·索勒里的巨构建筑乌托邦

图8-56 Bed ZED总平面图，英国伦敦南郊，2000—2002年，建筑师：比尔·邓斯特

图8-57 Bed ZED住宅外观，英国伦敦南郊，2000—2002年，建筑师：比尔·邓斯特

图8-58 Bed ZED住宅外观，英国伦敦南郊，2000—2002年，建筑师：比尔·邓斯特

图8-59 Bed ZED住宅外墙构造示意图

积中的44%为住宅，还包括商业、行政管理、庭院、文化区、绿化步行道等用地。索勒里将整座城市构想为一个完整的巨型建筑，便于充分提高能源利用、人流循环、物流循环等系统的效率。巨构建筑还充分考虑了可再生能源和资源的高效利用，如风力发电、太阳能电厂和水的循环利用等。

如果说前述的未来城市高密度发展模式研究带有强烈的理想主义色彩，那么近年来出现的生态社区建设，则具有很强的现实意义和示范价值。位于英国伦敦南郊的生态社区Bed ZED（Beddington Zero Energy Development），是比尔·邓斯特（Bill Dunster）事务所历时5年开发的第三代生态村，其目标是建造"零能耗社区"，即整个社区不再使用石油、煤炭等不可再生的化石能源，通过可再生能源满足居民生活需要，不向大气释放二氧化碳（图8-56～图8-58）。

（1）基本实现"零采暖"。Bed ZED生态社区所有住宅均朝南，以最大限度从太阳光中吸收热量。每户都有一个玻璃太阳房，夏天将太阳房玻璃打开成为敞开式阳台，有利于散热；冬天关闭太阳房玻璃，以充分保存从阳光中吸收的热量。所有办公室都朝北，以避免吸收阳光导致过热。住宅门窗的气密性和墙体的保温构造处理可以有效地减缓热量散失，具有良好的保温功能。通过这些措施，居民家中不必安装暖气，整个生态村也没有安装中央供暖系统（图8-59）。

（2）妥善利用水资源。每栋房子的地下都安装有大型蓄水池，雨水通过过滤管流到蓄水池被储存起来，蓄水池与住户卫生间相连，居民用储存的雨水冲洗马桶。冲洗后的废水经过生化处理后一部分用来灌溉生态村的植物和草地，另一部分重新流入蓄水池中继续作为冲洗用水。由于利用雨水，居民自来水的消耗量降低了47%（图8-60）。

（3）先进的通风系统。生态村最引人注目的标志性景观是屋顶上五颜六色、随风摇摆的风帽，所有风帽随着风向不断转动，源源不断地将新鲜空气送入每个房间，

图8-60　Bed ZED节能、节水系统示意图

图8-61　Bed ZED风帽

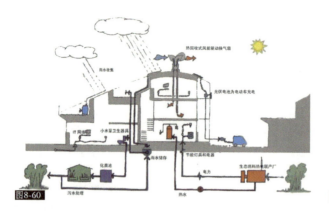

图8-60

图8-61

同时将室内空气排出（图8-61）。

Bed ZED 生态村不仅综合利用了各种生态措施，以减少能源、水资源消耗，同时在推动绿色生活方式、开发方式创新等方面取得了很大成功，向人们展示了一种在城市环境中实现可持续居住的解决方案。

四、结语

生态建筑的本质是通过自身的合理存在把人与自然界真正和谐地联系在一起，生态建筑学不仅表现为一种全新的建筑价值观，还表现为一种全新的建筑美学维度——生态建筑美学。在生态建筑设计中，符号象征和时髦形式风格将被符合生态理念和生态技术逻辑的形式所替代。生态美学作为由工业文明向生态文明转型背景下产生的全新美学理论，是一种超越了人类中心主义、真正体现了人类利益和自然利益、当前利益和未来利益、局部利益和整体利益的共生美学，也是一种超越建筑本位的审美思维。生态建筑学不再把功能与形式、空间与表皮作为设计的终极目标，而是以建筑与自然的关系、建筑与建筑的关系、以及建筑自身的可持续发展（建筑节能、永续利用、建筑材料可降解性等）作为设计的出发点，生态美学成为一种与生态伦理紧密相连、与人类的未来紧密相关的崭新的审美维度。

第九章
建构
——诗意的建造

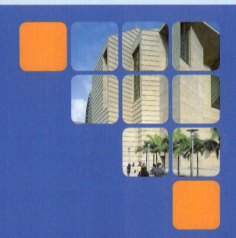

建构理论的起源可以追溯到19世纪中叶，经过一段时期的沉寂，于20世纪50年代重新进入当代建筑理论的视野，英国建筑历史与理论家肯尼思·弗兰姆普敦（Kenneth Frampton）1995出版的《建构文化研究—论19世纪和20世纪建筑中的建造诗学》，把当代建构理论研究推向一个新的高度。建构（Tectonic）一词源于希腊语tekton，原指木匠或建造者，后来在19世纪建筑理论家的阐述下，"建构"成为特指建筑在物质层面上如何建造的艺术，它与结构、建造过程密切相关，但这并不意味着建构一定要"忠实"地体现结构和建造过程。现在所称的建构是指在特定文化背景下对建造逻辑的表现，也是将人的情感倾注于建造过程的诗意的建造。

建构理论是中国建筑界主动引进并在建筑教育界和理论界产生较大影响的当代西方建筑思潮。然而即使在西方建筑理论界，"建构"也未形成统一、严谨的定义和理论体系；而在中国理论界，"建构"更是一个极易被误读的概念，正如有的研究者指出，"与后现代主义疾风般的席卷全国不同，'建构'在我国受到的关注很多，但'雷声大，雨点小'，不但缺乏普遍的反应，甚至连处于学科前沿的人群也对其理解存在模糊和偏差"。❶要真正理解这个理论，首先必须追溯建构概念的早期形成过程，同时也必须阐明它在当代现实语境中的新内涵。

一、建构概念辨析

建构理论的起源可以追溯到历史风格复兴盛行的19世纪，它与当时方兴未艾的结构理性主义（Structural Rationalism）、功能理性主义（Functional Rationalism）思想一样，是一种对形形色色的历史风格复兴和学院派形式主义进行批判的现代建筑理论探索。

1753年，耶稣会修士马克·安东·劳吉埃长老（Marc-Antoine Laugier，1713—1770年）在巴黎出版了《论建筑》（Essai surl'architecture），书中描述了建筑的自然起源—原始屋架（The primitive hut），原始屋架隐喻对古典主义风格的权威性提出了质疑与批判。劳吉埃宣称："决不应该把任何没有确实理由的东西放在建筑物上。"他认为壁柱、倚柱、基座、壁龛、断折的檐部、虚假的山花等均不符合建筑的结构逻辑，是要不得的矫揉造作。在室内采用檐部、山花、壁柱等做装饰，不仅违反结构逻辑，而且使室内局促，是一种愚蠢的做法。他只承认梁柱结构体系的坦率表现，认为柱子应该是几何的圆柱，挑檐只应该是一块平板。总之，建筑物只应该由最单纯的几何形构件组成，平面也只应该是几何形的。❷

19世纪，在欧洲的古典复兴和哥特复兴运动中演化出更为明确的功能理性主义与结构理性主义思想。法国建筑师维奥—勒—杜克（Viollet-le-Duc，1814—1879年）在1869—1872年撰写的《建筑论文集》中指出，"在建筑中，有两种做到忠实的必要途径。一是必须忠实于建设纲领；二是必须忠实于建造方法。忠于纲领，指的是必须精确和简单地满足由需要提出的条件。忠于建造方法，指的是必须按照材料的质量和性能去应用它们……对称性和外观形式等纯艺术问题在这些主要原则面前只是次要的。"❸英国哥特复兴运动的狂热拥护者普金（Augustus Welby Northmore Pugin，1812—1852年）则认为："哥特式建筑的形式并非来自任何外部的表面对称的意图，而是来自结构、材料和真正的工艺上的功能性需要。"他在《真正的指导原则，还是天主教建筑》一文中写道："设计的两个大的准则是：第一，没有适用、结构、经济上的必要性，就没有建筑上的特性；第二，所有的装饰都应该组成和丰富建筑的结构。"❹这种结构理性主义又被法国建筑史学家奥古斯特·肖阿西（Auguste

---

❶ 马进、杨靖，当代建筑构造的建构解析，南京：东南大学出版社，2005：63
❷ 陈志华，外国建筑史，北京：中国建筑工业出版社，2005：242
❸ 肯尼思·弗兰姆普敦著，张钦楠等译，现代建筑——一部批判的历史，北京：中国建筑工业出版社，2004：61
❹ 比尔·里斯贝罗，现代建筑与设计—简明现代建筑发展史，北京：中国建筑工业出版社，1998：29

Choisy）演绎为一种崭新的建筑历史观念，他认为："建筑的本质是结构，所有风格的演进仅仅是技术发展的合乎逻辑的结果，对新艺术运动的炫示是完全违背历史的教诲，历史上伟大的风格并非由此产生。伟大的艺术时代的建筑师总是从结构的暗示中找到他最为真实的灵感。"❺从劳吉埃长老到勒—杜克、普金和肖阿西，他们的建筑思想成为正统现代建筑思想中功能理性主义、结构理性主义思想的先声。

19世纪建构理论的形成是对僵化的学院派教条进行批判的产物。"建构"的英文"tectonic"一词，是在1656年首次出现在"属于建筑"（belonging to building）这一词条的解释中，该词比英文"architect"一词出现的1563年晚了近一个世纪。最早的建构思想萌芽出现在古典主义盛行的17世纪，法国建筑师克劳德·佩罗（Claude Perrault）在1683年出版的论著《古典柱式原理》（Ordonnance des cinq espèces de colonnes selon la méthode des anciens）一书中，拒绝接受占统治地位的以比例为核心的文艺复兴建筑美学，佩罗批判对古典五柱式的盲目崇拜，提出了"实在美"（Positive beauty）与"相对美"（Arbitray Beauty）的思想，将风格划入为"相对美"的范畴，而将几何秩序、材质与工艺过程视为构成"实在美"的要素。如果说克劳德·佩罗关于"实在美"与"相对美"的阐述是建构思想的萌芽；那么，19世纪30—50年代，卡尔·奥特弗里德·缪勒（Karl Otfried Muller）、卡尔·博提舍（Karl Bötticher）、森帕尔（Gottfried Semper）等德国著名学者发表的一系列论著，则对建构理论进行了正式而系统阐述。

最早在建筑中使用"建构"一词的是德国东方学者缪勒。1830年，他在《艺术考古学手册》一书中通过一系列工艺形式对建构做出了定义，他指出，"器皿、瓶饰、住宅、人的聚会场所，它们的形成和发展一方面取决于其实用性，另一方面又取决于情感和艺术性的一致，我们将这一系列活动称之为建构，而建筑则是它们的最高代表。建筑是最需要在垂直方向发展的，因此它能够强有力的表达最深厚的情感。"❻（图9-1～图9-3）德国学者博提舍在1843—1853年出版的三卷本著作《希腊人的建构》（Die Tektonik der Hellenen），提出了"核心形式"和"艺术形式"的理论，他认为，艺术形式的任务就是再现核心形式，博提舍认为："建筑的每一部分都可以通过核心形式和艺术形式这两种因素得到实现。建筑的核心形式是结构机制和受力关系的必然结果；而艺术形式则是呈现结构机制和受力关系的性格塑造。"❼博提舍指出，艺术形式应该具有揭示和强化结构本体内核的作用，建筑设计应当注重结构构件之间恰当的连接，从而产生富有表现力的衔接关系。

森帕尔是19世纪德国著名的建筑理论家和建筑师，他的相关著作使得"建构"一词得以传播并成为一个文化术语。在他的著作中，这个词不仅是对结构和材料的明确表达，而且表示诗意的建造。1851年，森帕尔出版了《建筑艺术四要素》（Die vier Elements der Baukunst），对于人类住居的起源，他提出了与劳吉埃长老的原始屋架迥然不同的人类学观点，即将人类的原始住居分成四个基本构成元素：火塘（hearth）、基础（earthwork）、构架/屋面（frame/roof）、围护性表皮（enclousuring membrane）。在森帕尔眼中建筑不是由墙、柱、屋顶组合成的，而是由建筑的初始动机（围合、覆盖、支撑）所构成。他还将建构与编织、竹编、结草等活动进行类比，使他的理论带有浓厚的文化人类学色彩。

图9-1　技术与情感的统一，陶瓷器皿

图9-2　技术与情感的统一，陶瓷器皿

图9-3　技术与情感的统一，陶瓷器皿

---

❺ 肯尼思·弗兰姆普敦著，张钦楠等译，现代建筑——一部批判的历史，北京：中国建筑工业出版社，2004: 9

❻ 肯尼思·弗兰姆普敦著，王骏阳译，建构文化研究——论19世纪和20世纪建筑中的建造诗学，北京：中国建筑工业出版社，2007: 5

❼ 肯尼思·弗兰姆普敦著，王骏阳译，建构文化研究——论19世纪和20世纪建筑中的建造诗学，北京：中国建筑工业出版社，2007: 85

在他于 1860—1863 年出版的两卷本著作《技术与建构艺术的风格和实用美学》(Der Stil in den technischen und tektonischen Kunsten, oder praktische Aesthetik) 中，森帕尔将建筑四要素与四种建构工艺的起源对应起来：编织对应于围合的艺术以及侧墙和屋顶，木工对应于基本的结构构架，砖石砌筑对应于基座，金属和陶土工艺对应于火炉。

现代建筑运动的先驱者们注重建造技术和材料本体的诚实表达，反对学院派对历史风格的模仿。他们主张形式服从功能，认为应该按照现代建筑结构和材料的特点、运用建筑本身的功能要素来获得建筑形式。他们推崇工业设计方法，即提出问题和解决问题的逻辑性。其代表人物密斯要求建筑"不受习惯势力和旧样式的束缚，一切都建立在合理地分析问题和解决问题的基础之上"。他认为："结构体系是建筑的基本要素，它的工艺比个人天才、比房屋的功能更能决定建筑的形式。"密斯还提出了"清晰的构造"这一概念，即不能接受任何虚假之物，凡是构造不清晰之物均不应建造。虽然现代建筑运动先驱者们的建筑思想中蕴涵了丰富的建构思想，但是由于正统现代主义对功能主义与机器美学的过分偏执，导致了建筑的非人性化和对建筑文化内涵的轻忽，造成了跨越地域时空界限的"国际式"风格的盛行，"建构"作为一种建筑设计理论，逐渐从现代建筑理论家和建筑师的视野中消失了。

20 世纪 50 年代，美国学者塞克勒 (Eduard Sekler) 把建构概念重新引入当代建筑理论的视野之中。他于 1957 年完成了著名论文《结构、建造与建构》(Structure Construction & Tectonics)，深入阐述了结构、建造和建构三者的关系。塞克勒认为结构是抽象的力学系统，而建造则是具体的材料处理和营造过程，文章指出，"当结构概念通过建筑得以实现时，视觉形式将通过一些表现性的特质影响结构，这些表现性特质与建筑中力的传递和构件的相应布置无关，这些力的形式关系的表现性特质，应该用'建一词'。"❽ "建构"是与结构、建造有关的"表现性特质"，但并非简单地由结构和建造决定，同结构、建造一样，它是建筑的一个方面，如果说结构是工程师的职业领域，而建构则属于建筑师的专业范畴。塞克勒列举了三个优秀的建构范例，来说明建构决非简单的结构、建造的真实表达，而是对结构、建造的一种诗意表达和艺术升华。

第一个例子是古希腊的多立克庙宇。三陇板带有木结构陶片的痕迹，而柱身凹槽也是木柱陶片留下的线脚，这些都是与石结构无关的纯粹形式，但是却更加明确表达了石柱、石梁的材料特性和受力关系。古希腊的多立克庙宇是建造与结构的关系并不一致，但是建构与结构关系良好的典型实例（图9-4）。

第二个例子是中世纪的哥特式教堂。哥特式教堂的结构体系由石头的骨架券和飞扶壁组成。其基本单元是在一个正方形或长方形柱网四角的柱子上做双圆心骨架券，四边和对角线上各一道，屋面石板架在骨架券上。飞扶壁由侧厅外面的柱墩发券，以平衡中厅拱脚的侧推力。束柱、拱肋真实地表达并强化了力由上至下的传递关系，建构与结构并非完全一致，但是却一个良好的建构范例（图9-5）。

第三个例子是波斯的伊斯兰清真寺。

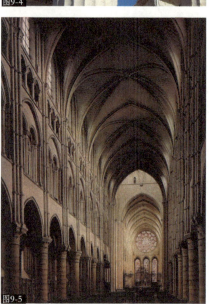

图9-4　古希腊多立克庙宇，雅典，帕提侬神庙

图9-5　哥特式教堂，骨架券

---

❽ 马进、杨靖，当代建筑构造的建构解析，南京：东南大学出版社，2005: 28~30

伊斯兰建筑形式与空间的基本构成要素为拱和圆顶，主要装饰要素为帕提和钟乳饰，所谓帕提就是作为入口门廊的巨大拱形洞龛，钟乳饰则是墙与拱顶之间具有装饰性的过渡部分，它最初发展于 11 世纪初的波斯。钟乳饰后壁和侧壁各有一个三角形托座，它承托着一个小龛，其上面是两个小龛，这两个小龛又是其上一组三个小龛的基座，依此类推，直到顶部，层层出挑，整体上形成了一个由若干小龛组成的蜂窝状壁龛。帕提的结构是拱券，但建构的表达却不依赖巨大的拱形，而是依靠钟乳饰来加强拱券的表达，建构与结构并不统一，却是一个良好的建构范例（图 9-6）。

塞克勒还提出了两个概念，反建构（Atectonics）和极端建构（Tectonic Overstatement）。关于反建构，塞克勒以霍夫曼（Josef Hoffman）设计的布鲁塞尔的斯托克列宫（Palais Stoclet）（图 9-7 和图 9-8）为例，该建筑以青铜线条为框架，庞大的建筑体量被分割成为许多块面，镶贴白色挪威大理石。塞克勒指出，这样的处理"造成一种感觉，仿佛墙没有用厚重的材料砌筑，而是由薄材料的大板拼成的，并在角部用金属带相交以保护转角，……其视觉的效果很有冲击力，并且极端地反建构。反建构在这里被用来描述一种行为，其中建筑荷载和支撑的表现性从视觉上被忽略和模糊化了"。[9] 他还列举了中国（或日本）的斗拱来说明极端建构，他认为用如此复杂的构件来传递屋面到柱的荷载，是一种建构的过度表达（图 9-9）。

后现代主义试图以表面化的历史和传统装饰来弥补正统现代主义和"国际式"

图 9-6　伊斯兰清真寺拱龛钟乳饰

图 9-7　反建构，斯托克列宫，比利时布鲁塞尔，1905—1914 年，建筑师：霍夫曼

图 9-8　反建构，斯托克列宫局部，比利时布鲁塞尔，1905—1914 年，建筑师：霍夫曼

---

❾ 马进、杨靖，当代建筑构造的建构解析，南京：东南大学出版社，2005：28~30

图9-9 极端建构，宋式五铺作单抄单昂柱头铺作偷心造斗拱

风格的人文内涵缺失，但是，这种弥补是以"舞台布景"式立面拼帖实现的，历史风格的简单模仿以及卡通化、商业化的拼帖，导致了后现代手法主义（Mannerism）的盛行。文丘里（Robort Venturi）所谓建筑是"装饰的遮蔽体"（Decorated Sheds）的说法，表达了后现代主义将人文与技术分离的通俗化取向，也反映了建构精神的彻底沦丧（图2-2和图2-3）。

英国建筑历史与理论家弗兰姆普敦是当代建构理论的集大成者，他继承了塞克勒的建构学说，在后现代主义甚嚣尘上的历史语境下，对建构文化进行了系统的理论性思考。在"走向批判地域主义——抵抗建筑学的六要点"一文中，弗兰姆普敦引用美国建筑史学家斯坦福·安德森的话说："'建构'一词不是指造成物质上必须的建造活动……而是指此种建造上升成为一种艺术形式活动。"1995年，弗兰姆普敦出版了巨著《建构文化研究——论19世纪和20世纪建筑中的建造诗学》，该书追溯了建构文化的起源，从建构的角度对现代建筑发展中的一系列代表人物进行了个案研究，其中包括赖特、奥古斯特·佩雷、密斯·凡·德·罗、路易斯·康、伍重和卡洛·斯卡帕等现代建筑大师。弗兰姆普敦的《建构文化研究》力图重建一种现代建筑的历史传统，一种使建筑学在当下成为一种"批判性实践"（Critical Practice）的新的传统。

正是在这种意义上，弗兰姆普敦道出了他进行建构文化研究的动因："我是出自一系列原因选择强调建构形式的问题的，其中包括眼下那种将建筑简化为布景（scenography）的趋势以及文丘里的'装饰的遮蔽体'理论在全球甚嚣尘上现象的反思。"[10] 然而在书中，弗兰姆普敦始终没有对建构的确切词义进行解释，但是从该书的副标题：论19世纪和20世纪建筑中的建造诗学（The Poetics of Construction in Nineteenth and Twentieth Century Architecture），已在一定程度上道明了弗兰姆普敦的建构概念：即诗性的建造、有情感的建造。换而言之，建构概念包含了以下两个方面内涵：其一，建构与技术和技艺关系密切，即使它带有浓厚的人文色彩，也不能脱离技术或技艺而存在；其二，建构并非对结构的忠实表现和对材料的清晰表达，也不是简单、机械地表现构造，建构包含了材料、结构、构造和建造等问题，同时也需要融入场所、地域等人的情感因素。正如弗兰姆普敦在《建构文化研究》的绪论中所写道："无需声明，我在本书里关注的并不仅仅是建构的技术问题，而且更多的是建构技术潜在的表现可能性。如果把建构视为结构的诗篇的话，那么建构就是一门艺术，一门既非具象又非抽象的艺术。"

二、从奥古斯特·佩雷到卡洛·斯卡帕：建构传统溯源

正统的现代主义建筑美学搭建了一个严谨的理性框架，在本体论上强调建筑的物质性，在认识论上坚持科学性，在方法论上讲究逻辑性，对材料建构的强调就是其理性思想的典型表现。正如路易斯·康所指出，"也许，现代主义运动最鲜明的主张就是真实表达。"这种真实性包括两个方面，即结构的真实性和材料的真实性，结构的真实性是指，真实表达出建筑材料的力学性能及结构构造，而不是用附加装饰去包装它；材料的真实性是指，表现材质

[10] 肯尼思·弗兰姆普敦著，王骏阳译，建构文化研究，北京：中国建筑工业出版社，2007: 33

本身的美，而不使用附加装饰，材料质感由材料自身及材料加工工艺决定。

民用建筑中钢筋混凝土应用的先驱人物——法国建筑师奥古斯特·佩雷（Auguste Perret，1874—1954年）设计的巴黎富兰克林大街25号住宅（图9-10和图9-11），采用钢筋混凝土框架结构，建筑外观显示出框架结构的骨架，墙体由饰以花饰图案的混凝土壁板填充，立面构图清晰地区分了建筑的受力框架与非受力填充墙体。但是，作为一个古典理性主义者，佩雷把混凝土梁柱框架作为一种最适合表现传统的结构体系，他对混凝土的使用也是出于古典原则和建筑实践之间一致的法国传统，佩雷认为，"我们时代的伟大建筑是由骨架、钢结构或钢筋混凝土结构组成。建筑物的框架就好比动物的骨骼；如果动物的骨骼是有向度的、均衡的、对称的并容纳、支承各种器官，那么建筑物的结构也必须是有组合的、有向度的、均衡和对称的。"[11]

荷兰建筑师贝尔拉格（Hendrik Petrus Berlage，1856—1934年）主张摆脱对历史风格的模仿，倡导一种真实的、可以表达时代精神的建筑形式。他的设计作品形式简洁明快，注重材料质感的真实表现和细部节点的建构表达。1898—1903年建造的阿姆斯特丹证券交易所（图9-12）是其代表作，建筑内部大厅采用钢拱架与玻璃顶棚，建筑的内外墙面均为清水砖墙，交易所的砖承重结构按照结构理性主义原理进行了建构表达，在檐部与柱头位置以白石代替线脚和雕饰，石材的座基、屋角石、突石、石帽等标志了结构的转承和承重，这些经过加工的石块有的突出以承受钢屋架，有的用来作为砖拱拱脚与拱顶的节点，既表现了新材料、新结构与新功能的特点，又体现了精美的荷兰砖石工艺传统。

20世纪20年代兴起的现代建筑运动，摆脱了对历史风格的模仿和学院派的风格化教条，在工业化大生产带来的技术革命推动下，现代建筑运动强调现代工艺技术和建造过程，强调建筑结构和材料本身的

图9-10　富兰克林大街25号住宅，法国巴黎，1903年，建筑师：奥古斯特·佩雷特

图9-11　富兰克林路25号住宅局部，法国巴黎，1903年，建筑师：奥古斯特·佩雷特

忠实表达。作为现代建筑运动大本营，包豪斯的设计教育强调艺术与技术相结合，教育思想充满了建构精神。包豪斯的设计教育实行双轨制，在三年的课程期间，学生必须同时在两类导师的指导下学习，一类是工艺技术方面的导师，一类是设计理

---

[11] L.本奈沃洛著，邹德侬等译，西方现代建筑史，天津：天津科学技术出版社，1996：305~306

图9-12　证券交易所，荷兰阿姆斯特丹，1898—1903年，建筑师：贝尔拉格

图9-13　布劳耶，镀铬钢管椅，1925年

图9-14　密斯，巴塞罗那椅，镀铬钢管与皮革，1929年

论方面的导师。前者指导下的课程是技术方面的，学生必须到七个实习工厂中的一个去做石工、木工、金工、黏土、玻璃、颜料和纺织品方面的工作，三年后，学生必须通过考试获得一个熟练工匠证书；后者指导下的课程是形式方面包括构图理论方法的研究。包豪斯的设计教育强调将手工艺和机器生产结合起来，手工艺训练的目的并非是为了复兴手工艺，而是为机器化大生产作前期准备。1923年，格罗皮乌斯在《魏玛包豪斯的理论和组织》一文中写道，"手工艺教学意味着准备为批量生产而设计。从最简单的工具和最不复杂的任务开始，他（包豪斯的学徒）逐步掌握更为复杂的问题，并学会用机器生产，同时他自始至终地与整个生产过程保持联系。"⑫包豪斯的设计教育强调将学校教育同社会生产相结合，实际的手工艺训练、灵活的构图能力以及与工业生产的联系，三者结合形成了包豪斯的设计风格，其特征是注重满足实用要求、造型简洁明快、构图多样灵活。代表性成果有布劳耶（Marcel Breuer，1902—1981年）（图9-13）和密斯设计的钢管家具（图9-14）。布劳耶1924年从包豪斯毕业后留校任教，1926年，布劳耶打破常规，第一次设计了用钢管代替木料的椅子。

密斯·凡·德·罗在钢与玻璃这两种工业化材料上精心雕琢，其作品的建构特征表现在对构造的强调以及将建造视为一种诗意的行为。他的钢结构细部构造处理，表现了追求建筑工艺精美的倾向。他强调构造的简明、材料的纯粹以及它们结合在一起所表现出的工业时代的美，其作品是"技术精神"（Spirit of Technology）的生动体现，这种纯粹主义美学表达了一种蕴涵在材料背后的技术审美趣味，具有清晰的

⑫ 肯尼思·弗兰姆普敦著，张钦楠等译，现代建筑——一部批判的历史，北京：生活·读书·新知 三联书店，2004：134

图9-15 巴塞罗那博览会德国馆，1929年，建筑师：密斯

图9-16 巴塞罗那博览会德国馆，1929年，建筑师：密斯

建构意义。建于1929年的巴塞罗那博览会德国馆（图9-15和图9-16），发展了一种具有古典式均衡构图的极简的现代主义风格，其特征是简洁明快的外观、灵活多变的流动空间（Flowing space）以及精美绝伦的细部。该展览馆主厅采用八根十字形断面的镀镍钢柱，支承起一片钢筋混凝土平屋顶，它突破了传统砖石承重结构封闭、孤立的室内空间，大理石墙和玻璃隔断自由灵活地布置，创造出前所未有的既分隔又连通的流动空间。建筑隔断采用不同色彩、不同质感的石灰石、玛瑙石和刻花玻璃，显出典雅华贵的气派。建筑形体处理简洁，没有任何线脚，突出材料的固有色彩、纹理和质感，不同构件和不同材料之间不作过渡性处理，构造简单明确、干净利索，充分体现了密斯1928年提出的"少就是多"（Less is More）的箴言，也为二战结束后兴起的追求技术精美倾向奠定了基础。

路易斯·康，1901年2月20日生于爱沙尼亚，1905年随父母移居美国费城。1920年，路易斯·康进入宾夕法尼亚大学艺术系而后转入建筑系学习，与中国第一代建筑大师杨廷宝同窗。当时的宾大建筑系深受巴黎美术学院的影响，学生们受到了严格的古典美学和造型训练，中轴对称、序列空间、古典柱式、敦厚的纪念性体量成为学生设计的共同特征，这些训练成为日后影响路易斯·康的重要因素。路易斯·康主张"设计要回到事物的初始，追溯事物的根源和本质。"这种回溯在设计实践中表现为运用简洁明确的几何形来表达深邃的历史精神。他设计的孟加拉议会建筑（图9-17），一律采用清水砖墙，墙上所开的巨大的三角形、方形和圆形洞口，既解决了室内眩光问题，又打破了建筑体量的单调与沉闷。简洁明确的几何图形充满了深邃的历史精神，形成了古罗马遗迹般庄重、肃穆的纪念性造型效果；而光线在巨大的洞口处所留下的深邃的阴影，正是他所追求的"静谧与光明"的建筑永恒感。在设计艾哈迈达德的印度管理学院（图9-18）时，为了说明黏土砖材料特性与建造方法之间的关系，路易斯·康杜撰了一段与"砖"之间的对话，"砖自己就想成为拱！"该建筑墙面也为清水砖墙，墙上圆形、方形和

图9-17 孟加拉国议会大厦，达卡，1962—1974年，建筑师：路易斯·康

图9-18 印度管理学院，印度艾哈迈达德，1962—1974年，建筑师：路易斯·康

三角形的洞口，利于通风并形成一些深邃的空间和阴影，巨形砖拱下的阴影就像眼睛在向外探视。

路易斯·康是建筑设计中光影运用的开拓者，他把光作为一砖一瓦来使用，他认为设计空间就是设计光亮。1969年设计，1972年落成的金贝尔博物馆（图9-19和图9-20），位于美国德克萨斯州沃思堡（Fortworth），是运用光影进行空间建构的经典作品，也是路易斯·康亲手设计并看到其最终实施的最后一个作品。金贝尔博物馆的特征元素是长条型的圆拱，设计之初每个拱的平面尺寸是45.75m×7.62m，后来由于造价的限制，将整个建筑体型进行了压缩，拱的尺寸调整为30.48m×6.7m，采用现浇钢筋混凝土。每个拱单元由四根0.61m见方的柱子支撑，展览空间中没有柱子出现，为室内布局提供了灵活的可能性。在金贝尔博物馆，康把自然光分为来自天空的光和从内庭进入的光，除了在两端混凝土拱板和钙华石墙体之间留出拱形的光带，建筑师还在每个拱顶开设了一条光槽，用弧形的反光板将天光漫射到室内。在这里，光线有表达自我和空间的权利，来自天空的光线生机盎然，来自内庭的光线则柔和反射、神秘异常。

意大利建筑师卡洛·斯卡帕（Carlo Scarpa，1906—1978年）是赖特与路易斯·康的信徒和追随者，他的作品在环境氛围的渲染、光影空间的塑造以及细部节点的提炼等方面体现了建构精神的真义——富有情感的、诗意的建造，这一点在布里昂家族墓园（Brion Family Cemetery）（图9-21和图9-22）的设计中体现得淋漓尽致。布

图9-19 金贝尔博物馆外观，美国德克萨斯州沃思堡，1969—1972年，建筑师：路易斯·康

图9-20 金贝尔博物馆内景，美国德克萨斯州沃思堡，1969—1972年，建筑师：路易斯·康

图9-21 布里昂家族墓园平面图，意大利桑·维多，1969—1978年，建筑师：斯卡帕

图9-22 布里昂家族墓园，意大利桑·维多，1969—1978年，建筑师：斯卡帕

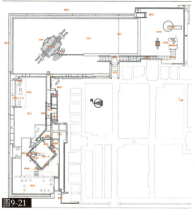

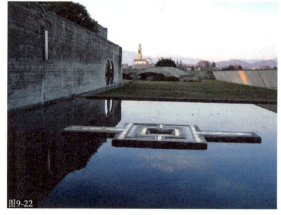

里昂家族墓园位于意大利北部小城桑·维多（San Vito），占地面积约2200m²。在设计中，斯卡帕避免了传统中轴对称的墓地设计手法，而是选择了中国园林式的漫游式布局。墓地总平面呈"L"形，由家族墓地、布里昂夫妻墓地和家族小教堂三部分组成，设有公共和私密两个入口。经过家族墓地，通过私密入口，映入眼帘的是实墙上两个互相交叉的圆洞（图9-23），入口左侧有一宽阔的水池，池内睡莲绽放，池中有一小亭，水由亭内引出，流经"双眼"，流入放置布里昂夫妻石棺的圆形下沉地面（图9-24）。石棺的设计是点睛之笔，两个石棺相互倾斜，截面呈平行四边形。对此，斯卡帕解释说："如果两个生前相爱的人在死后还相互倾心的话，那将是十分动人的。棺木不应该是直立的，那样使人想起士兵。他们需要庇护所，于是我就建了一个拱，取方舟之意。为了避免给人以桥的印象，我给拱加上装饰，在底面涂上颜色，贴上马赛克，这是我对威尼斯传统的理解。"从夫妻墓地向左就来到家族小教堂（图9-25），它坐落在一个正方形水池的对角线上，粼粼波光通过狭长的落地窗映入室内，一种安静、神秘的感觉和对威尼斯古老水城的回忆油然而生，走入墓园所体会到的，不是对死亡的哀悼与恐惧，而是对生命的向往与渴望。

斯卡帕的建筑作品表现了对高品质材料和精细装饰的偏爱，对于斯卡帕而言，节点不仅仅是为了满足连接功能而设计的，相反节点本身就是工艺品质的最终体现。他的代表作维罗那大众银行（图9-26和图9-27），典型的斯卡帕式锯齿形线脚运用在凸窗下座、建筑入口门框以及石头基座的上方，精美的节点也成为一种调节立面构图的手段。除了俯拾皆是的精美细部处理，维罗纳大众银行的主立面设计还充满了材质的表现，如粗糙的捣浆灰泥墙面与光滑的波提契诺大理石表面之间的对比，主要体现为灰泥墙面与圆形窗框的抛光石材之间的强烈对比。斯卡帕对20世纪建构文化的意义正如建筑史学家所指出的，"他不合时宜的保守主义，在越来越相信技术和进步的20世纪50、60年代中，斯卡帕在他平静的工作中显示出对手工业的责任，对过去的敬重和对作为形象和整体艺术的建筑学的理解。"⑬斯卡帕的探索与实践没有产生任何风格与流派，但是却深

图9-23 两个互相交叉圆洞，布里昂家族墓园，意大利桑·维多，1969—1978年，建筑师：斯卡帕

图9-24 布里昂夫妻石棺，布里昂家族墓园，意大利桑·维多，1969—1978年，建筑师：斯卡帕

图9-25 家族小教堂，布里昂家族墓园，意大利桑·维多，1969—1978年，建筑师：斯卡帕

⑬ 哈特耶20世纪建筑百科辞典，郑州：河南科学技术出版社，2006：334

图9-26 大众银行立面,意大利维罗那,1973—1981年,建筑师:斯卡帕

图9-27 大众银行立面细部,意大利维罗那,1973—1981年,建筑师:斯卡帕

图9-28 朗西拉一号办公楼,瑞士卢格诺,1981—1985年,建筑师:博塔

图9-29 朗西拉一号办公楼细部,瑞士卢格诺,1981—1985年,建筑师:博塔

深地影响了从博塔到安藤忠雄的整整一代建筑师。

三、建构文化的回归:当代建构实践解析

建筑艺术是"形而下"的建造的艺术,它既不是图纸上的线条,也不是卡纸板的模型,而是巧妙地运用建筑结构、建筑材料和施工工艺的具体营造过程,正如密斯·凡·德·罗所指出,"建筑开始于你把两块砖小心地叠在一起的时候。"材料,是建构的原点,建筑设计就是驾驭材料、组织空间的过程,同样的抽象形式,如果采用不同的材料,就会有不同的建构方式,其实际形式与空间效果也会大相径庭,所以材料的表达方式关乎建筑品质。当代建筑大师马里奥·博塔(Mario Botta)、伦佐·皮亚诺(Renzo Piano)、彼得·卒姆托(Peter Zumthor)、拉菲尔·莫尼欧(Rafael Moneo)、安藤忠雄、贝聿铭等进一步发扬了建构文化精神,创造出令人耳目一新的建筑形式。

1. 砖墙的建构

博塔建筑生涯的启蒙者蒂塔·卡洛尼曾指出,博塔是运用墙体语言的大师,博塔通过在墙体上精心开口和开设窗洞,保持转角部位墙体的完整,塑造出建筑坚固、封闭和内向的性格。作为卡洛·斯卡帕与路易斯·康的学生和追随者,博塔继承了他们对建构和材料的敏感与热情,与康一样,砖是他最宠爱的素材,他运用砖塑造出建筑外观极其丰富的质感。自20世纪80年代起,博塔的建筑基本上都采用了双层墙,内层混凝土墙起结构作用,外层砖饰面起维护和装饰作用,传统的砖石材质得以全新的诠释与演绎。博塔擅长运用砖的不同组合、砌式来编织精美的图案,隐喻着古典形式,同时又散发出现代气息。位于瑞士卢格诺市中心街道拐角的朗西拉一号办公楼(图9-28和图9-29),非承重的砖墙悬挂在钢筋混凝土框架上,窗洞四周的砖材层层收进,充分发挥了当地精湛的砌砖工艺传统。以色列特拉维夫的犹太教会堂

与文化遗产中心（图9-30），出人意料地将两个完全相等、雕塑感极强的独特体量布置在同一基座上，象征了宗教和世俗的并置，暗示着深刻的隐喻。砖拱券也是博塔广泛应用的另一构图要素，瓦卡罗住宅（Single Family House, Vacallo, Ticlno, 1986—1988年）入口处的交叉双拱以及塔玛若山顶小教堂古朴的砖拱（图6-62～图6-64），发掘了历史记忆，同时又赋予传统形式以新的活力。

如果说博塔的作品细致地设计了砖的排列和砌筑，创造性地运用新的工艺，尤其是精致的节点和精细的构造，是对传统砖工技艺的再现和发展；那么，伦佐·皮亚诺则发展了一种外挂式的陶土砖外墙装饰体系，既表现了对砖这种传统建筑材料表面装饰作用的理解，同时也是对工业化建造方式的探索。皮亚诺设计的巴黎IRCAM项目扩建工程（图9-31和图9-32），陶砖被安装60mm×70mm的角铝方框中，用铝

图9-30 犹太教会堂与文化遗产中心，以色列特拉维夫，1997年，建筑师：博塔

图9-31 IRCAM项目扩建工程，法国巴黎，1990年，建筑师：皮亚诺

图9-32 IRCAM项目扩建工程，法国巴黎，1990年，建筑师：皮亚诺

图9-33　陶砖节点详图，IRCAM项目扩建工程，法国巴黎，1990年，建筑师：皮亚诺

图9-34　里昂国际城，法国里昂，1995年，建筑师：皮亚诺

图9-35　外墙面细部，里昂国际城，法国里昂，1995年，建筑师：皮亚诺

图9-36　外墙面干挂陶土百叶细部，波茨坦广场德比斯大厦，德国柏林，1998年，建筑师：皮亚诺

图9-37　外墙面干挂陶土板百叶细部，波茨坦广场德比斯大厦，德国柏林，1998年，建筑师：皮亚诺

制圆棍垂直方向串联，两头固定在方框中，每一个装有陶砖的方框组成一个标准的外墙装饰板，在后部固定在120mm×60mm的U形铝构件上，这个构件通过角钢件与钢结构相连（图9-33），在外挂式陶砖面层后是表面包裹着防水材料的保温填充墙板。皮亚诺设计的里昂国际城（Cite Internationale de Lyon）（图9-34和图9-35），陶砖外墙体系由三个部分构成：标准陶砖单位和特殊转角单位、垂直方向的安装龙骨、水平方向的U形钢构件。垂直的龙骨是T形钢构件，通过金属卡件将陶砖单位安装在两根龙骨之间。水平方向的U形的钢构件，不仅加强了龙骨，同时也与楼板位置相对应。外墙体系的所有组成构件——陶砖、龙骨和U形钢构件都全部暴露，构造关系清晰明确。与巴黎IRCAM相比，里昂国际城的陶砖外墙装饰体系经过改进，更为精致成熟。皮亚诺设计的柏林波茨坦广场德比斯大厦（Debis-haus）（图9-36和图9-37），则在立面上使用了干挂陶土板百叶做装饰，将传统材料通过新技术赋予新的生命。

2. 石材的建构

石材是一种古老的建筑材料，当代建筑师也对其进行了丰富多彩的建构。SOM设计、1963年落成的美国耶鲁大学贝尼克珍本图书馆（图9-38和图9-39），号称拥有世界最昂贵外墙。建筑墙面无任何开窗，

以避免阳光直射损害书籍,大理石薄板镶嵌在钢筋混凝土结构框架中,白天,斑驳的光线透过薄薄的石板,柔和地照亮室内,给人一种神秘的空间体验。

西班牙建筑师拉菲尔·莫尼欧反对将建筑视为短暂的存在,而是追求建筑形式的纪念性、永恒性。在他的设计生涯中,从不追求被人们称之为"风格"的东西,他认为每座建筑都要结合场所与环境来考量它应有的形态,从而使之参与到整个地区的历史演变进程,而不仅仅是一个匆匆过客。正是出于对建筑与场所环境关系的考量,使莫尼欧在关注建筑自身空间塑造的同时,也更加重视建筑细部尤其是材料的选择,而后者更是他回应历史与场所的最好途径。莫尼欧设计、1999年落成的西班牙梅西亚(Murcia)市政厅(图9-40和图9-41),位于一个历史建筑围合的城市中心广场,夹在一座文艺复兴晚期建筑与一座早期现代风格建筑之间,市政厅的侧立面面对广场,正对一座巴洛克风格的教堂。在如此狭窄的场地上,如何处理好市政厅与历史建筑、早期现代风格建筑之间的关系,就成了建筑师面临的最大难题。该建筑以其独特的石材立面完成了新、老建筑之间的传承与转接,并像建筑师本人所阐明的那样一悄无声息地插入历史建筑围合的广场,成为整个广场最忠实的"观众"。该建筑最富于表现力的是面对广场的侧立面,它呈规则的矩形,底层以实墙为主,仅开设少量的窗洞。立面上半部分被横向分为四层,竖向则被宽度相等、上下

图9-38　耶鲁大学贝尼克珍本图书馆外观,1963年,建筑师:SOM

图9-39　耶鲁大学贝尼克珍本图书馆内景,1963年,建筑师:SOM

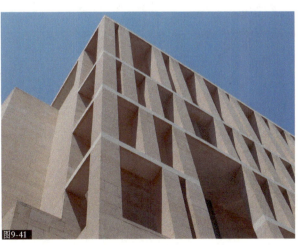

图9-40　市政厅外观,西班牙梅西亚,1999年,建筑师:莫尼欧

图9-41　市政厅细部,西班牙梅西亚,1999年,建筑师:莫尼欧

图9-42 天使之后教堂外观，美国洛杉矶，2002年，建筑师：莫尼欧

图9-43 天使之后教堂入口雕塑，美国洛杉矶，2002年，建筑师：莫尼欧

图9-44 天使之后教堂细部，美国洛杉矶，2002年，建筑师：莫尼欧

错落的石墙所分割，形成不规则的洞口，洞口底部有一个通高的大洞口。在这个富于变化的立面中，处处体现了理性与感性的高度统一。莫尼欧还为建筑选择了当地100mm厚的浅黄色石材贴面，通过相似的外墙石材质感与肌理，与广场周围的建筑统一在一起，错落有致、光影变化丰富的石材立面，呼应了对面表情丰富的巴洛克教堂，同时建筑材料本身沉稳的质感与两侧的古典与早期现代建筑之间形成了良好的过渡。

莫尼欧设计、2002年落成的洛杉矶天使之后教堂（Our Lady of The Angels Cathedral）（图9-42～图9-44），是美国近30年来建造的规模最大的教堂。教堂采用了纪念碑式的几何形态，与浑厚古朴的中世纪罗马风教堂有异曲同工之处。为了在繁华都市中营造一块庇护人们心灵的神圣之所，建筑师运用了先进的石材加工技术对"石材与光"这一欧洲基督教堂永恒的空间主题，重新进行了精彩的演绎。他将一种云石薄板安装在采光口上，通过多彩的半透明石材，阳光以一种柔和的方式漫射进室内，产生出一种光怪陆离的效果。这种云石像古老的哥特教堂玫瑰窗一样，自身的图案也随着阳光的照射在教堂室内

空间中绚烂绽放。为了保持云石品质的稳定，除了云石薄板外安装隔离的玻璃窗，还对其采取了特殊防护措施，云石表面贴敷了一种特制薄膜，以屏蔽阳光中的紫外线、红外线对石质的伤害。

意大利建筑师伦佐·皮亚诺设计，位于意大利福贾的皮奥巡礼堂（Pio Pilgrimage Church）（图9-45和图9-46），是另一幢运用石材对欧洲传统教堂空间进行现代诠释的作品。该建筑平面大致为圆形，广场部分像蛋糕一样被切开，形成了四分之三圆的建筑体和四分之一广场部分的平面布局。砖石拱券技术是哥特式教堂建筑最伟大的成就之一，而皮奥巡礼堂给人印象最深刻的则是巨大跨度的石拱架结构与构造工艺。建筑整体框架由20组巨大的石拱架交错构成，并搭配以辅助梁架系统，形成了宽敞高大的大厅，可以容纳6 000人。巨大的石砌拱架的最大跨度达50m，高度达18m，石拱采用后张法来预压石块，以减少石块在拉力荷载作用下开裂的危险，施工的准确性体现了意大利石工工业先进的技术水准。在这样一个由石材和木材营造的巨大殿堂中，结构之力变为神圣力量的外在表现，再加上透过彩绘玻璃投射进来的迷离阳光，身处其中的人们仿佛回到了中世纪如梦似幻的哥特式教堂中。在建筑技术与建筑形象日新月异的当代社会，皮亚诺回归古老的建构传统，以现代技术手段创造性地运用石拱、铜屋顶、玻璃彩画等传统元素，通过诗意的建构，让人们重新获得了古老的宗教感动。

瑞士建筑师彼得·卒姆托，1943年生于巴塞尔的一个家具商家庭，早年在当地艺术学校学习木工和造型设计，工匠的出身背景使他洞悉各种材料的性能和施工工艺，这为他建筑实践中独特而恰当的细部处理奠定了基础。此外，长达12年的历史保护委员会的工作经历，培养了他对历史建筑的深刻洞察力，使他可以超越历史样式的表层而抵达建筑的本质。卒姆托对待建筑的方式接近禅宗式的体悟，他曾多次在演讲中提到，小时候到亲戚家时的一系列真实而温馨的感觉：握着门把手的触觉、踩着沙石的沙沙声，以及打蜡之后的木质楼梯上闪烁的光泽，甚至还有厨房关门的声响……，这些平凡却感人的生活细节，正是现代生活和建筑中已经失去的东西。在一个日益物质化、肤浅化的社会里，他用独特、精致的作品表达了对世俗生活的超越。他强调对材料和场所的现象学感知，始终保持了对材料、构造和光线的敏感。正如他所指出："我的工作基于组成我们生存境遇的形式、轮廓，还有材料的存在。通过工作，我塑造着真实，塑造着空间中环境的氛围，塑造着那些点燃着我们知觉的东西。"[14] 评论家将他的作品誉为"唤醒感受的建筑"。

卒姆托的代表作——瑞士瓦尔斯村温泉浴所（Thermal Baths）（图9-47～图

图9-45 皮奥巡礼堂结构模型，意大利福贾，1991—2003年，建筑师：皮亚诺

图9-46 皮奥巡礼堂内景，意大利福贾，1991—2003年，建筑师：皮亚诺

[14] 彼得·卒姆托，现实中的魅力，世界建筑，200501：18

图9-47 温泉浴所外观，瑞士瓦尔斯村，1996年，建筑师：卒姆托

图9-48 温泉浴所内景，瑞士瓦尔斯村，1996年，建筑师：卒姆托

图9-49 温泉浴所室内，瑞士瓦尔斯村，1996年，建筑师：卒姆托

9-49）的成功设计，使他跻身于世界级建筑大师之列。该建筑坐落在陡峭的山坡上，是一座20世纪60年代修建的旅馆附属建筑，山坡的植被与建筑屋顶的草坪连成一片，整个建筑仿佛从山坡上自然生长出来，融入周围的环境之中。它采用箱形混凝土墙体承重，墙体采用古罗马技术建造，具体做法是：先将加工过的片岩一层层砌筑起来，作为混凝土的模板，在中间浇灌混凝土，形成一个个封闭洞穴般的浴室单元，每个浴室的屋面并不完全搭接在一起，而是留下了一道用透明玻璃密封的狭窄缝隙，从屋面窄窄的石缝中投下的天光洒在片岩墙上，创造了一种静谧而奇异的空间氛围。

在这个建筑中，建筑师将浴场空间作为一个仪式性场所来处理，形式与空间、细部与独特的构造处理交织在一起，给使用者一种强烈的宗教体验，并与山脉景观的原始力量、轮廓清晰的地理环境保持了一种特殊的对话关系。

3. 混凝土材料的建构

全球每年大约需要消耗38.25亿立方米混凝土，成为仅次于水的第二大消耗品。在优秀的建筑师手中，混凝土除了具有强韧的结构性能外，还具有无限的表现力。混凝土是由水泥、水、砂粒以及矿物集料构成，本身并不具有固定的形态—仿佛流动的石头，其形态取决于混凝土模板和建筑师的想象力。随着人们对混凝土的美学要求逐渐提高，其加工处理的方法也在不断发展，当今的混凝土不再是阴暗密实、笨重沉闷的代名词，而成为一种灵活可变、轻质活泼的建筑材料。

战后对于清水混凝土的探索起源于勒·柯布西耶于1952年设计的马赛公寓，整个建筑框架由巨大的支柱架空于地面之上。柯布西耶保留了混凝土原有的粗糙表面，大楼外墙面脱模之后不加任何修饰，留下浇筑加工的痕迹，这种做法被称为粗野主义。埃罗·沙里宁（Eero Saarinen）也对毛面混凝土进行了实践探索，在1962年为耶鲁大学设计的莫尔斯与斯特尔斯学院（Morse and Stiles College）（图9-50），

建筑师受意大利中世纪山区小镇的启发，将学院设计为城堡般浑然一体的石墙建筑，他将大块花岗岩用高强度水泥直接黏合形成墙体，将表面剩余的水泥浆凿去后，石块与混凝土共同形成了巨大而粗糙的墙体表面，具有强烈的浪漫主义色彩。

直到20世纪60年代，毛面混凝土总是与柯布西耶的马赛公寓式的粗野主义联系起来，这一状况直到1963年建成的耶鲁大学建筑系大楼的纹理混凝土工艺出现才得以改变，该建筑由美国建筑师保罗·鲁道夫（1918—1997年）（图9-51）设计，其施工过程如下：在钢筋混凝土结构层外浇注一层一英尺厚的混凝土墙体，混凝土浇注入竖直肋状木模板，将模板移除后再进行人工敲凿，最终形成条纹状灯芯绒般的墙面纹理。

被称为建筑"诗哲"的路易斯·康，对于材料的独特构造方式有着近乎神秘化的追求，他曾在著作中用诗化的语言将材料拟人化，询问它们"究竟想成为什么样子"。在清水混凝土从柯布西耶式粗野主义到安藤忠雄式细腻工艺的演变中，路易斯·康也发挥了重要作用。20世纪60年代，他的视线开始转向现浇混凝土工艺，他设计的位于加利福尼亚的萨尔克生物研究所（1959—1965年）（图9-52和图9-53），在施工过程中精心制作模板、选择骨料，同时对混凝土现场浇注工艺非常关注。首先，建筑师对配料的混合进行了探索，将不同种类的加利福尼亚当地混凝土与火山灰混合，以使材料表面呈暖色调。同时，他还对混凝土着色、混合、浇注和风干的整个过程进行了仔细的观察，他采用0.23m厚胶合板制成模板，同时还对紧固模板螺栓留下的圆形洞孔进行了精心设计，这些孔洞之间的间隔也经过设计形成规则的立面图案。

德国德累斯顿的新犹太教堂（New Dresden Synagogue）（图9-54～图9-56），是1990年民主德国和联邦德国统一后前民主德国地区建造的第一座犹太教

图9-50 耶鲁大学莫尔斯与斯特尔斯学院，1962年，建筑师：埃罗·沙里宁

图9-51 耶鲁大学建筑系，1963年，建筑师：保罗·鲁道夫

图9-52 萨尔克生物研究所，加利福尼亚，1959—1965年，建筑师：路易斯·康

图9-53 萨尔克生物研究所细部，加利福尼亚，1959—1965年，建筑师：路易斯·康

图9-54 新犹太教堂外观，德国德累斯顿，2001年，建筑师：Wandel, Lorch, and Hirsch

图9-55 石材构造细部，新犹太教堂，德国德累斯顿，2001年，建筑师：Wandel, Lorch, and Hirsch

图9-56 石材构造细部，新犹太教堂，德国德累斯顿，2001年，建筑师：Wandel, Lorch, and Hirsch

图9-57 木材博物馆内景，日本兵库县，1991—1994年，建筑师：安藤忠雄

堂，它位于1938年二战期间被炸毁的森帕尔（Gottfried Semper）设计的犹太教堂场地上，与一个社区中心相对峙，形成围合的院子，院子中心种植16棵法国梧桐树，以此标志被炸毁的教堂原来的位置。为了满足场地的几何形状以及教堂朝拜方向的要求，该教堂采用了扭曲的立方体形态，分34层逐层偏移，在立方体顶部达到了精确的朝向角度。建筑师没有采用天然石材砌筑，而是运用了经过一系列加工的混凝土人造石材，这种人造石块在比利时制造，它由白、灰水泥、黄色石灰石、砂和石英颗粒以及黄色拜尔颜料共同配制而成。石块成型后，再放到金属模具中进行酸刻蚀，将其表面处理得与天然石块一样，每个石块均需要经过二次酸刻蚀。犹太教堂的内部礼拜空间，由大卫之星图案的金属网构成，与浑厚沉重的建筑外部形态形成了强烈的对比。

4. 传统建筑要素的现代性建构

现代解释学认为，历史既包括过去发生的事实，又包括理解者对这种历史真实的理解，现代解释学打破了把传统看成是凝固的"过去式"的习见，把传统视为流动于过去、现在和未来整个时间性中的一种开放的过程。[15] 建筑理论家张钦楠在讨论遗产与民族传统的区别时也指出："遗产是固定的，属于文物保护的范畴；传统则随时代而演变，并且往往是多元的；……每个时代都根据其当时当地的特有条件去对过去的传统进行筛选，形成新的传统传给后代。"[16]

安藤忠雄一直以清水混凝土的运用而享誉国际建筑界，而他设计的兵库县木材博物馆（图9-57），不仅表现了非同寻常的木构建筑设计能力，同时也对传统木构建筑进行了出色的现代诠释。该建筑主体量包含了一个环形展厅，木柱顺着圆弧排列，充分表达了木构梁柱体系的节点和空间特征。贝聿铭设计的美秀美术馆（Miho Museum）（图9-58~图9-60），是对传统建筑文化进行现代诠释的典型实例。建筑场地位于两座山脊之间陡峭的山腰地带，是一片被原始森林环抱的自然保护区。建筑师对交通流线进行了精心规划，借鉴了陶渊明《桃花源记》的意境，游客必须经过婉转曲折的空间序列，才能到达掩映于山林中的博物馆，从而烘托出博物馆含蓄内向、超脱隐逸的意境。首先，游客自驾车或乘坐巴士来到一个内设售票处的接待亭，游客从这里下车，开始步行或乘坐小

---

[15] 王治河，后现代哲学思潮研究，北京：北京大学出版社，2006: 201

[16] 张钦楠，特色取胜——建筑理论的探讨，北京：机械工业出版社，2005: 37

型电车穿过贯穿山体的隧道,隧道口连接一座120m长的大桥,大桥横跨陡峭的山崖,将游客引向美秀博物馆广场。博物馆建筑的80%深埋于地下,看上去就像是散落在地面上的一系列四坡顶天窗,大大削弱了建筑物的实际体量。游客从圆形广场经过一系列层叠的台地,就进入博物馆的主要公共空间——一个带玻璃天窗的接待大厅。博物馆的坡顶形式没有模仿传统屋架,而是由钢和玻璃构成,在表达浓郁的传统建筑韵味的同时,又具有鲜明的时代感。更为传神的是,建筑师在钢结构屋面框架之间,铺设了表面经过木纹装饰处理的铝合金隔栅。自然光透过木纹铝合金格栅投射进室内空间,到处洋溢着木材的质感与温暖,从而将技术与传统、东方文化与西方文化、室内空间与室外空间融合到了一起。

2006年落成的苏州博物馆新馆(图9-61),是年届九旬的贝聿铭的"封刀之作",建筑师运用全新的现代建筑语言诠释了苏州传统园林建筑的内涵,回应了传统文化继承与出新这个时代性课题。该建筑在许多手法上是美浦博物馆的延续,同时又是对苏州特定文脉的回应。新馆位于苏州旧城区东北,位于东北街与齐门路的东南角,占地面积10 666m²,场地东部是太平天国忠王府,它是一个19世纪的古老建筑群,是苏州市的地标建筑。东北街南侧是一条运河。博物馆新馆采用了庭院式布局,大大小小的庭院,有建筑围合的大的庭院,有类似于四合院的前院,还有与单体建筑相连的小天井,建筑布局与周围传统的城市肌理建立了密切的关系。

苏州博物馆新馆(图9-62和图9-63)在建筑材料、构造细部和室内设计等方面的创意更为独特,他运用抽象的现代几何语言、钢和玻璃的完美结合,精致的细部节点对传统屋顶样式进行了现代阐释与演绎。首先,他运用几何形态的坡顶来取代传统的坡屋顶,对传统屋顶进行了高度的抽象概括;屋面材料运用"中国黑"片石取代砖瓦,切割成菱形体块干挂在坡屋面上;建筑采用钢结构,形成了流动开放的现代空间意向;运用裸露的钢结构来代替由梁和椽组成的传统结构,大厅、走廊顶部、玻璃屋顶上及展厅高窗部位,大面积使用

图9-58 "现代桃源",从隧道看美秀美术馆,1997年,建筑师:贝聿铭

图9-59 从美秀美术馆回望隧道,1997年,建筑师:贝聿铭

图9-60 美秀美术馆接待大厅,1997年,建筑师:贝聿铭

图9-61 苏州博物馆新馆模型,2006年,建筑师:贝聿铭

图9-62 苏州博物馆新馆外观,2006年,建筑师:贝聿铭

图9-63 苏州博物馆新馆外观,2006年,建筑师:贝聿铭

图9-64 苏州博物馆新馆室内，2006年，建筑师：贝聿铭

图9-65 苏州博物馆新馆室内细部，2006年，建筑师：贝聿铭

了木纹金属遮光条（图9-64和图9-65）。通过新结构、新材料的运用，使这组建筑既有传统苏州园林建筑的韵味，又洋溢着浓郁的时代气息。

四、结语

与功能理性主义、结构理性主义等现代主义思想一样，在现代建筑历史上，建构理论也是对形形色色的历史风格复兴和僵化的学院派教条进行批判的产物，它曾经被20世纪上半叶的现代建筑运动和正统的现代主义潮流所湮没和遗忘，世纪之交又重新进入当代建筑理论的视野。一切历史都是当代史，建构作为近年来在国际建筑理论界异军突起的当代建筑思潮，它的兴起有着重要的批判现实意义：首先，建构理论是对正统现代主义的高度抽象化形式和技术至上主义的批判和反抗。现代主义虽然强调材料和结构的忠实表现，但是由于其抽象美学与普遍主义的价值取向，导致在实践中出现了削弱材料特色的均质化倾向；而高技派风格又往往过分强调现代技术的作用，陷入了炫耀技术、忽视人的情感的误区。

其次，在当今高度商业化、消费主义盛行的奇观社会，建构被认为是使人重新获得真实建筑体验的重要方式。建构理论强调人的知觉体验，批判后现代主义文化的商业化、时尚化，同时也是对当代建筑视觉至上、忽视人的具体感知的文化快餐化倾向的反抗。

建构理论被当代中国建筑界主动引进，有其不容忽视的现实语境。建构理论作为一种关注建筑的建造品质和文化体现的理论，对于当下中国建筑创作的现状具有重要的现实意义。长期以来中国的建筑设计与建造实践严重分离，方案构思中以电脑效果图（早期为手绘效果图）代替对建造和材料的研究，而建筑施工图仅仅着眼于解决基本的功能技术要求，且常常套用标准图，方案构思与施工图设计阶段各自为政，两个设计阶段的割裂与分离造成了建筑创作的重心放在风格形式上，以建筑形态的视觉冲击力为追求目标，而建造工艺、材料和节点构造往往被忽略。针对中国建筑界广泛存在的这种"粗放式"的设计模式，秦佑国先生精辟地指出：当今中国，我们在建筑上已经丢失了传统的手工技艺，却还停留在手工操作的技术水平，没有进入工业制造的现代工艺阶段。粗糙，没有细部，不耐看，不能近看，不能细看是普遍的现象。他提出："以更高的工艺水平来设计和'制造'建筑，尤其以精致的节点和精细的加工来体现高超的技艺。"他大声疾呼："中国需要呼唤'精致性'设计！"[17]

---

[17] 秦佑国，从"HI-SKILL"到"HI-TECH"，世界建筑，200201，68~71

第十章
建筑表皮
——信息时代的建筑时尚

所谓建筑表皮（Surface），是指建筑与建筑外部空间直接接触的界面，表皮作为界定建筑空间的物质实体要素，是构成建筑形态的重要组成部分。现代建筑运动之前，由于建筑技术的限制，建筑表皮往往作为外墙承重结构而存在，且其形态与承重结构关系密切，独立性较弱。工业革命之后，随着现代建筑结构体系的广泛应用，建筑表皮逐渐从建筑的承重结构中脱离，但是在现代建筑运动中，与体量、空间等建筑形态要素相比，表皮并未受到足够的重视。在20世纪末的当代建筑大潮中，建筑表皮进入建筑师的视野，它突破了功能理性主义、结构理性主义的束缚，成为一个独立的建筑形态要素。当代建筑对表皮的探索进入了一个全新的时期，表皮理论应运而生。本章拟以建筑表皮的历史演进为背景，通过典型实例解析当代建筑表皮的主要设计手法，并阐述其最新发展趋势。

一、从附属到自治：建筑表皮的演进历程

1. 表皮概念的提出

关于前现代时期的建筑表皮观念，文艺复兴时期的建筑理论家阿尔伯蒂（Leon Battista Alberti，1404—1472年）的观点颇具代表性。他认为，建筑首先是裸露地被建造出来的，然后才被披上装饰的外衣。阿尔伯蒂将建筑表皮视为建筑结构的结果，认为表皮是可以撕脱的表层或外层。在这一观念下，建筑表皮被假定为有厚度的覆盖物，建筑结构则是其内在支撑物。阿尔伯蒂的隐喻与古典建筑的特征相吻合，同时也给人以一种暗示：即结构是第一性的，处于支配地位；表皮是第二性的，处于从属地位。这种建筑结构占据支配地位的二元对立表皮观念，最终在现代建筑运动中发展为结构至上的结构理性主义。

最早提出独立的表皮概念的是德国建筑理论家森帕尔（Gottfried Semper），在1859—1860年完成的《纺织的艺术》（The Textile Art）中，森帕尔认为围栏和栅栏是人类最早的空间围护，这些原始的围护带来了编织技术的发明，而那些用来作为原始建筑围护的编织墙体应该被视为最初的建筑表皮。据森帕尔考证，先是挂毯被用作墙体的覆面材料，之后又被泥瓦匠艺术带来的灰泥或其他类似物所取代；再往后，彩绘和雕刻被采用作为墙体覆层的表现手段。基于这个转化，森帕尔提出了墙的"衣饰"（Dressing）的概念，并且认为是"衣饰"而并非其后面的支撑墙体奠定了建筑形式的基础并带来了空间的创造。森帕尔的建筑表皮理论，与1753年劳吉埃长老（Marc-Antoine Laugier）提出的原始屋架（The primitive hut）原型所代表的结构理性主义划清了界限。

2. 现代主义的表皮观

在19、20世纪之交，建筑表皮的形态经历了从古典建筑的立面（Facade）到现代建筑表皮（Surface）的转换。这个转换主要得益于建筑技术的发展，首先，框架结构的广泛应用对于建筑表皮摆脱承重功能起到了不可或缺的作用。勒斯巴热和莫斯塔法在《表皮建筑学》中指出，"在建筑学中，框架结构的美学和功能的发展使得墙体被重新定义了。在去除附加装饰及承重功能之后，墙体变成了填充物，而像覆层、集装箱或者包装纸那样被悬挂在框架结构体之后、之间或者之前。因此，墙体的'图像（Image）'观念被重新定义了"[1]。1914年，勒·柯布西耶提出著名的多米诺体系（Les Maisons Domino），该体系为板柱承重体系，由三块混凝土板和六根立柱、楼梯组成，墙体可以由不同的材料甚至是废弃的建筑材料填充。1923年，柯布西耶在《走向新建筑》一书中提出了建筑的三个关键要素：体量（Mass）、表皮（Surface）和平面（Plan），并且将表皮定义为"体量的外包（Envelope）并能减小或扩大我们对体量的感觉"[2]，这

---

[1] 冯路, 表皮的历史视野, 建筑师110期: 7
[2] 冯路, 表皮的历史视野, 建筑师110期: 8

种从属性的建筑表皮观念并没有突破文艺复兴时期阿尔伯蒂的观点。1926年，柯布西耶提出了"新建筑5点"：即底层独立支柱、屋顶花园、自由平面、横向长窗、自由立面，这些特征均为采用钢筋混凝土框架结构、墙体不再承重后产生的建筑形式特征。1929年，在密斯设计的巴塞罗那博览会德国馆中，空间实现了自由流动，建筑内部、外部的界限已经取消，承重功能由十字钢柱完成，建筑表皮获得了无限的自由。其次，玻璃墙面的广泛使用也给建筑表皮带来了深远的影响。1921、1922年，密斯提出了两个全玻璃摩天大楼的概念性方案（图10-1和图10-2），揭示了高层建筑玻璃幕墙的巨大发展潜力。方案中建筑外墙从上到下全是玻璃，整个建筑看起来如同透明的晶体，内部的一层层楼板清晰可见。

在20世纪20年代兴起的现代建筑运动中，建筑表皮获得了解放，完成了从古典立面到现代表皮的转换，建筑表皮变成了可以围绕整个建筑的自由连续的外皮（Skin），从而摆脱了沉重的古典立面和重力主导下的古典形式美法则，获得了探讨厚/薄、重/轻、稳固/流动等抽象关系的可能性。但是，现代主义虽然解放了建筑表皮，但是柯布西耶所倡导的自由立面与当代建筑表皮在内涵上仍有本质的区别，现代主义的自由立面是一种抽象的立体构成，如理查德·迈耶的作品，追求的是建筑体量在阳光下的光影效果。更为重要的是，在正统的现代主义建筑观念下，表皮与功能、表皮与结构、表皮与空间之间形成了更为严格的二元对立关系，与古典主义理论相比，表皮处于更为第二性和更为从属的地位。

3. 装饰表皮：后现代主义表皮观念

正统的现代主义认为建筑是高度抽象的艺术，主张摒弃一切具像的历史或传统符号。但是，对于建筑艺术而言，建筑形象作为情感的载体，比抽象中性的建筑空间、建筑结构更能接近人的思想和生活。后现代主义一反正统现代主义的清教徒式抽象风格，采用了回归历史文脉、符号象征隐喻和布景式拼贴等具像手法，使建筑

图10-1　全玻璃摩天大楼方案，1921年，建筑师：密斯

图10-2　全玻璃摩天大楼方案，1922年，建筑师：密斯

表皮摆脱了功能、结构的附庸地位获得了独立，成为后现代主义建筑理论家文丘里所倡导的脱离功能、结构的"装饰的遮蔽体"（Decorted Sheds）。在《向拉斯维加斯学习》一书中，文丘里赞扬商业性的标志、象征和装饰具有很高的价值，主张建筑师应当从中吸取营养。他称赞美国赌城拉斯维加斯的价值可与罗马媲美，赞赏美国商业城市中的霓虹灯、广告牌、快餐馆和商亭，宣称"大街的东西差不多全好"。在后现代主义的视野下，建筑表皮成为表达意义的符号和载体，并以装饰表皮方式取得了与功能、结构和空间并驾齐驱的地位，在过去二元对立思想中表皮的依附与从属关系被完全解构了。

4. 当代建筑表皮：在信息化浪潮中觉醒

虽然后现代主义建筑思潮重拾了建筑的历史装饰表皮，但是建筑表皮的真正觉醒却发端于20世纪末的后工业社会信息化浪潮。新兴的数字信息技术所孕育的巨大力量，削弱乃至颠倒了表皮与结构、表皮与功能之间的二元对立关系，为建筑表皮的觉醒注入了前所未有的动力。

首先，后工业信息社会的建筑消费趋于个性化，在使用功能、结构日趋雷同化的情形下，建筑表皮日益成为个性化的重

图10-3 2004综合展览会议中心，西班牙巴塞罗那，2004年，建筑师：赫尔佐格与德·默隆

图10-4 2004综合展览会议中心，西班牙巴塞罗那，2004年，建筑师：赫尔佐格与德·默隆

要表现领域，正统现代主义所追求的表皮与功能、表皮与结构的严格对应关系逐渐解体，后现代主义思潮中萌生的建筑表皮逐渐褪去历史主义色彩，在后工业信息社会强烈的个性化需求推动下，建筑表皮释放出了前所未有的巨大潜能。

其次，发端于上个世纪末的信息革命为工业制造业植入了反应灵敏的"电子神经系统"，不仅建筑形态也获得了前所未有的自由，而且建筑业也能够从容应对各种复杂的建筑表皮，运用数字化设计（CAD）与数字化制造技术（CAM），建筑师不仅可以创造出突破传统欧氏几何学的任何形态的建筑表皮，也能够为任何形态的建筑表皮赋以材质。信息时代的建筑表皮变得如此复杂甚至怪诞不经，建筑表皮与建筑功能、结构和空间之间的严格对应关系在信息时代失去了意义。

再次，当代文化正日益蜕变为一种视觉文化，我们正在进入一个视觉文化至上的所谓"读图时代"，这个时代是世界被以图像方式把握的时代，威力无穷的图像左右了我们对现实的要求，诚如本雅明所指出的，"重图像甚于事物、重复制品甚于原作、重表现甚于事实、重现象甚于存在"。正是从这一意义而言，形象大于文字，形象大于意义，这就是当下电子和数字传媒所营造的视觉至上的社会文化环境。建筑表皮一举成为聚焦公众视线的焦点，而建筑功能、结构与空间却被极大的边缘化，表皮与功能、表皮与结构以及表皮与空间之间的依附从属关系出现了逆转，建筑表皮开始获得真正的独立（Independence）与"自治"（Autonomy）。

二、当代建筑表皮手法解析

20世纪60年代以来的当代建筑思潮，逐渐瓦解了以二元对立形式存在的传统建筑表皮观念，从保罗·安德鲁到赫尔佐格与德·默隆，从伊东丰雄到维尔·阿瑞兹，建筑表皮已经成为当代先锋建筑大师多元探索与表演的重要舞台。

1. 极少主义表皮：挑战正统现代主义的"壳"

虽然正统的现代主义解放了建筑立面，但是柯布西耶所倡导的自由立面与当代建筑大师赫尔佐格与德·默隆的极少主义表皮之间仍有重大差别。总体而言，现代主义的自由立面是一种抽象的雕塑手法，这种手法在理查德·迈耶的作品中发展到了极至，其特征是围护结构与承重体系完全脱离，从而形成丰富的立面层次和光影效果。赫尔佐格与德·默隆所追求的不是迈耶式的自由立面和抽象构成，而呈现出一种高度平面化的肌理（Texture）效果。如西班牙巴塞罗那2004综合展览会议中心（图10-3和图10-4），建筑主体采用钢结构，包含会议厅、剧场等功能。建筑平面为一个183m×188m×177m的巨大三角形，高度为12.9m，建筑底部悬空，建筑形态如同停泊在海岸的巨舰。建筑外部悬浮

的三个立面采用多种建筑材料经过特殊处理而成,形成了独特的表皮肌理效果。建筑立面采用深紫色混凝土饰面,并进行拉毛抹灰处理,呈现出粗糙的毛石质感,这种原始粗犷的处理给整个建筑蒙上一种古典主义的庄重气质;同时,建筑师在三条狭长的立面中嵌入不规则的竖向玻璃条带,既作为室内的采光窗口,又打破了立面的沉重,镜面玻璃光滑、明亮的形象与粗糙、封闭的立面基调之间形成了强烈的对比。

在当代视觉文化和传媒艺术的影响下,赫尔佐格与德·默隆的部分作品追求视觉片段的机械复制,成为信息时代文化的一种隐喻与象征。如德国勃兰登堡工业大学图书馆(图10-5和图10-6),建筑平面由一个圆形按照不同的轨迹变形而来,最终获得了变形虫似的平面形状,它包含四个不同尺寸的圆,这些圆被婉蜒的曲线所联结,形成了玻璃城堡般的造型效果。作为对图书收藏和阅览活动的象征与隐喻,巨大的、随机生成的数字和字母被印刷在玻璃上,建筑师用玻璃和玻璃印刷技术,创造了一个轻灵、柔软的表皮,使坚硬的玻璃看似纤柔的织物。这座凝聚了建筑师十年设计心血的玻璃城堡,为亟待复兴的旧工业中心注入了生气与活力。

2002年竣工,位于纽约时代广场的威斯汀酒店(The Westin Hotel)(图1-81),由阿奎泰克托尼克(Arquitectonica,简称ARQ)事务所设计。为了在高楼林立的曼哈顿地区吸引人们的注意,建筑体量被一道光弧一分为二,冲破了曼哈顿的天际线,形成了大都市梦幻般的灯光效果,原本巨

图10-5 德国勃兰登堡工业大学图书馆,德国勃兰登堡,2005年,建筑师:赫尔佐格与德·默隆

图10-6 德国勃兰登堡工业大学图书馆,德国勃兰登堡,2005年,建筑师:赫尔佐格与德·默隆

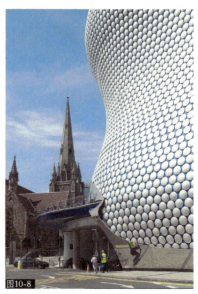

图10-7　塞尔福里奇百货公司，英国伯明翰，2003，建筑师：未来系统

图10-8　塞尔福里奇百货公司，英国伯明翰，2003，建筑师：未来系统

图10-9　国家大剧院，中国北京，2001—2007年，建筑师：安德鲁

图10-10　国家大剧院，中国北京，2001—2007年，建筑师：安德鲁

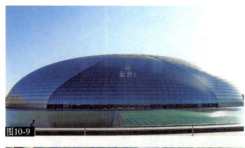
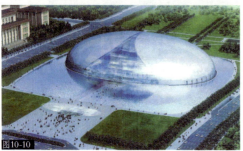

大的建筑体量被这道光弧有效地"软化"了。在大都市的繁华商业街道中，高层建筑低层裙房立面总是被视觉冲击力极强的商业广告所遮盖，ARQ索性设计了一个仿佛众多广告牌形成的拼贴画一样的表皮效果，它自然地呼应了这个地区中人们对建筑的期盼，毕竟人们在这里期待的与其说是一片精致的立面，倒不如说需要的是一个光怪陆离、具有时代气息的占领物。

2003年，将消费群体定位在年轻一代的英国塞尔福里奇百货公司（Selfridges Department）（图10-7和图10-8），聘请未来系统设计建造了它的伯明翰店。该建筑采用了与周围古典风格建筑格格不入的非线性建筑语言，巨大的建筑表皮包裹了一切面与面的界线，外墙由15000张铝制碟片覆盖，仿佛银光闪闪的鳞片，而每一块铝片都柔和地反射着不同的环境和色彩，并随着时间发生变化，商场巨大的柔软体块与周围的古老建筑形成了强烈对比。北京国家大剧院（图10-9～10-11）的金属壳体与塞尔福里奇百货公司的金属表皮有异曲同工之处。1999年，法国巴黎机场公司建筑师安德鲁（Paul Andreu）在北京国家大剧院的国际设计竞赛中，从69个参赛方案中胜出。工程于2001年12月开工，2007年9月落成。大剧院主体建筑由外部围护钢结构壳体和内部歌剧院、音乐厅、戏剧院、公共大厅以及配套用房组成，建筑形态开创了建筑表皮与内部功能空间脱离的先例，大大挑战了表皮反映内部空间、结构和功能的传统表皮观。建筑外表皮——外部围护钢结构壳体呈半椭球形，东西长轴为212m，南北短轴为143m，建筑高度46m。椭球壳体外环绕人工湖，屋面主要采用钛金属板饰面，与曲线形天窗共同构成了一个具有巨大视觉张力的建筑表皮。

加拿大安大略艺术与设计学院（Ontario College of Art & Design）扩建工程——"桌面"（图10-12和10-13），由英国建筑师阿尔索普（Will Alsop）设计。项目委托方希望获得一个独特的建筑形象，作为学院创新精神的象征和进入21世纪的标志。阿尔索普提供的方案可谓天马行空：一个巨大的钢铁盒子抬升在现存校舍和住宅的上方，两者之间的空隙足以保持建筑后部的格雷治公园与建筑前部的莫卡尔大街之间

图10-11

图10-12

图10-13

图10-11　国家大剧院平面图，中国北京，2001—2007年，建筑师：安德鲁

图10-13　"桌面"，加拿大安大略艺术与设计学院，2004年，建筑师：阿尔索普

图10-12　"桌面"，加拿大安大略艺术与设计学院，2004年，建筑师：阿尔索普

空间的通透与流动。只见巨大的扁长方形盒子被细长的钢柱支撑在空中，就像一张有着钢桌腿的巨型桌子。当夜幕降临，"桌面"仿佛悬浮在空中。长84m、宽31m、高9m，由混凝土核心和六对支柱支撑于离地26m的空中。它为工作室和教学空间提供了两层使用面积，并通过一个电梯核与下部现有建筑相联系。这些散开的支柱看似随意地落在地面上，当夜幕降临，黑色支柱仿佛消失了一样，更增加了"桌面"的漂浮感，而"桌面"表皮材料由大片的白色铝板和随意布置的黑色方块组成，形成了一种像素化的表皮效果。

2. 印刷表皮：印满图案的表皮

通过运用玻璃印刷技术或在玻璃中植入夹层，可以赋予建筑表皮生动的图像、叠印的文字等丰富的信息符号，这些信息符号常常布满整个建筑表皮。玻璃印刷技术是当代建筑表皮的常用手法，就是利用印版、使用玻璃釉料，在玻璃制品上进行装饰性印刷。维尔·阿瑞兹（Wiel Arets），是继雷姆·库哈斯之后独树一帜的新一代荷兰建筑师，其作品的典型特征是，对构造细节的一丝不苟和材料运用的质朴严谨。代表作乌特勒支大学图书馆（图10-14～图10-16）位于教学主楼、经济管理学院与学生宿舍之间的狭窄地带，建筑整体采用简洁的矩形体量，实体的混凝土表面与虚透的玻璃相互交错、并列组合，反映了图书馆书库与阅览室两个基本功能空

图10-14

图10-14　乌特勒支大学图书馆，荷兰，2004年，建筑师：维尔·阿瑞兹

图10-15 乌特勒支大学图书馆建筑表皮，荷兰，2004年，建筑师：维尔·阿瑞兹

图10-16 乌特勒支大学图书馆建筑表皮细部，荷兰，2004年，建筑师：维尔·阿瑞兹

间的实虚关系。建筑师非常重视建筑表皮的塑造，实体墙采用黑色混凝土，玻璃幕墙则采用黑色印刷玻璃，树叶图案印在玻璃与混凝土表皮上，营造出一种恍若森林中的感觉，同时也减少了日光的射入。

里尔美术馆也是一座巧妙地运用玻璃印刷技术的建筑。这是一座建于19世纪的老美术馆，也是法国重要的艺术珍藏与展览中心，随着馆藏艺术品和参观游客的增长，旧馆已经不堪重负。法国建筑师伊博斯（Jean Marc Ibos）与维塔特（Mirto Vitart）设计的里尔美术馆扩建工程（图10-17和图10-18），一方面采用简单几何形体和透明玻璃幕墙，与老馆庄重华丽的古典风格形成强烈的对比；另一方面，新馆的玻璃幕墙表皮上印刷了规则的方点图案，通过玻璃幕墙的镜像与老馆建筑之间产生了有趣的联系。该建筑设计手法干净利落，似乎并没有考虑场所文脉等新旧建筑对话内容，然而现场观察者从两楼之间的任何一个角度观察，既有的老建筑总是镜像在新建筑的玻璃幕墙立面上，形成了新旧建筑融为一体的幻觉。总之，里尔美术馆新馆采用印刷表皮的手法，以一种轻松时尚的方式，化解了历史场所的巨大压力。

3. 透明与半透明表皮

所谓透明与半透明表皮是指由透明与半透明材料，如透明玻璃、印刷玻璃、磨砂玻璃、有机玻璃和穿孔金属板等构成的表皮，这种不同透明度和质感的轻质材料的组合，抛弃了传统的构图形式美法则、

图10-17 里尔美术馆扩建工程，法国里尔，1992—1997年，建筑师：伊博斯与维塔特

图10-18 里尔美术馆扩建工程玻璃幕墙细部，法国里尔，1992—1997年，建筑师：伊博斯与维塔特

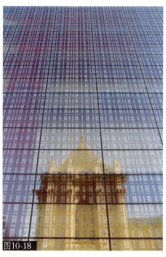

历史文脉和隐喻象征，最终趋向建筑形态模糊与消解的"弱建筑"。

赫尔佐格与德·默隆设计的拉班现代舞中心（图10-19和图10-20），位于英国伦敦东部泰晤士河南岸的戴普弗德港，建筑正面以洋红、灰绿和粉红色三种色彩的半透明板材和透明玻璃组成，外墙的内凹镜面在港湾背景之下有一种"超现实"的时尚感觉。赫尔佐格与德·默隆设计、2005年落成的美国旧金山新德扬博物馆（New de Young Museum）（图10-21和图10-22），也是一座建筑形态被半透明表皮所包裹的"弱建筑"。该建筑以"手"作为布局出发点，将不规则的庭院围合在建筑体量之中，在博物馆一端特别设置的8层螺旋体塔楼，不仅容纳了教学空间，还形成了一个绝佳的观景台。整个博物馆被经过特殊工艺处理的穿孔铜板所包裹，不仅形成了介于封闭与开敞之间的半透明界面，同时也为博物馆增添了独特的韵味。当落日的余辉映照在穿孔金属板表皮之上时，整个建筑的物质形态开始消失，极为清晰的实体体量变得模糊，轮廓不再分明，如同笼罩着一层迷雾。

SANAA是由妹岛和世（Kazuyo Sejima）和西泽立卫（Ryue Nishizawa）两位日本建筑师组成的工作室，该工作室设计的小笠原资料馆（图10-23）位于一个历史建筑保护区内，背靠一个山坡，用地狭长，这就决定了资料馆是一个长条形。由于山坡时有泉水流下，所以建筑采用底层架空。该建筑的表皮采用了三种玻璃，丝网印刷玻璃、磨砂玻璃和透明玻璃。

丝网印刷玻璃的图案类似树影，与山坡上的竹林相呼应；展览空间用磨砂玻璃围护，而唯一一处透明玻璃窗正对着历史建筑保护区的保护建筑，整个建筑呈现出一种抽象、静谧之感，虽然建筑形式和表皮与周围的古建筑没有任何类似的地方，但是建筑的内涵和意境与周围的历史文脉息息相通。妹岛和世设计的时尚品牌迪奥（Christian

图10-19　拉班现代舞中心，英国伦敦，2003年，建筑师：赫尔佐格与德·默隆

图10-20　拉班现代舞中心夜景，英国伦敦，2003年，建筑师：赫尔佐格与德·默隆

图10-21　新德扬博物馆，美国旧金山，2005年，建筑师：赫尔佐格与德·默隆

图10-22　新德扬博物馆，美国旧金山，2005年，建筑师：赫尔佐格与德·默隆

图10-23 小笠原资料馆，日本长野县，1999年，建筑师：SANAA

Dior）东京表参道店（图10-24和图10-25），建筑表皮处理的灵感源自于带有褶皱的女装，为了体现这种风格，妹岛和世设计了双层表皮，外层是透明度极高的层压玻璃，内层则是褶皱状的丙烯酸纤维板，从而形成了类似纤维质感的建筑外表皮。另外，该建筑还根据不同功能对楼层层高的需要，将建筑体量划分为普通、极高、极低三种高度单元，从而提供了多于常规作法的楼层空间，同时也创造出一种模糊的、非均质的建筑体量横向分割模式。

4. 编织表皮

编织表皮的形成往往是建筑表皮与结

图10-24 迪奥东京表参道店夜景，2003年，建筑师：妹岛和世

图10-25 迪奥东京表参道店夜景，2003年，建筑师：妹岛和世

构合二为一，伊东丰雄设计的比利时布鲁日展亭（图 10-26），尝试将建筑结构和表皮进行整合，建筑表皮主体为均质化的铝合金蜂窝板，在蜂窝板两侧用铝合金板增强刚度，仿佛一个个形状各异的实体漂浮在顶棚及两侧的蜂窝网上，产生了一种朦胧而迷幻的色彩。与追求视觉效果的美国建筑师相比，斯蒂文·霍尔更像一个欧洲建筑师。他设计的麻省理工学院西蒙斯学生公寓（图 10-27～图 10-29），高 10 层，位于校园的一处狭长地带。该建筑表皮充分借鉴了海绵的多孔性特征，建筑形态与周围环境相互渗透，从而消除了建筑实体与周围环境之间的隔绝与对立。建筑外墙由每块 3.05m×6.1m、预留窗洞的预制混凝土板组成，形成了一个巨大的多孔方格形建筑，不仅取得视觉上的通透感，也减少了建筑体量的压迫感。更为重要的是，这种多孔的建筑形态挑战了传统立面的分层划分和传统立面的尺度、比例关系。除了学生公寓，该建筑还包括一所电影院、咖啡厅和餐厅，许多漏斗形空间作为休息室和学习间，形成了多孔方格形建筑中各种腔体空间的穿插。

赫尔佐格与德·默隆对于建筑表皮的探索从未停止过，他们设计的位于加利福尼亚纳帕山谷的多明莱斯葡萄酒厂（图 10-30），建筑表皮处理可谓匠心独运。该建筑立面前设置了装满了三种尺寸玄武石的铁笼，白天是室内的遮阳屏障，被太阳晒热

图 10-26　展亭，比利时布鲁日，2002 年，建筑师：伊东丰雄

图 10-27　西蒙斯学生公寓，美国麻省理工学院，2003 年，建筑师：斯蒂文·霍尔

图 10-28　西蒙斯学生公寓，美国麻省理工学院，2003 年，建筑师：斯蒂文·霍尔

图 10-29　西蒙斯学生公寓局部，美国麻省理工学院，2003 年，建筑师：斯蒂文·霍尔

图10-30 多明莱斯葡萄酒厂细部，美国加利福尼亚，1997年，建筑师：赫尔佐格与德·默隆

图10-31 巴塞尔铁路信号塔，瑞士，1995年，建筑师：赫尔佐格与德·默隆

后，晚间又可以向室内释放出热量，从而减小了昼夜室内温差，形成了一个使房间免受昼夜温差影响的保温隔热层。建筑师选用当地的玄武岩，从而使石笼墙与周围环境很好地融合在一起。石笼墙中石块的排布疏密程度也不同，上部疏松，下部密实，在上部，白天自然光能渗透到室内，夜晚室内的灯光也能透过石头到达室外，这种编织的建筑表皮颠覆了传统砌体墙的建构方式，既节省了能源，又与周围自然景观有机地结合在一起。巴塞尔铁路信号塔（图10-31）的建筑表皮设计运用了现代光效应艺术（OP Art）的手法，为了屏蔽外界的电磁干扰，信号塔的表皮被20cm宽的铜条所包裹，扭曲的铜条形成了有趣的立面构成效果。2003年落成的普拉达东京青山店（图10-32和图10-33），是普拉达在亚洲地区最大的旗舰店。该建筑形态是一座不规则的水晶状几何体，其最引人注目的是通体覆盖的网格状玻璃表皮，由840块菱形玻璃组成，其中205块是向建筑外侧弯曲的凸形，16块为凹形，在不同时间、位置，由于光线的照射角度不同，凹凸不同的玻璃表面呈现出一种变幻莫测的光影效果。金属网格作为整个结构体系的组成部分，结构与表皮整合在一起，共同构成了令人眩目的建筑表皮。北京国家奥体中心主体育

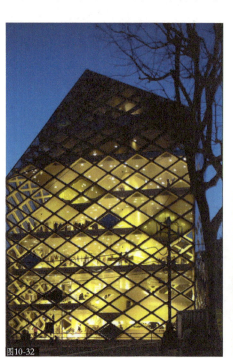

图10-32 普拉达青山店，日本东京，2003年，建筑师：赫尔佐格与德·默隆

图10-33 普拉达青山店细部，日本东京，2003年，建筑师：赫尔佐格与德·默隆

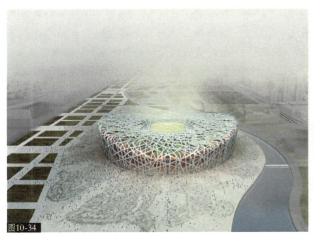

场"鸟巢"（图10-34和图10-35），是赫尔佐格与德·默隆建筑设计生涯的最高成就，也是建筑形态塑造中编织表皮运用的典型实例。"鸟巢"坐落在北京奥林匹克公园中央区平缓的坡地上，采用了编织表皮手法，建筑表皮即为建筑结构，表皮与结构达到了高度的统一，结构构件相互支撑，形成了网络状构架，就像用树枝编织的鸟巢。钢网架由透明的膜结构覆盖，其中包含着一个土红色的碗状体育场看台。在这里，中国传统文化的镂空手法、陶瓷纹路、灿烂热烈的红色等典型元素，与当代世界最先进的钢结构设计与施工技术完美地融合在一起，赋予体育场以不可思议的戏剧性和无与伦比的震撼力。

三、走向媒体化的当代建筑表皮

纵观整个人类建筑历史，各种图形、图案和象征符号被不断地运用到建筑表皮上，发挥了负载特定社会文化信息、表达特定意义的建筑精神功能，正是从这种意义上讲，建筑成为凝聚历史信息的"石头的史书"。随着时代的进步，不仅不同历史时期建筑表皮所表达的社会文化信息大相径庭，同时，社会文化信息在建筑表皮上的表达方式也发生了沧桑巨变。今天，人类已经步入信息时代，在兴旺发达的文化产业中，各种视觉符号被大批量生产，多媒体和互联网络不断地渗透到社会每个角落，人类从来没有像现在这样能够轻易地获得大量的信息，信息的表达方式也从没有像现在这样丰富多彩。泛化的社会文化信息越来越多地浸入到建筑表皮中，建筑表皮成为传播信息的载体，越来越具有媒体的特征，成为媒体化的建筑表皮。

1. 作为信息载体的传统建筑表皮

通过在建筑表皮上附加雕刻（包括浮雕）、绘画（包括壁画）以及镌刻铭文来传达信息，这种方法广泛运用在西方古老的石构建筑和东方传统的木构建筑中。例如，运用雕刻来装饰建筑，自古埃及开始已有几千年的历史，古希腊建筑通常在檐壁、垅间板以及山花上布置叙事性浮雕，并在三角形山花的三个顶点安置雕塑作品（图10-36）；中世纪哥特式教堂的玫瑰窗，则

图10-34 国家奥体中心主体育场"鸟巢"，中国北京，2003—2008年，建筑师：赫尔佐格与德·默隆

图10-35 国家奥体中心主体育场"鸟巢"，中国北京，2003—2008年，建筑师：赫尔佐格与德·默隆

图10-36 古希腊建筑的叙事性表达，建筑上的浮雕与雕塑

采用彩色玻璃镶嵌《圣经》题材图案，这些附加装饰与建筑主体有机地结合在一起，相得益彰，既传播了社会文化信息，又完善了建筑形式。中国传统建筑除了通过各种兽吻和勾头滴水等脊饰和瓦饰来表达一定的象征意义，还擅长利用楹联、匾额来突出建筑的主题，那些镌刻在建筑上的诗文，既可以画龙点睛点明建筑主题，又起到了渲染烘托建筑意境的作用。可以看出，传统的建筑表皮与信息符号之间的关系具有两个明显特征：一方面，信息符号是被附加到建筑表皮之上的，而非整合性的；另一方面，信息符号是以包含某种意义的雕塑、壁画、铭文等附加实体装饰为载体的，是静态的。

20世纪20年代兴起的现代建筑运动，在反映工业化时代精神的机器美学、技术美学和现代抽象艺术的影响下，附加在传统建筑表皮上的具象绘画与雕塑逐步被抽象的空间和体量所取代。虽然勒·柯布西耶把建筑划分为体量、表皮和平面，但是在柯布西耶看来，建筑表皮仍然从属于建筑体量，他认为："建筑师的任务就是要使笼罩体量的外观做得生动有力，不能使这些外观变成仅仅是寄生虫，或吞噬了体量，为了突出自己而淹没了体量"。由此可以看出，正统现代主义的表皮观念主张建筑形式忠实地表现功能与结构，强调建筑表皮的抽象性和非叙事性，倡导摒弃一切附加的具象装饰，体现了崇尚简洁精确的机器美学、技术美学支配下的工业时代表皮观。

进入20世纪60年代，随着正统现代主义建筑的衰落，人们开始厌倦高度抽象化、缺乏人情味、信息极为贫乏的正统现代主义形式和"国际式"风格，希望建筑形式能够传达更多的历史传统和地域场所信息。20世纪60年代出现的后现代主义建筑思潮，倡导通过在建筑表皮上附加传统和通俗文化符号来获取文脉的连续性，赋予建筑形式更强的易读性和亲和力，以获得普通大众更多的认同和共鸣。但是，后现代主义附加在建筑表皮上的信息符号并没有摆脱传统表皮与信息符号之间的关系，即信息符号不是与表皮整合的，而是通过装饰附加的；是实体的、静态的而不是虚拟的、动态的。

2. 建筑表皮与信息符号的一体化

与后现代主义建筑师所倡导的附加装饰不同，当代建筑师大力运用最新的技术手段，将各种信息符号植入建筑表皮，表皮在满足建筑的围护围合、遮阳隔热等物理功能的同时，也实现了信息传达的功能。当代建筑表皮与信息符号之间的关系也发生了深刻的变化，信息符号被植入建筑表皮而不是以附加的方式黏贴在建筑表皮上，建筑表皮与信息符号被整合为一个整体，信息符号不再是附加的装饰物，信息就是表皮，表皮就是信息，信息与建筑表皮实现了一体化。同时，由于运用了现代光电技术，植入建筑表皮的信息符号也并非静态，而是呈现出动态效果。

赫尔佐格与德·默隆设计的德国慕尼黑安联足球场（Allianz Arena）（图10-37～图10-39），是媒体化建筑表皮的代表性作品。这是一个令人激动的足球场，它是

图10-37 安联足球场夜景，德国慕尼黑，2002—2005年，建筑师：赫尔佐格与德·默隆

10-38 安联足球场，德国慕尼黑，2002—2005年，建筑师：赫尔佐格与德·默隆

世界闻名的拜仁慕尼黑队和慕尼黑 1860 队的共用主场，也是 2006 年世界杯足球赛的主要比赛场地。三层看台可以容纳观众 66 000 人。除了比赛场地外，各种附属设施如俱乐部办公场所、球员设施、球迷商店、餐厅、咖啡厅等一应俱全。建筑屋面及墙面均采用 0.2mm 厚四氟乙烯 ETFE 薄膜制成的双层气囊，固定在螺旋形的特种结构上。从日照关系分析，南向部分屋面采用了透明的 ETFE 薄膜，其他部分均采用特殊丝网印刷的圆点矩阵薄膜及乳白色半透明薄膜，气囊呈菱形，单个面积达 35m²，对角线尺寸最小的约为 6.5m×1.9m，最大的为 17.0m×46m，整个建筑共 2760 个气囊，共耗薄膜约 20 万 m²，重达 80t。为保证气囊内的适当气压，在运动场下设置了巨型的鼓风机，为防止冬天积雪造成屋顶气囊塌陷，屋面设置了 12 个传感器以监测积雪，并在适当的时候自动开启鼓风机增加气囊内的压力，以承担积雪的荷载。四氟乙烯 ETFE 是一种乙烯和四氟乙烯的共聚物，与 PTFE（特富龙）属于同一家族。ETFE 膜材料的透光好，还具有较好的防火性能，是一种具有阻燃性、自熄性的材料。夜晚，体育场如同一盏巨大的广告灯箱将球场的信息提供给场外的人们，为了区分两队的主场，建筑师在半透明气囊后设置了白、红、蓝三色 PMMA 灯箱，通过控制系统来显示不同的色彩分别

作为两队主场的标志。同时，还可以通过控制灯光的组合、闪耀频率等显示场内进球、庆祝球队胜利等，在这里，信息符号被植入建筑表皮内，成为建筑表皮不可剥离的一部分，赫尔佐格与德·默隆通过媒体化的方式给建筑表皮注入新的活力。

北京国家奥体中心游泳馆"水立方"（图 10-40 ~ 图 10-42），可以说是慕尼黑安联足球场的姊妹篇，该建筑是世界上最大的膜结构工程，外表皮也采用了四氟乙烯 ETFE 作为膜结构材料，很好地演绎了"水"的主题。这是一个关于水的建筑，水在泡沫形态下的微观结构经过结构力学的推演，被放大为建筑的空间网架结构，从而成为了建筑本身。"水立方"以一个纯净得无以复加的正方体，平静地表达了对国家奥体

图10-39　安联足球场夜景，德国慕尼黑，2002—2005年，建筑师：赫尔佐格与德·默隆

图10-40　国家奥体中心游泳馆"水立方"，中国北京，2003—2008年

图10-41　国家奥体中心游泳馆"水立方"，中国北京，2003—2008年

图10-42　国家奥体中心游泳馆"水立方"施工局部，中国北京，2003—2008年

中心主体育场——"鸟巢"的礼让与尊重。

3. 走向媒体化的当代建筑表皮

在以流动变化为特征的信息时代中，我们的视觉习惯也在发生巨大的变化，在传统表皮中发挥信息符号作用的实体的、静态的附加建筑装饰，正在被与表皮整合为一体的各种动态的虚拟图像所取代，许多敏感的建筑师运用数字与光电技术将各种图形、文字投射到屏幕化的建筑表皮上，通过数字化、虚拟化的建筑表皮，反映媒体时代的文化特征和信息时代的精神。伊东丰雄宣称，"在今日世界，环绕我们周围的电子流穿透了硬壳进入我们的身体。通过与电子流连通，如计算机网络，我们的身体再一次感受到与外部世界的联系……，与我们以往被甲蒙胄般的硬壳不同，媒体外墙轻盈、灵活，保护并且控制了弥漫在我们周围如洪水般的信息……。"❸伊东丰雄在1986年设计的"风之塔"就是将外界环境真实的风、噪声和光，通过某种程序转换为信息投射到建筑表皮上（图10-43~图10-45）。"风之塔"是一座21m高、耸立在道路交叉口中央的椭圆形构筑物，隐藏其中的是大型地下购物中心的通风塔，外观由穿孔铝板包裹，镶嵌有上千个迷你灯泡、12个霓虹圈，底部有30个泛光灯。灯光由计算机程序控制，霓虹灯沿圆柱体上下穿梭，不断变幻、跳跃舞动，并随着风向、风速和周围噪声的变化或明活暗、虚实交替，以不断变幻的灯光奇景反映出大都市夜生活的浮华与迷离。

随着城市商业化和信息化的发展，建筑表皮上的虚拟化信息符号正在成为城市

图10-43 "风之塔"，日本横滨，1986年，建筑师：伊东丰雄

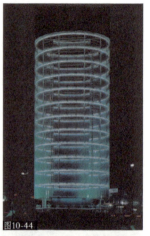

图10-44 "风之塔"，日本横滨，1986年，建筑师：伊东丰雄

图10-45 "风之塔"，日本横滨，1986年，建筑师：伊东丰雄

---

❸ Walter Aprile, Stefano Mirti, 万物皆回归到平实，这是常理, Domus 200608

景观中重要的元素，吸引人们注意力的往往不是建筑外立面，而是建筑表皮上的电子灯光、液晶所传达的信息，这种建筑表皮现象在城市的夜晚表现得更为明显，形成城市夜景的主要特征。可以预见在不久的将来，目前昂贵的液晶显示屏成本将不断下降，以至于可以将其填充在双层玻璃的夹层中，液晶随着季节变化而改变其颜色、透明度，成为一种电控的遮阳，同时也能不断地发送信息，起到信息屏幕的作用，真正实现了建筑表皮与信息符号的一体化和信息符号的虚拟化。如伦佐·皮亚诺设计的荷兰鹿特丹KPN电信大楼（图10-46和图10-47），电信大楼外玻璃幕墙上的LCD液晶点阵，可以发布不同的阵列图案，作为传统建筑形式语言的体量、比例、尺度等完全失去了意义。具有信息符号特征的当代媒体化建筑表皮既突破了传统的建筑形式语言，也改变了传统的形式生成法则和审美观念。

四、结语

在当代多元化的建筑思潮中，许多先锋建筑师追求挑战性的建筑形态，如解构主义的弗兰克·盖里、彼得·艾森曼，而以赫尔佐格与德·默隆、伊东丰雄、妹岛和世、维尔·阿瑞兹等为代表的前卫建筑师却给予建筑表皮以极大的关注，他们运用最新的技术手段，不仅塑造了大量形体简洁、个性鲜明的作品，更创造出了丰富多样的建筑表皮处理手法。在形形色色的当代建筑思潮流派中，探索发掘建筑表皮的表现力的新趋势，消解了传统建筑表皮在与建筑功能、结构和空间之间二元对立关系中的从属地位，获得了解放，并在消解中蕴涵着新的构建。

在信息时代的今天，巨大的商业广告、露天的电子屏幕、无处不在的各种视觉媒体和电脑网络，正在成为人们接受和交流信息的主要媒介，数字技术也开始侵入建筑表皮，表皮内部被植入数字信息。信息符号与建筑表皮的一体化和传统实体信息符号的虚拟化，正在成为当前建筑表皮媒体化的两个重要特征。信息时代的新建筑浪潮已呈日新月异之势，我们不仅将被建筑表皮所包围，今后更将会被充满信息特征的建筑表皮所淹没。建筑表皮在解构中觉醒，并将在信息时代迸发出姿态万千的风采。

图10-46　KPN电信大楼，荷兰鹿特丹，2000年，建筑师：皮亚诺

图10-47　KPN电信大楼局部，荷兰鹿特丹，2000年，建筑师：皮亚诺

主要参考书目

[1] 勒·柯布西耶.走向新建筑[M].吴景祥,译.北京:中国建筑工业出版社,1981.
[2] 罗伯特·文丘里.建筑的复杂性与矛盾性[M].周卜颐,译.北京:中国水利水电出版社,2006.
[3] 查尔斯·詹克斯.后现代建筑语言[M].李大夏,摘译.北京:中国建筑工业出版社,1986.
[4] 查尔斯·詹克斯.什么是后现代主义[M].李大夏,译.天津:天津科学技术出版社,1988.
[5] 阿尔多·罗西.城市建筑学[M].黄士钧,译.北京:中国建筑工业出版社,2006.
[6] 肯尼思·弗兰姆普敦.现代建筑——一部批判的历史[M].原山,等,译.北京:中国建筑工业出版社,1988.
[7] 肯尼思·弗兰姆普敦.建构文化研究[M].王骏阳,译.北京:中国建筑工业出版社,2007.
[8] 吴良镛.广义建筑学[M].北京:清华大学出版社,1989.
[9] 邹德侬.中国现代建筑论集[M].北京:机械工业出版社,2003.
[10] L.本奈沃洛.西方现代建筑史[M].邹德侬,等,译.天津:天津科学技术出版社,1996.
[11] 张钦楠.特色取胜——建筑理论的探讨[M].北京:机械工业出版社,2005.
[12] 张钦哲,等.菲利浦·约翰逊[M].北京:中国建筑工业出版社,1990.
[13] 吴焕加.外国现代建筑二十讲[M].北京:生活读书新知三联书店,2007.
[14] 吴焕加.论现代西方建筑[M].北京:中国建筑工业出版社,1997.
[15] 薛恩伦.后现代主义建筑20讲[M].上海:上海社会科学院出版社,2005.
[16] 蔡凯臻,王建国.阿尔瓦罗·西扎[M].北京:中国建筑工业出版社,2005.
[17] 刘丛红.整合中的西方与中国当代建筑的重构[D].天津大学,1998.
[18] 凯斯特·兰坦伯里,等.国际著名建筑大师·建筑思想·代表作品[M].邓庆坦,等,译.济南:山东科学技术出版社,2006.
[19] 夏海山.城市建筑的生态转型与整体设计[M].南京:东南大学出版社,2006.

[20] 周曦，李湛东.生态设计新论［M］.南京：东南大学出版社，2003.

[21] 马进，杨靖.当代建筑构造的建构解析［M］.南京：东南大学出版社，2005.

[22] 戴路.印度建筑与外来建筑的对话——走向印度现代地域主义［D］.天津大学，2000.

[23] 斯蒂芬·贝利，菲利普·加纳.20世纪风格与设计［M］.罗筠筠，译.成都：四川人民出版社，2000.

[24] 大师系列丛书编辑部.理查德·迈耶的作品与思想［M］.北京：中国电力出版社，2005.

[25] 大师系列丛书编辑部.阿尔多·罗西的作品与思想［M］.北京：中国电力出版社，2005.

[26] 秦佑国.从"HI-SKILL"到"HI-TECH"［J］.世界建筑，2002（1）.

[27] 张永和.采访彼得·埃森曼［J］.世界建筑，1991（2）.

[28] 吴放，拉菲尔·莫内欧的类型学思想浅析［J］.建筑师，（107）.

[29] 朱涛.信息消费时代的都市奇观——世纪之交的当代西方建筑思潮［J］.建筑学报，2000（10）.

[30] 沈克宁.美国建筑师埃瑞克·莫斯的作品［J］.建筑师，（60）.

[31] 赵鹏，曾坚，建筑"解像"及其分析［J］.新建筑，2006（3）.

[32] 王钊，张玉昆.FOA建筑事务所的探索与实践［J］.时代建筑，2006（3）.

[33] 彼得·卒姆托.现实中的魅力［J］.世界建筑，2005（1）.

[34] 冯路.表皮的历史视野［J］.建筑师，（110）.

[35] G.萨顿.科学史和新人文主义［M］.上海：上海交通大学出版社，2007.

[36] 苗东生，刘华杰.浑沌学纵横论［M］.北京：中国人民大学出版社，1993.

[37] 王治河.后现代哲学思潮研究［M］.北京：北京大学出版社，2006.

[38] 詹和平.后现代主义的设计［M］.南京：江苏美术出版社，2001.

图书在版编目（CIP）数据

当代建筑思潮与流派 / 邓庆坦，邓庆尧 著.—武汉：华中科技大学出版社，2010.8（2024.9重印）
ISBN 978-7-5609-6305-1

Ⅰ.①当… Ⅱ.①邓… ②邓… Ⅲ.①建筑艺术－研究－西方国家－现代 ②建筑－流派－研究－西方国家－现代 Ⅳ.①TU-861

中国版本图书馆CIP数据核字（2010）第113441号

当代建筑思潮与流派

邓庆坦　邓庆尧 著

出版发行：华中科技大学出版社（中国·武汉）	
地　　址：武汉市东湖新技术开发区华工科技园（邮编：430223）	
出 版 人：阮海洪	
策划编辑：张淑梅	责任监印：朱　玢
责任编辑：张淑梅	装帧制作：龙腾佳艺
录　　排：北京龙腾佳艺图文设计中心	
印　　刷：广东虎彩云印刷有限公司	
开　　本：850 mm×1065 mm　1/16	
印　　张：16	
字　　数：380千字	
版　　次：2024年9月第1版第7次印刷	
定　　价：88.00元	

本书若有印装质量问题，请向出版社营销中心调换
全国免费服务热线：400-6679-118　竭诚为您服务
版权所有　侵权必究

（凡购本书，如有缺页、脱页，请向本社发行部调换）